蚕丝生物学实验教程

冯丽春　徐　水　主编

科学出版社

北　京

内 容 简 介

本书按照蚕学专业的培养方案和各课程教学大纲的要求进行编写，全书共分8个部分，包括桑树学(桑树栽培、育种及病虫害防治)、蚕体解剖生理学、养蚕及良种繁育学、家蚕遗传育种学、家蚕病理学、茧丝学、蚕桑资源综合利用等课程的实验，以及养蚕及良种繁育实习等内容，收录编写实验和实习共计102个。

本书可作为大中专院校蚕学专业学生实验实习教材，也可供从事昆虫及蚕业相关人员参考使用。

图书在版编目(CIP)数据

蚕丝生物学实验教程/冯丽春，徐水主编. —北京：科学出版社，2016.9
ISBN 978-7-03-049628-7

Ⅰ.①蚕… Ⅱ.①冯… ②徐… Ⅲ.①蚕丝-生物学-实验-高等学校-教材 Ⅳ.①S881.2-33

中国版本图书馆CIP数据核字(2016)第199895号

责任编辑：吴美丽 / 责任校对：贾伟娟
责任印制：张 伟 / 封面设计：迷底书装

科学出版社 出版
北京东黄城根北街16号
邮政编码：100717
http://www.sciencep.com
北京凌奇印刷有限责任公司 印刷
科学出版社发行 各地新华书店经销
*
2016年9月第 一 版 开本：787×1092 1/16
2022年10月第五次印刷 印张：16 1/2
字数：376 000
定价：49.00元
(如有印装质量问题，我社负责调换)

《蚕丝生物学实验教程》编写人员

主　　编　冯丽春　　徐　水

编写人员　（按姓氏笔画排序）

万永继　　王茜龄　　冯丽春
成国涛　　朱　勇　　李春峰
张高军　　陈仁芳　　胡　海
侯　勇　　徐　水　　龚　竞
敬成俊

审　　稿　余茂德

前　言

“十一五”期间，以家蚕基因组和功能基因组学为牵头学科，蚕学基础研究整体实力跃居世界先进水平和全国领先地位。与蚕学基础研究相比，蚕学专业教材建设却停滞不前，有关的专业实验课程，一直沿用自编实验教材，因此需要进一步调整实验教学体系，改革实验教学内容，科学地设置实验项目，并注重基础性、先进性、开放性和创新性，才能更好地为国家培养出新世纪的创新型人才，为现代蚕业的建设和发展作出贡献。

本书的编写按照蚕学专业的培养方案和教学大纲的要求，以提升学生科学素养为宗旨，以培养学生的创新精神和实践能力为重点，使教材符合社会需求和学生发展的需求。本书包括蚕学专业的专业基础课、专业课及专业选修课课程的实验，具体涵盖桑树学、蚕体解剖生理学、家蚕病理学、养蚕及良种繁育学、蚕的遗传育种学、茧丝学、蚕桑资源综合利用等课程的实验及实习。

参与本书编写的老师是西南大学蚕学专业各分支学科的主讲教师，他们长期工作在教学一线，既参与理论课也参与实验课的教学，有丰富的实践教学经验。全书分 8 个部分，第一部分由王茜龄、陈仁芳编写，第二部分由冯丽春、敬成俊编写，第三部分、第八部分由张高军、李春峰编写，第四部分由朱勇、龚竞、胡海编写，第五部分由万永继编写，第六部分由徐水、成国涛编写，第七部分由侯勇编写。全书由冯丽春、徐水统稿。

本书由西南大学余茂德教授审稿。编写过程中得到了西南大学代方银教授、周伟博士、研究生李玉琴的大力支持和帮助，在此表示衷心感谢！

不妥之处，敬请同行专家及读者斧正。

编　者

2016 年 7 月

目 录

前言
第一部分 桑树学实验……1
实验一 桑树根、茎、叶的形态及内部结构观察……3
实验二 桑种子的形态、构造观察及其发芽率的测定……7
实验三 桑花观察及花粉萌发……9
实验四 桑树有性杂交……11
实验五 桑树芽叶标本制作……13
实验六 桑叶中叶绿素含量的测定比较……14
实验七 桑叶中可溶性糖含量的测定……15
实验八 桑树组织培养……16
实验九 桑树主要病害症状观察……18
实验十 简易制作桑树病原玻片……20
实验十一 桑花叶型萎缩病内含物的检查……21
实验十二 桑树病原细菌、真菌的分离、纯化及接种……22
实验十三 桑树主要虫害的识别……26
实验十四 桑树病虫标本的采集与制作……27
实验十五 桑园常用农药品种的识别、稀释、药效测定及残留期实验……31
实验十六 桑树抗病性鉴定……36
实验十七 桑树病虫的田间调查、测报与损失估计及综合治理……37
参考文献……37
第二部分 蚕体解剖生理学实验……39
实验一 家蚕卵、幼虫、蛹、蛾外部形态的观察……41
实验二 家蚕幼虫头部的解剖……47
实验三 家蚕幼虫消化管及涎腺的解剖……51
实验四 家蚕幼虫背血管及呼吸器官的解剖……54
实验五 家蚕幼虫脂肪体、马氏管解剖……56
实验六 家蚕幼虫丝腺的解剖……57
实验七 家蚕幼虫神经系统的解剖……60
实验八 家蚕幼虫肌肉系统的解剖……62
实验九 家蚕幼虫内分泌腺的解剖……63
实验十 家蚕幼虫及成虫内部生殖器官的解剖……65
实验十一 完全变态昆虫各发育阶段形态结构比较……68
实验十二 家蚕微体标本制作……69

实验十三　蚕体石蜡切片标本制作 …… 71
实验十四　家蚕整体标本制作 …… 73
实验十五　家蚕幼虫体液淀粉酶活性测定 …… 75
实验十六　家蚕消化液中蛋白酶活性的测定 …… 77
实验十七　家蚕幼虫血液海藻糖含量的测定 …… 80
实验十八　家蚕幼虫脂肪体糖原含量的测定 …… 82
实验十九　家蚕血液蛋白质含量的测定 …… 84
实验二十　家蚕血细胞观察及计数 …… 87
参考文献 …… 89
第三部分　养蚕及良种繁育学实验 …… 91
实验一　蚕卵胚胎解剖观察 …… 93
实验二　蚕室的简易设计 …… 95
实验三　蚕室微气流与 CO_2 含量的测定 …… 96
实验四　养蚕收蚁的方法 …… 98
实验五　家蚕叶丝转化率的测定 …… 100
实验六　桑叶保鲜度的检测 …… 102
实验七　人工饲料无菌育 …… 104
实验八　各种蔟具的上蔟方法 …… 107
实验九　现行蚕品种原种特征的识别 …… 109
实验十　蚕种生产计划的编制 …… 110
实验十一　发蛾预定调节表的编制 …… 111
实验十二　熟蚕结茧率的调查 …… 113
实验十三　种茧质量检验 …… 114
实验十四　蛹体发育观察及发蛾调节 …… 116
实验十五　母蛾微粒子的检查方法 …… 118
实验十六　蚕种即时浸酸孵化法 …… 120
实验十七　蚕种浴消的方法 …… 122
参考文献 …… 122
第四部分　家蚕遗传育种学实验 …… 123
实验一　家蚕品种经济性状的比较实验 …… 125
实验二　家蚕突变基因的连锁分析与定位 …… 127
实验三　应用分子标记分析家蚕品系多态性及基因连锁关系 …… 129
实验四　家蚕茧质性状广义遗传力估算 …… 131
实验五　家蚕抗病性(NPV)的遗传分析 …… 133
参考文献 …… 134
第五部分　家蚕病理学实验 …… 135
实验一　家蚕血液型脓病的诊断 …… 137
实验二　家蚕中肠型脓病的诊断 …… 139

实验三　家蚕病毒性软化病的诊断……141
实验四　家蚕浓核病的诊断……142
实验五　家蚕细菌性败血病的诊断……143
实验六　家蚕猝倒病的诊断……145
实验七　真菌病病原形态观察及病蚕的诊断……147
实验八　家蚕微粒子病的诊断……149
实验九　多化性蚕蛆蝇病的诊断……151
实验十　球腹蒲螨的形态及病症观察……153
实验十一　家蚕常见农药中毒症及其解毒效果观察……155
实验十二　家蚕常见氟化物中毒症的诊断……157
实验十三　家蚕常用消毒剂甲醛、漂白粉有效成分的测定……159
实验十四　家蚕病毒病病原的收集和保存……161
实验十五　家蚕病原浓度和大小的测定……163
实验十六　消毒剂对病原微生物的消毒效果实验……165
第六部分　茧丝学实验……167
实验一　纺织纤维的鉴别……169
实验二　蚕茧的外观形质调查……172
实验三　茧丝排列形式、茧层厚薄及茧层率调查……176
实验四　茧层丝胶溶解率的测定……179
实验五　茧层含胶率测定……182
实验六　丝胶Ⅰ和丝胶Ⅱ的观察……184
实验七　茧丝颣节的观察……185
实验八　蚕茧的检验(评茧)……187
实验九　蚕茧干燥程度检验……190
实验十　蚕丝蛋白提取及分析……192
实验十一　煮茧……194
实验十二　茧丝纤度的调查和计算……196
实验十三　生丝的强伸力测定……198
实验十四　生丝的抱合力测定……200
实验十五　生丝的黑板检验……201
实验十六　丝绵的制作及鉴别……204
实验十七　设计性实验——制丝废水处理……206
实验十八　设计性实验——静电纺桑蚕丝……207
参考文献……208
第七部分　蚕桑资源综合利用实验……209
实验一　叶绿素及其铜钠盐的制取……211
实验二　果胶提取……214
实验三　蛹(蛾)油的提取……216

实验四　蛹(蛾)油的精制…………………………………………………………… 218
实验五　蛹蛋白提取………………………………………………………………… 220
实验六　蛹蛋白的精制……………………………………………………………… 221
实验七　蚕蛹皮几丁质的提取……………………………………………………… 223
实验八　脱乙酰几丁质的制取及质量分析………………………………………… 225
参考文献……………………………………………………………………………… 226
第八部分　实习………………………………………………………………………… 227
养蚕及良种繁育学实习……………………………………………………………… 229
参考文献……………………………………………………………………………… 254

第一部分　桑树学实验

桑树学主要包括桑树栽培、桑树育种和桑树病虫害防治，是一门理论与实验结合十分紧密的课程。通过实验认识桑树根、茎、叶、花、果实等形态性状，桑树的主要病害种类、症状和虫害种类、形态特征和危害症状。掌握桑树栽培及育种技术，锻炼实验操作和解决问题的能力。巩固桑树学的理论知识，训练研究思维，为深入桑树基础及应用研究奠定良好的基础。

实验一

桑树根、茎、叶的形态及内部结构观察

一、实验目的

认识桑树根、茎、叶的外部形态及内部结构，了解它们与桑树生长和栽培的关系。

二、材料、器具

1. 材料：桑树的根系（实生苗、嫁接苗、扦插苗、压条苗）；一年生枝条；全叶和裂叶品种的新梢芽叶各一枝；桑树根、茎、叶内部结构的永久切片、玉米叶。

2. 器具：刀片、镊子、解剖镜、放大镜、显微镜。

三、实验方法

1. 肉眼观察桑树的外部形态

（1）根的外部形态：观察实生苗、嫁接苗、扦插苗及压条苗的根系。认识以下各部位：主根、侧根、须根、初生根、根颈、皮孔，并认识不同桑苗根系形态的特点（图 1-1A）。

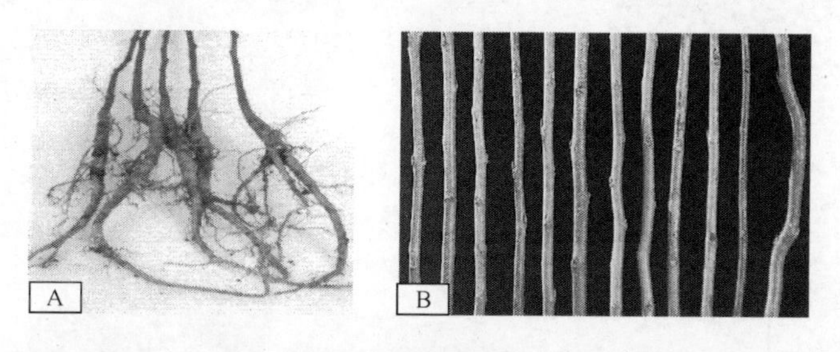

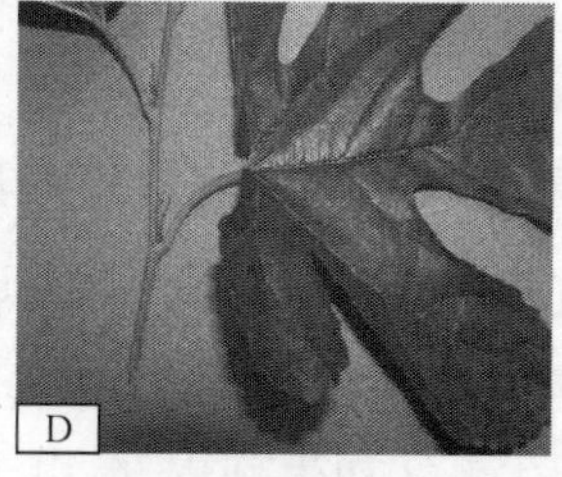

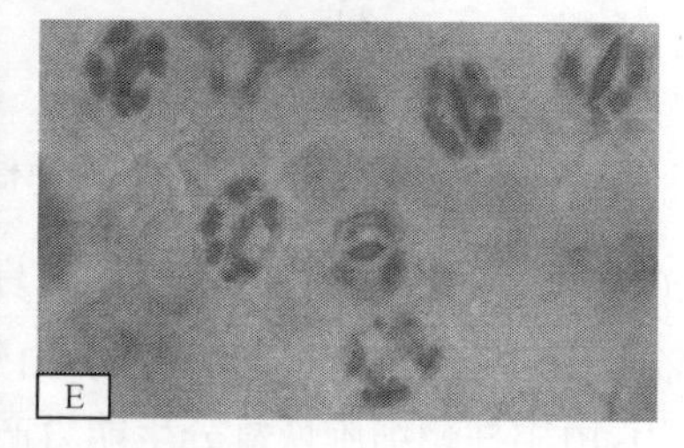

图 1-1　桑树的外部形态图

A. 桑根；B. 桑茎；C. 全叶；D. 裂叶；E. 桑树气孔

（2）枝条（茎）的外部形态：观察一年生桑枝和新梢。认识以下各部分：节、节间、叶痕、叶迹、芽褥、皮色（包括新梢）、皮孔（新梢皮孔颜色变化）、初生根源体（用刀片剥去芽褥皮层，用放大镜观察细胞排列紧密的小点，即为初生根源体，一般 1～3 个）、芽（冬芽与腋芽）（图 1-1B）。

(3) 桑叶的外部形态：一片叶由托叶、叶柄、叶片组成。叶形又可分全叶和裂叶(图 1-1C、D)。观察和区别叶尖、叶缘、叶基、叶面、叶背、叶色、叶脉(包括主脉、侧脉和细脉)等。

(4) 观察叶背气孔：将桑叶叶背向上，一手按住桑叶，一手用镊子夹住叶柄或叶脉向前撕去，撕下主脉、侧脉等，将附着在叶脉边的细小薄片剪下，放在载玻片上，滴一滴蒸馏水，盖上盖玻片，即可在低倍镜下找到气孔，然后转至高倍镜观察(图 1-1E)。每个气孔由两个新月形的保卫细胞组成，内含叶绿体。

2. 显微镜下观察桑树的内部结构

(1) 桑根初生结构：取根毛区横切制片，置于显微镜下由外向内顺次观察以下各部分。①表皮：包围在根最外面的一层细胞，排列紧密，无细胞间隙，细胞壁薄。部分表皮细胞外壁向外突出形成根毛。②皮层：在表皮内，由排列疏松而不整齐的数层较大的薄壁细胞组成，皮层外部细胞较大，内部的较小，最内一层细胞体积小，排列紧密，与中柱相连接，称为内皮层。③中柱：皮层以内的所有部分称为中柱，分为以下几部分。中柱鞘：位于皮层以内，排列紧密，形成一层的环状细胞。这层细胞具有分生能力，产生新细胞，形成侧根。初生木质部：位于根的中部，相对排列成两束，称二原型，由导管和管胞组成。初生韧皮部：位于两束木质部之间，细胞小，呈多角形，排列紧密，由筛管、伴胞和薄壁细胞组成(图 1-2A)。

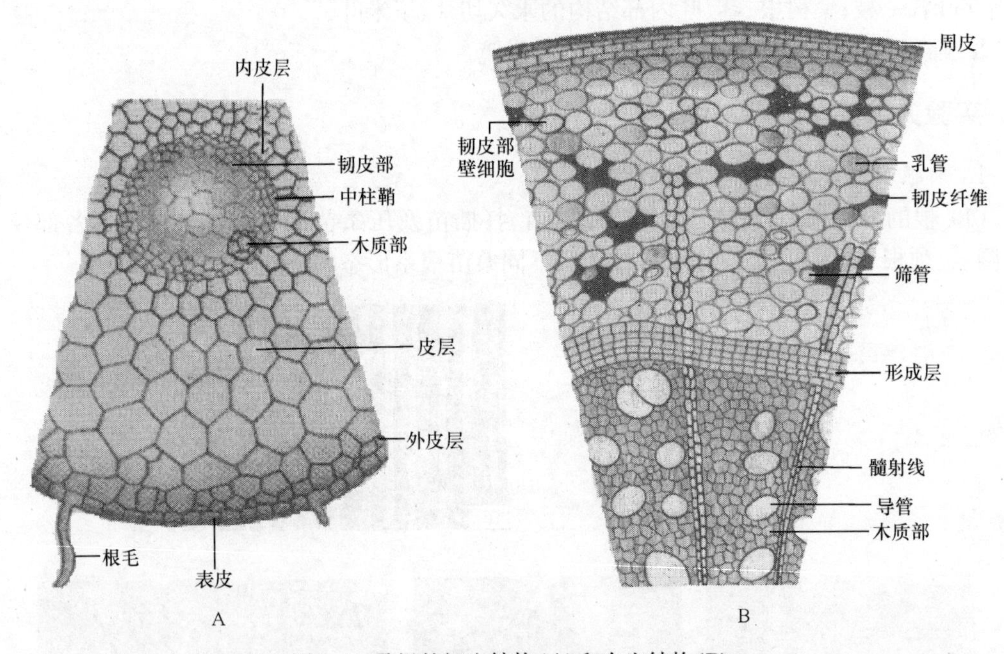

图 1-2　桑根的初生结构(A)和次生结构(B)

(2) 桑根的次生结构：取增粗的具次生结构的横切片，在显微镜下，由外向内顺次观察以下部分。①周皮：位于根的最外面，由数层细胞组成，包括木栓层、木栓形成层和栓内层，具保护作用，由中柱鞘细胞恢复分生能力产生。②初生韧皮部：由于形成层细胞分裂而加粗生长，初生韧皮部被挤压而推向外缘，故观察时不明显。③次生韧皮部：周皮以内形成层以外的部分即为次生韧皮部。细胞大小不一，排列不规则，其中成堆分布而呈多角形的厚壁细胞，即为韧皮纤维。在其周围的薄壁细胞，主要是筛管、伴胞、韧皮薄壁细胞和乳管等，此外还有韧皮射线。④形成层：位于木质部和韧皮部之间，呈圆环状，一般由数层细胞组成，细胞较小而壁薄，横切面观察呈长方形。⑤次生木质部：位于形成层之内，由形成层细胞分裂活动产生，其中有多边形或圆形的“空腔”，这是次生木质部的导管，导管之间有成堆的厚壁细胞，即木纤维，此外还有木薄壁细胞和木射线等(图 1-2B)。

(3) 桑枝初生结构：取桑嫩枝的横切片，置于显微镜下由外向内依次观察以下部分。①表皮：是新梢的最外层，由一层排列紧密的细胞组成，外壁常角质化，有表皮毛。②皮层：位于表皮层内侧，紧接表皮的 1～2 层细胞排列较整齐，内含叶绿体，所以新梢呈绿色，向内是排列疏松的薄壁细胞。③中柱：皮层以内为中柱，由维管束、髓射线等组成，维管束在中柱内分散成束，呈环形排列，每束维管束的外端为初生韧皮部，内端为初生木质部，形成层位于两者之间。髓在中柱的中心部位，由排列疏松的薄壁细胞组成，邻近维管束之间的部分薄壁细胞，在次生结构中发展成为髓射线，初生桑枝无中柱鞘(图 1-3A)。

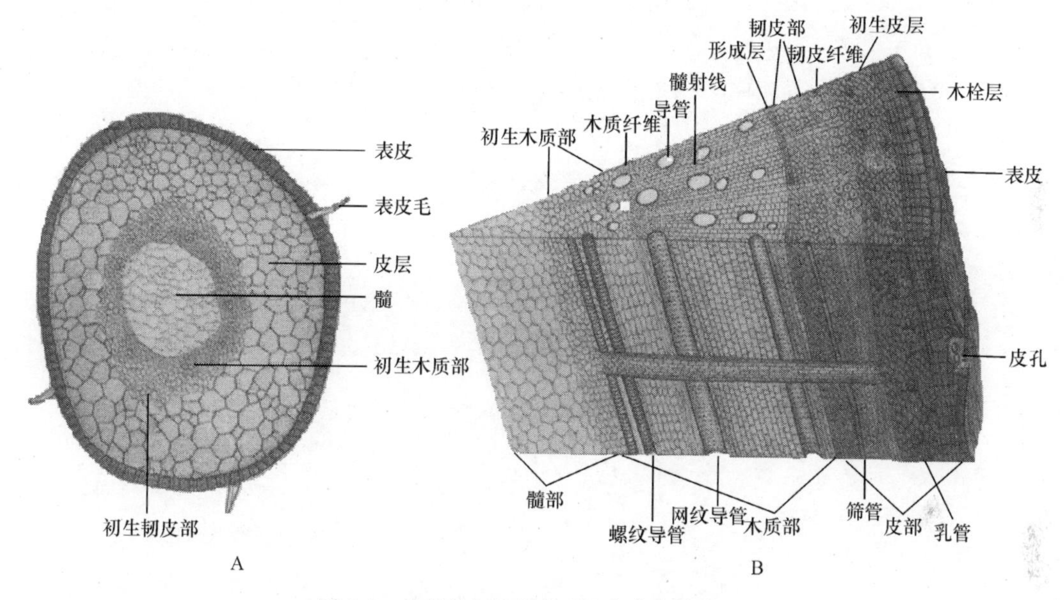

图 1-3　桑茎的初生结构(A)和次生结构(B)

(4) 桑枝次生结构：取桑树具次生结构的横切片于显微镜下由外向内依次观察以下各部分。①周皮：横切面的外面由数层木栓层、木栓形成层和栓内层所组成。②皮层：位于周皮和中柱之间，有多层薄壁细胞，还有乳汁管和石细胞等。③中柱：位于皮层内，是次生茎的主要组成部分。可以观察到维管束、髓、髓射线等部分。维管束由外向内可观察到次生韧皮部、形成层、次生木质部。中柱的中心部分由大型薄壁细胞组成，排列疏松。髓射线呈辐射状，穿过木质部及韧皮部到达皮层(图 1-3B)。

(5) 桑芽纵切面观察：桑芽纵切面制片，在显微镜下可看到芽的中间有一个短小的轴。轴的顶端是生长点，具有分生能力。中轴上交互地生有几层极小的嫩叶和托叶，在每一个嫩叶基部生有微小突起，即芽的原始体。如为混合芽，可见极嫩的花序。

(6) 桑叶横切面观：取桑叶横切片(带主脉)，显微镜下由外向内依次观察以下各部分。①表皮：位于桑叶的上下表面，由一层薄壁细胞所组成。外壁有角质层，细胞排列整齐而紧密，上表皮的细胞壁中还夹有多数巨大细胞，其中有囊状钟乳体。下表皮细胞中断而不连续部分，即为气孔。气孔内的空腔为气室。②栅状组织：位于上表皮下方 1～2 层长筒形细胞，排列较为紧密，内含叶绿体。③海绵组织：位于栅状组织与下表皮之间，由数层细胞构成，呈椭圆形，较不规则，大小不一，排列疏松，细胞间隙大，细胞内叶绿体含量较栅状组织少。④维管束：即叶脉，有主脉、侧脉和支脉等。主脉中的维管束包括韧皮部和木质部，在维管束的外面还有1～3层的厚壁细胞，连接成环，称为维管束鞘。

(7) C4 植物玉米叶横切面观察：取玉米叶横切片（带主脉），显微镜下由外向内观察，比较其与桑叶横切面结构的异同。

四、作业或思考题

1. 绘出桑根、桑茎初生结构图，注明各部分名称，并比较两者结构上的差异。
2. 绘出桑树混合芽的内部结构图，注明各部分名称。
3. C3 植物和 C4 植物叶片结构上有何区别？

实验二

桑种子的形态、构造观察及其发芽率的测定

一、实验目的

认识和了解桑种子的形态和构造，学会桑种子发芽率的测定方法，加深对桑种子萌发理论的理解和应用。

二、实验原理

染色法测定种子生活力的原理是根据活细胞原生质具有选择透性，不能透过某些染料，因此，用这类染料不能将活桑胚染色，但能将死桑胚染色(如红墨水等)。

三、材料、器具及试剂

1. 材料：桑种子。

2. 器具：二重皿、吸水纸或脱脂纱布、玻璃板、解剖针、镊子、吸管、体视解剖镜、恒温培养箱。

3. 试剂：红墨水。

四、实验方法

1. 肉眼观察桑种子的外部形态

桑种子是带有黄褐色硬质内果皮的种子，长度约 2mm，呈扁卵形，一端圆，一端略带角状。桑种子属双子叶，有胚乳种子类型。

2. 体视解剖镜下观察桑种子的内部构造

将种子浸胀后，用刀片切桑种子剖面或用解剖针挑去内果皮，在体视解剖镜下可看到桑种子由种皮、胚及胚乳三部分组成。种皮内方为胚乳，包围着胚。胚乳内含脂肪、蛋白质、淀粉等有机物，作为种子萌发时胚生长发育所需的养分。胚呈马蹄形弯曲在种皮内部，分为子叶、胚芽、胚轴、胚根。子叶两片较大，胚轴短，胚芽处于两片子叶中间，肉眼看不见，子叶的另一端为胚根。

3. 温箱发芽法测定桑种子的萌发率

(1) 从被测定的桑种子中，随机抽取具有代表性的桑种子 400 粒，分 4 组，每组 100 粒。

(2) 在二重皿底部垫数层吸水纸，加水让其吸足后，把多余的水倾去；或者，在二重皿上放一垫有 2～3 层脱脂纱布的玻璃板，纱布的两头下垂至二重皿底部。

(3) 把桑种子均匀地排列在皿内吸水纸或玻璃板的脱脂纱布上，后者，在二重皿内注满洁净清水，便于脱脂纱布吸水供给桑种子。

(4) 加盖贴标签，注明日期、种子来源、组号、姓名等。

（5）把二重皿置于28～30℃的恒温培养箱中，经常注意保持湿润，避免桑种子浸泡于水中，5 d后陆续开始发芽，每天记载发芽数，直至发芽完毕，按下面公式计算出测定种子的发芽率、发芽势。

$$种子发芽率=\frac{发芽种子总数}{测定种子总数}\times 100\%$$

$$种子发芽势=\frac{发芽后3\ d内发芽总数}{测定种子总数}\times 100\%$$

4. 染料染色法测定桑种子萌发率

（1）浸泡桑种子：从被测定的桑种子中，随机抽取具有代表性的桑种子300～400粒，置杯中，加水至桑种子完全浸泡在水中为度，一般在28～30℃下浸水2 d左右，种子的内果皮吸水变软，即可供解剖。

（2）解剖桑种子：取浸泡过的桑种子，分为4组，每组25～50粒，平摊于吸水纸上，逐粒解剖。先用单面刀片的侧面，挤压桑种子，使内果皮膨大部分稍破裂即可。然后移动刀片，使刀片压住种子角状部位，膨大部分露出，稍用力压，此时，桑种子的白色胚从破裂处向外滑出种皮和内果皮，接着用解剖针把胚挑取出来，置于盛清水的二重皿内，一组解剖结束后，再重复一次（解剖时也可先用手指尖压住桑种子角状部位，然后用解剖针挑破膨大部位的内果皮，接着手指稍用力前压，此时，桑种子白色的胚从破裂处滑出，然后用解剖针把胚挑取到盛清水的二重皿内即可）。

（3）清水清洗：用吸管把盛有胚的二重皿内的清水及其他杂质吸掉，再注入清水，再吸掉，这样反复几次，直至水变清澈为止。

（4）红墨水染色：再用吸管把清水吸掉，倾入红墨水原液，使胚全部浸没。染色10 min左右。

（5）清水冲洗：染色后，用吸管把红墨水吸去，倾入清水，冲洗几次，直至清水无红色，让胚体浸在水中2 h左右，观察胚体的着色程度。

（6）种子活力鉴定：如整个胚染上红色或大部染上红色或胚轴某一段完全染上红色为死种子。相反，如胚为嫩白色或胚根、子叶的一部分稍带红色者为活种子。根据鉴定结果按下式计算出发芽率：

$$种子发芽率=\frac{染色后被确定为活的种子数}{解剖桑种子总数（包括瘪种子在内）}\times 100\%$$

五、作业或思考题

1. 绘出桑种子胚的外部形态并注明各部分名称。
2. 桑种子温箱发芽测定法、染色法测定发芽率的原理各是什么？
3. 温箱发芽测定法的调查数据填入表1-1。

表1-1　温箱发芽测定法调查数据表

日期	1	2	3	4	5	6	7
发芽数							

4. 同一批种子比较发芽测定法与染色测定法的结果是否有差异？如果有差异分析其原因。

实验三

桑花观察及花粉萌发

一、实验目的

通过对桑树雌雄花的外形和内部解剖构造的观察，认识雌雄花的主要特征及花药和子房的内部构造。学会花粉萌发实验方法及观察其萌发过程。了解桑树花粉的生活力和能育性，为桑树杂交育种提供选择亲本的依据。

二、实验原理

花粉的成熟度与发芽力有密切关系，桑花粉活细胞在一定的培养条件下萌发，花粉管生长，其萌发率的多少反映出花粉的生活力和能育性。

三、材料、器具及试剂

1. 材料：成熟的桑树雌雄花。

2. 器具：解剖镜或放大镜、显微镜、刀片、镊子、解剖针、玻璃棒、载玻片、凹面载玻片、盖玻片、量筒、电子天平、二重皿、烧杯、酒精灯、培养箱、pH 试纸(pH5～7)。

3. 试剂：琼脂、蔗糖。

四、实验方法

1. 肉眼观察桑树雌雄花的形态

桑花是由几十朵小花集生在一根轴上，称为穗状花序或葇荑花序。①雄花：取新鲜雄花，然后用镊子将雄花从花轴上取下，仔细观察花被、花药、花丝的数目、形状和着生情况。花被4片。每个花被里面，各有雄蕊一枚，开放时花丝向外伸展，花丝顶端有花药，花药分为两个药室(图 1-4A)。②雌花：取雌花花序，观察其开花特性，然后用镊子取下雌花一朵，观察其内外花被的着生状况，柱头、花柱的形状。花被 4 片呈复瓦状紧包于子房，子房顶端有花柱，花柱顶端为柱头，左右分开呈牛角状，上面生有绒毛或微小突起，子房绿色球形，内有胚珠(图 1-4B)。

A

B

图 1-4　桑树雄花(A)和桑树雌花(B)

2. 显微镜观察花药和子房的构造

(1) 取花药横切制片，置于低倍镜下观察：花药呈肾脏形，其中分为两个药室，药室中孕育着花粉，其中药室以药隔相连，药隔是花丝着生之处，花药的壁可分为两层，最外层为表皮，在它的里面为纤维层。当花药成熟时，由于水分的蒸发及纤维层的存在而使组织产生不均匀的收缩，当两药室间的隔膜处的薄壁细胞破裂，则将两室合二为一。从药室散出的花粉粒中，已有两个核，一个为生殖核，另一个为营养核。

(2) 子房的构造：取桑子房纵切片于显微镜下观察，下有花被保护，上有牛角形柱头，子房有一室，内有胚珠一枚。①珠被：珠被在胚珠外面，由薄壁细胞构成，内外两层珠被不能明显区分。②珠心：包在珠被里面的薄壁细胞。③珠孔：珠孔较小，制片时不易切到。④合点：珠被、珠柄相连处，在珠孔的相对一方。⑤胚囊：胚珠内形成胚囊，在珠心中的胚囊母细胞经 3 次分裂变成 8 个核，其中 1 个卵细胞，2 个助细胞，2 个极核，3 个反足细胞。

3. 桑树花粉发芽力的测定方法

(1) 取材：在桑树开花季节(3～4 月)的上午 10 时左右，取花蕾后期，即花药发白时的雄花穗备用。

(2) 培养基的配制：按 100 mL 水中加 1.0～1.5 g 琼脂，10～15 g 蔗糖的比例，配制培养基。先在烧杯中倒入自来水，水量可多于目的水量的 30%，因熬煮过程中要散失水分，再放入称好的琼脂和蔗糖，然后置于微波炉或电磁炉上熬煮，待琼脂充分熔化后，用玻璃棒蘸上少许培养基至 pH 试纸上，测定 pH，将培养基的 pH 调节在 5～6 为宜。培养基的量在熬煮和 pH 调整的过程中会增减，但最终的量要达到预先配制比例的量。

(3) 花粉接种与培养：熬好的培养基，用玻璃棒蘸取少量，加入凹面载玻片的凹孔内，每孔内只需加 1～2 滴培养基，冷却后，用手取一朵花药发白的雄花，用解剖针挑开花药，将花粉均匀地散落在培养基的表面。然后加盖，置于二重皿内再放入培养箱中，在 25～28℃的温箱中培养 24～48 h，花粉即行萌发、长出花粉管。

(4) 观察：将培养后的凹面载玻片置于显微镜下，即可观察到桑树花粉的萌发状况。观察时，先低倍后高倍，并注意花粉粒的形态，花粉萌发孔的数目、位置和花粉管的萌发状况。

五、作业或思考题

1. 绘制雌花纵切解剖形态图，并标注各部位的名称。

2. 简要叙述桑树花粉发芽测定实验的操作方法。

3. 调查 5 个观察视野的花粉发芽数和花粉粒总数，计算平均花粉发芽率和标准差。并绘制萌发花粉的形态图。

实验四

桑树有性杂交

一、实验目的

通过桑树有性杂交实验,学习桑树有性杂交培育新品种的方法,初步掌握杂交组合的选配方法和套袋、授粉等有性杂交技术。

二、实验原理

根据育种目标、品种遗传力大小、亲本间配合力强弱、植株的花性,人工授粉杂交,获得具有杂交优势的 F_1 代杂种。

三、材料、器具及试剂

1. 材料:有关杂交组合的雌雄桑树。

2. 器具:半透明硫酸纸袋[规格(20 cm×25 cm)~(30 cm×50 cm)]、解剖针、毛笔、二重皿、镊子、标签、小蚕网、温箱、冰箱等。

3. 试剂:70%~80%乙醇。

四、实验方法

(1) 杂交组合的选配:根据育种目标、品种遗传力大小、亲本间配合力强弱、花性、杂交难易等确定杂交组合。每一组合的株数,以能收杂交种子 2 g 以上为度。

(2) 杂交亲本的选择:杂交组合确定后,在桑园内选择健壮的植株作为亲本,并作上标记。

(3) 去雄套袋:套袋前,如发现母本雌雄同穗,或雌雄在枝梢上混生在一起,要用镊子把雄花全部去除,称为去雄。去雄必须彻底,同时,在套袋后至授粉前,须再检查一次。去雄后,在桑树雌花柱头形成期,须及时套上透明的硫酸纸袋,以防止自然授粉。袋口用线绳扎紧,以防其他桑花粉侵入,袋子周围的桑枝条,还须剪除,避免刺破纸袋。最后挂上标签,注明品种、套袋日期等。

(4) 采集花粉:雄花开放,花药发白,花粉将散未散时,即可采集花粉。一般在上午 9~11 时,为收集花粉的最适期。将将散未散的花穗从树上采下,集中于瓷盘内,然后放入烘箱中,在 25~28℃中存放 4~6 h,取出后,抖动花穗,花粉则散出花蕾,盘底出现黄色粉末状者,即为花粉,然后除去花蕾,将花粉收集于垫有蜡光纸的二重皿内待用。收集的花粉须贴上标签,如不急用,可贮藏在冰箱内,在 5℃条件下,可保存 2~3 周。

(5) 授粉:当雌花柱头左右分开,发白发亮时,即可授粉。授粉应选择在晴天无风,上午 9~10时进行。授粉时,将纸袋解开,用毛笔蘸上花粉均匀地撒在柱头上,授粉要求动作迅速,撒粉均匀。授粉完毕，马上将纸袋套好，最后在标签上注明授粉日期、杂交组合等。毛笔如需反复用，可用70%～80%乙醇洗涤，干燥后再用(毛笔最好是专用)。授粉后3～4 d，进行检查，如柱头已变褐色呈萎凋状，表明已授粉。如仍为白色，须进行补授粉，继续套袋。

(6) 授粉后管理：雌花受精后逐渐发育肥大，此时即可将纸袋取下换上小蚕网，防止鸟食和掉落。最好在取袋后，立即用40%乐果乳油800～1000倍液，对受精后的雌花喷洒或涂抹几次，以防治桑瘿蚊危害。

(7) 种子采集播种：桑葚成熟后，即行采种。分别仔细淘洗，少数不是十分成熟的可在室内放置几天后再淘洗。淘洗时不要丢失桑种子，淘洗的种子即可分区播种。

(8) 杂交苗的培育和选择：播种时选择土质较好的苗圃，精细作好苗床，分区播种。也可采取肥球或方块育苗的方法，待桑苗长至三叶一芯时，即可移栽。在苗床生长期，要精心培育管理，力争保证全苗，如桑苗较密，秋季或冬季进行移栽。第二年继续培育，观察调查，并注意选择性状表现好的单株，做好标记，以便作进一步的调查鉴定。

五、作业或思考题

简要叙述桑树有性杂交技术的程序与操作要点。

实验五

桑树芽叶标本制作

一、实验目的

通过标本制作实践，学会蜡叶标本和浸渍标本制作方法。

二、实验原理

蜡叶标本制作是利用标本夹和吸水纸的作用，把新鲜桑叶或芽叶压平压干，使其保持一定的形态的方法。

浸渍标本制作是利用乙酸铜中的铜离子能置换植物叶绿素分子中的镁，从而形成稳定的与叶绿素色调相似的"假叶绿素"，达到长期保存绿色的目的。甲醛渗透力强，能使细胞吸水膨大，可使标本变硬，使已经固定了的绿色标本不会退色，使黄色或褐色标本不褪色或微褪色。

三、材料、器具及试剂

1. 材料：新鲜桑叶或芽。
2. 器具：标本夹、标本瓶、电炉、烧杯（或砂锅）等。
3. 试剂：甲醛溶液、乙酸铜、乙酸。

四、实验方法

1. 蜡叶标本制作

（1）采样、压平、压干：根据一定要求在桑园内选取叶片或芽叶后，立即（或带回实验室）分层压入标本夹的吸水纸内，防止卷曲、变形。

（2）整理晒干：每夹层的吸水纸3～4张，把整理夹好的标本夹重置阳光下曝晒，每半天换一次干纸，直至全部压干水分后，才能取回保存。

2. 浸渍标本制作

（1）乙酸铜原液的制备：取乙酸铜粉末，慢慢加入50%乙酸溶液中（必要时可加热）使溶解到饱和为止，作原液。

（2）乙酸铜稀释液的配制：将上述原液按原液与水1∶4的比例稀释。

（3）材料烧煮：将稀释液及材料同时放入砂锅或烧杯内加热烧煮，不久材料褪色变黄绿，再继续烧煮，重现绿色，当绿色程度与材料原色相同时取出，用水洗出药液（加热时间长短依材料大小而定，一般10～30 min）。

（4）材料保存：把乙酸铜液烧煮处理过的材料，浸入2%的甲醛液中保存，封口、贴上标签即可。

五、作业或思考题

制作一张合格的桑树蜡叶标本。

实验六

桑叶中叶绿素含量的测定比较

一、实验目的

要求学生广查资料，然后自行设计一套从桑叶中提取叶绿素的最佳方案。并通过实践，验证方案的可行性。用验证好的可行性方案，再比较不同桑品种、不同时期和不同叶位间的叶绿素含量差异。写出设计方案和验证结果。通过该实验，使学生进一步了解桑叶中叶绿素含量与桑叶光合速率之间关系，同时掌握从桑叶中提取叶绿素及其含量测定的方法。

二、实验原理

叶绿素是一种脂溶性物质，可用丙酮和乙醇等有机溶剂提取，提取液中的叶绿素含量与溶液中的色泽深浅及光密度成正比。同时提取液中的叶绿素 a 和叶绿素 b 的吸收光谱曲线不同，因此，可利用分光光度计分别测定叶绿素 a 和叶绿素 b 的最大吸光度，然后计算出样品中叶绿素 a 和叶绿素 b 含量或叶绿素总含量。

三、材料、器具及试剂

1. 材料：新鲜桑叶（可以自行到桑园采摘需要的桑叶）。
2. 器具：打孔器、剪刀、电子天平、具塞试管、玻璃棒、量筒、移液器、722 型分光光度计。
3. 试剂：丙酮、无水乙醇。

四、实验方法

由学生查阅文献设计实验方法。

五、作业或思考题

1. 写实验方案及操作步骤。
2. 分析实验结果，阐述桑叶中叶绿素含量与品种、桑树生长势及叶片位置的关系。

实验七

桑叶中可溶性糖含量的测定

一、实验目的

要求学生广查资料，然后自行设计一套对桑叶中可溶性糖含量测定的最佳方案。并通过实验，验证方案的可行性。用验证好的可行性方案，再比较不同桑品种、不同时期和不同叶位间的可溶性糖含量差异。写出设计方案和验证结果。通过本实验，使学生加深对桑叶含糖量与叶质关系的认识，掌握桑叶可溶性糖含量的测定方法。

二、实验原理

桑叶组织中的可溶性糖包括还原糖(主要是葡萄糖和果糖)及非还原糖(主要是核糖)，这些可溶性糖类在一定条件下能与蒽酮作用生成绿色的糖醛化合物，其绿色的深浅与糖含量成正比。因此，可以用比色法测定桑叶中可溶性糖的含量。

不同桑品种、不同时期、不同叶位及不同肥培管理和环境条件等都会影响桑叶的含糖量。因此，测定桑叶中的含糖量及了解其含量的变化规律，在研究桑蚕生理代谢和栽桑生产实践上都具有重要意义。

三、材料、器具及试剂

1. 材料：桑叶烘干磨碎后，过 60 目筛的干燥粉末或新鲜桑叶。

2. 器具：烘箱、电子天平、研钵、恒温水浴锅、烧杯、锥形瓶、移液器、漏斗、试管、滤纸、722 型分光光度计。

3. 试剂：葡萄糖、浓硫酸、乙醚、蒽酮。

四、实验方法

由学生查阅文献设计实验方法。

五、作业或思考题

1. 写出实验方案。

2. 比较不同桑品种、不同时期和不同叶位间的可溶性糖含量的差异。

实验八

桑树组织培养

一、实验目的

了解桑树各个器官、组织的离体再生能力和特点。要求查阅文献搜集适合桑树离体再生的培养基、生长激素、温度、湿度和光照条件，通过实验设计进行验证。

二、实验原理

根据桑树细胞全能性即植物体的每个细胞都具有发育成一个完整植株的潜在能力。分离桑树的器官或组织的一部分在无菌的条件下接种在培养基上，人工控制的环境条件进行培养，使其生长发育，并再生成完整的桑树植株。

三、材料、器具及试剂

1. 材料：桑胚轴、顶芽、茎段、嫩叶。

2. 器具：超净工作台、高压锅、培养瓶、培养皿、滤纸、镊子、酒精灯、废液缸、磁力搅拌器、水浴锅、pH 酸度计。

3. 试剂：葡萄糖、蔗糖、琼脂、MS 粉、MES、微量元素，以及生长激素 BA、IAA、NAA 等，0.1%氯化汞溶液，20%次氯酸钠溶液。

四、实验方法

1. 配制 1 L 培养基

按要求配制 1 L 培养基。

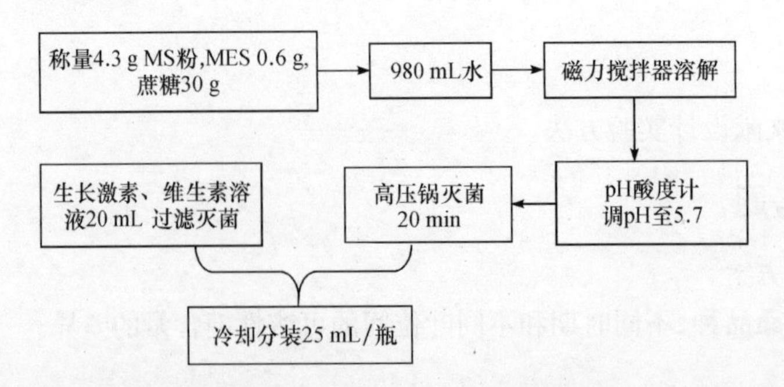

2. 接种

(1) 在接种 3 d 前用甲醛熏蒸接种室，并于接种前 3 h 打开室内紫外线灯进行杀菌。

(2) 在接种前 20 min，打开超净工作台的风机及台上的紫外线灯。

(3) 接种员先洗净双手,在缓冲间换好专用实验服,并换穿拖鞋等。

(4) 上工作台后,用酒精棉球擦拭双手,特别是指甲处。然后擦拭工作台面。

(5) 先用酒精棉球擦拭接种工具,再将镊子和剪刀从头至尾灼烧一遍,然后反复灼烧尖端处,对培养皿要灼烧烤干。

(6) 接种时,接种员双手不能离开工作台,不能说话、走动和咳嗽等。

(7) 接种完毕后要清理工作台,可用紫外线灯灭菌 30 min,若连续接种,每 5 d 要大强度灭菌一次。

3. 植物材料表面消毒剂灭菌

清理材料→流水冲洗→加入吐温(或洗衣粉)清洗→自来水冲洗灭菌剂处理→无菌水漂洗 4～5 次(每次大约 1 min)→ 沥干→接种。

4. 光照培养

将处理好的材料放置于光照条件下培养。

五、作业或思考题

1. 写出实验方案。

2. 观察并记录各种外植体愈伤组织诱导率、污染率、不定芽诱导率,分析各个组织的离体再生能力。

实验九

桑树主要病害症状观察

一、实验目的

通过观看桑树主要病害实物幻灯片，观察病害标本，认识桑树病害各种类型、症状，初步掌握描述桑树病害症状的方法，加深对桑树主要病害对象的感性认识。

二、实验原理

植物在生长发育过程中，常受到各种病原物侵袭，植物在受到病原物侵袭后，其内部生理过程受到扰乱，并在外部形态上出现不正常状态，称为病状。在受病植物的侵染部位常可以看到一些病原物结构，这些结构称为病征，如菌丝体、分生孢子盘、菌核、菌脓等。植物受病后表现出来的不正常的综合症状，称为病害症状。

三、材料、器具

1. 材料：桑树主要病害标本。
2. 器具：放大镜、体视显微镜、解剖针、镊子等。

四、实验方法

1. 看实物幻灯片、照片并进行症状描述

通过观看桑树主要病虫害实物幻灯片和一些照片，对症状进行描述。

2. 观察实物标本

必要时用放大镜观察，或用双筒显微镜、显微镜制片观察。

病害症状的主要类型有以下几种。

(1) 变色：感病后失去正常的绿色。变色又分两种，形成的症状明显不同：①整株、整叶或部分叶片均匀变色、褪绿、黄化，如桑树黄化型萎缩病、桑树萎缩型萎缩病；②变色不均匀，形成浓绿和淡绿相间的花叶，如桑花叶型萎缩病。

(2) 坏死：因受病部位不同表现各种症状，在叶片上常表现为叶斑和叶枯，如桑树褐斑病、桑树叶枯病；叶斑坏死组织如果脱落，即形成穿孔，如褐斑病，有的叶斑有轮纹则称为轮斑，如桑炭疽病。幼苗近土面的茎组织坏死，但植株不倒则形成立枯病，如桑苗立枯病；若幼苗猝倒而叶片仍绿色，则称为猝倒，如桑幼苗猝倒病；若茎枝坏死，则称为枝枯，如桑芽枯病、桑拟干枯病。

(3) 腐烂：受病部位细胞组织较大面积的分解和破坏，受病部位可以是根、茎、花、果等，如桑树褐斑病、桑紫纹羽病、桑根腐病、桑葚菌核病等。

含水较多的柔嫩组织分解和破坏，细胞的中胶层破坏，组织崩溃形成软腐病。

含水较少的组织腐烂后，水分很快蒸发形成干腐病，如桑干枯病、拟干枯病；相反如果细胞消解很快，腐烂组织不能及时失水则形成湿腐病。

(4) 萎蔫：整株或部分枝叶萎垂死亡，剖视病株，茎、根常见维管束组织变黑、变褐，植株迅速萎蔫死亡，而叶面仍保持绿色的称为青枯病，如桑青枯病。

(5) 畸形：部分细胞组织受抑制或残缺或生长过度。植株的生长成比例受抑制，病株比健株矮小得多，称为矮缩。枝条不正常的增多，形成簇生状，称为丛枝。叶面产生高低不平的皱缩，如桑萎缩病；叶片向上或向下卷，称为卷叶，如桑叶枯病。根、茎、叶上形成大小不等的瘤状物称为肿瘤，如桑根瘤线虫病。

五、作业或思考题

将观察结果记录于表 1-2。

表 1-2　观察结果记录表

病害名称	为害部位	症状特点	所属病源分类地位
黄化型萎缩病			
萎缩型萎缩病			
桑疫病			
桑青枯病			
桑里白粉病			
桑片枯病			
桑叶枯病			
桑炭疽病			
桑褐斑病			
桑赤锈病			
桑芽枯病			
桑拟干枯病			
桑膏药病			
桑紫纹羽病			

实验十

简易制作桑树病原玻片

一、实验目的

学习简易制作病原玻片的方法。

二、实验原理

植物病原(真菌、细菌)的个体比较小,在显微镜下才能观察清楚。因此,必须把病原制成玻片标本,在实际工作中,常常制作临时玻片标本。

三、材料、器具及试剂

显微镜、盖玻片、载玻片、擦镜纸、纱布、镊子、解剖针、蒸馏水。

四、实验方法

(1) 用镊子从乙醇瓶中取出盖玻片与载玻片,用清洁纱布擦干净。载玻片平放在桌上。

(2) 用吸管吸乳酚油或蒸馏水,滴一小滴在载玻片中央。

(3) 将需要观察的病原或病组织材料。用解剖针挑取放于载玻片的乳酚油或蒸馏水中。

(4) 取盖玻片,以其一边先接触载玻片,用解剖针托住盖玻片,慢慢放下,使乳酚油或蒸馏水在盖玻片内铺满。

乳酚油等浮载剂不能滴太多,以加盖玻片后刚刚均匀铺开,而盖玻片边缘无多余浮载剂外溢为宜,如浮载剂过多,应用吸水纸从盖玻片边吸取外溢的浮载剂。

制片中,为了减少气泡,要求在盖盖玻片时动作要缓慢,如果临时玻片上有气泡,可以将载玻片底面即没有盖玻片的一面置于酒精灯火焰上稍加热,排出气泡。

五、作业或思考题

制作一张合格的临时玻片。

实验十一

桑花叶型萎缩病内含物的检查

一、实验目的

桑树病毒及类菌原质体病害，有黄化型萎缩病、萎缩型萎缩病、花叶型萎缩病，一般认为黄化型萎缩病、萎缩型萎缩病为类菌原质体病害，花叶型萎缩病为病毒病害。均是全株性病害，对蚕桑生产威胁很大，必须及时诊断并采取措施。通过本实验认识桑树病毒及类菌原质体病害的主要症状，掌握病毒内含体观察的基本技术，为桑树病毒及类菌原质体（桑花叶型萎缩病）的诊断打下基础。

二、实验原理

桑树病毒及类菌原体病害的病原均在细胞内寄生，外表看不到病症，但桑花叶型病毒病在受侵染的细胞中常形成病毒的内含体。病毒的内含体分结晶状与非结晶状，桑花叶型萎缩病属无定型内含体，即非结晶状的内含体。桑花叶型萎缩病内含体多存在于有明显症状的叶片中，尤以叶片表皮细胞和表皮毛为多。

三、材料、器具及试剂

三种病毒及类菌原质体标本，显微镜，载玻片，盖玻片，尖头镊子，安置液，鲁戈尔氏碘液。

四、实验方法

（1）取典型花叶型萎缩病病叶（表皮及表皮毛），用尖头镊子从褪绿部位撕下一小块表皮，放于载玻片上的蒸馏水滴中，加盖玻片，先在低倍镜下观察，再在高倍显微镜下观察。

（2）取材相同，放于载玻片上，用碘液染色（碘 1 g、碘化钾 2 g、蒸馏水 300 mL），细胞核染成鲜黄色，内含体染成黄褐色。

（3）桑树黄化型萎缩病媒介昆虫观察：取两种菱纹叶蝉标本，仔细观察体色、体型、菱纹斑及花纹。

五、作业或思考题

以组为单位选取制作好的桑树花叶型病毒内含体标本拍摄。

实验十二

桑树病原细菌、真菌的分离、纯化及接种

一、实验目的

了解病原物分离的基本原理，掌握组织分离法、单孢分离法、培养皿稀释法和平板划线分离法等细菌、真菌分离技术、接种技术，了解接种实验在植物病理上的意义。

二、实验原理

在受病组织的各个部位中，病原真菌、细菌常和其他微生物混杂在一起，为了获得纯的植物病原真菌、细菌，必须将病原菌和其他微生物分离，再将分离出来的病原物进一步纯化，就可以得到纯培养的病原菌。植物病害的鉴定、病原菌的特性、分类等研究都必须经分离而获得纯培养菌。

三、材料、器具及试剂

1. 材料：供分离的桑树真菌、细菌病害新鲜标本、菌种（桑葚小粒性菌核病新鲜子囊盘、桑细菌病斜面培养纯化菌种）、灭菌水（锥形瓶装）；清水-琼脂培养基（锥形瓶装，真菌分离用）；马铃薯-葡萄糖培养基（锥形瓶装，试管斜面真菌分离用）；牛肉汁-蛋白胨培养基（锥形瓶装，试管斜面、平板细菌分离用）。

2. 器具：灭菌培养皿、试管、吸管、吸水纸、移植针、移植镊、小刀、小剪、纱布、酒精灯、玻璃棒、铅笔、标签、棉花、电炉、高压锅、塑料袋、金刚砂、显微镜、解剖针、喷枪。

3. 试剂：75%乙醇、95%乙醇、0.1%氯化汞溶液。

四、实验方法

（一）桑树病原真菌的分离和纯化

1. 分离前的准备工作

（1）分离工作在清洁无菌的环境下进行，一般是在消毒的灭菌操作室或超净工作台。在无上述条件和设备时，在清洁而空气比较静止的房间内也可以进行分离工作。要求把工作台上的其他物品拿走，擦净工作台，放一张湿纱布，地面洒水，使其潮湿，工作所需一切物品都应放在工作台上，工作前应用肥皂水洗手，再用乙醇消毒，分离时避免在室内走动。

（2）制作平板：将锥形瓶内的清水-琼脂培养基熔化，倒 15 mL 在灭菌培养皿中，轻轻摇动培养皿，使培养基在培养皿内分布均匀。培养基冷却后，即成平板。

2. 组织分离法的步骤

（1）选择新鲜病斑，在病健组织交界处，切取适当大小一块组织，一般是叶片组织切取 4～

5 mm^2，其他肥厚组织切取 3～4 mm^2。

(2) 将切取的分离材料浸于 75%乙醇中，2～3 s(湿润组织表面或表皮毛)，然后把材料移入 0.1%氯化汞溶液中，处理 0.5～2 min。

(3) 用在酒精灯上灭菌的镊子，将材料从氯化汞溶液中取出，放在装有灭菌水的培养皿中清洗，按顺序连续在 3 个培养皿中洗 3 次。

(4) 用灭菌的镊子从 3 个培养皿中取出材料，放在装有数层灭菌吸水纸的培养皿中，吸去附在材料上的水分。

(5) 用灭菌的镊子从吸水纸中取出材料，移入平板培养基上，每个培养皿内放 3～5 块材料，呈三角形或五瓣梅花形(图 1-5)。

(6) 将材料放好后，贴上标签，将培养皿翻转，放在 25℃恒温箱内培养。

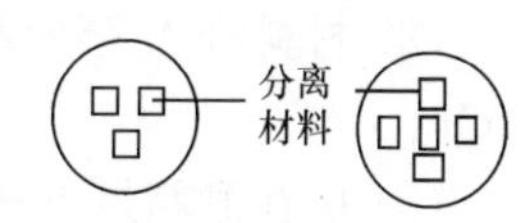

图 1-5　材料在培养皿中的放置方式

(7) 当培养皿中的材料长出菌丝，用移植针挑取边缘菌丝并连带菌丝下少量培养基，将其转移到斜面试管内再培养。如此转管 2～3 次，能够起到菌种纯化的作用。

操作过程应注意：倒平板培养基，倒灭菌水入培养皿中，分离步骤(3)、(4)、(5)、(7)都要求在无菌状态下操作。主要应注意：锥形瓶、试管要火焰灭菌，镊子的使用、培养皿的开闭要有灭菌意识。

3. 真菌的纯化——单孢子分离法

采用组织分离法分离的真菌，如果分离材料和操作都很好，不难得到纯培养的菌种。但是即便有这些有利条件，也不能排除分离到的菌种混杂有其他真菌和存在不同菌系的可能性。因此对于一种真菌进行深入研究以前，菌种的纯化是必要的。单孢分离法是重要的真菌纯化方法。主要步骤如下。

(1) 把清水-琼脂培养基熔化后，取 10 mL 在灭菌培养皿中制成平板，放在温箱内，待冷凝水蒸发掉后再用。

(2) 将分离得到的真菌配成孢子悬浮液，用移液器把少量孢子悬浮液涂于平板培养基表面，在 25℃温箱中培养，当孢子开始萌发后取出。或者用移植针挑取少量分离培养得到的真菌孢子在平板培养基上，用手掸动移植针，使孢子振落在培养基表面，在温箱内培养，刚开始萌发时取出。

(3) 将平板翻转，用低倍显微镜在培养皿底部寻找孢子。如果发现视野内只有一个孢子且已有芽管，就用墨汁把孢子圈住。

(4) 用切取器将带有孢子的小块培养基切下，切取范围不得超过墨汁圈，再用移植器把孢子移到适当的培养基上培养。

4. 真菌分离中排除细菌污染的方法

在真菌分离时，经常有细菌污染，特别是初学者更应如此，这对分离纯化菌种带来很大影响。排除细菌污染可以采用如下方法。

(1) 先将真菌接种于清水-琼脂平板培养基上，然后将一管未接种的清水-琼脂培养基熔化，冷却至 45℃，倾入平板中，淹没接种点，冷凝后放入温箱中培养，真菌菌丝能穿透培养基，细菌则不能，利用这一点，把穿透过培养基的菌丝移出纯化。

(2) 把玻璃环浸入 75%乙醇中，用镊子夹起在火焰上灭菌，然后将环一端陷在清水-琼脂平板培养基内，把污染的菌种接种于玻璃环中央的培养基上，真菌菌丝自玻璃环底部穿过培养基而达到培养基表面生长，细菌则限于在玻璃环内生长。

(3) 调节培养基的pH，使其呈酸性，绝大多数细菌不能在pH小于4的酸性培养基上生长，因此可以在培养基内加入几滴乳酸，抑制大部分细菌的生长，而不影响真菌的生长。

(二) 桑树病原细菌的分离和纯化

1. 分离前的准备工作

方法同病原真菌。

2. 稀释分离法的步骤

(1) 选取新鲜病斑，在病健组织交界处，切取适当大小的组织材料，一般取4～5 mm^2，然后用蒸馏水冲洗干净。

(2) 材料浸入75%乙醇2～3 s，湿润组织或表皮再移入0.1%氯化汞溶液中处理0.5～2 min。

(3) 用在酒精灯上灭菌的镊子，把材料从消毒溶液中取出，放入装有灭菌水的培养皿中清洗，按顺序连续在3个培养皿中冲洗3次。

(4) 取3个灭菌培养皿，在皿盖边缘上标1号、2号、3号，每个培养皿内倒入1 mL灭菌水。

(5) 用在酒精灯上灭菌的镊子，将用已消毒水洗的分离材料，夹一块放入1号培养皿内，用火焰灭菌的玻璃棒将分离材料捣碎，呈悬浮液状。

(6) 用灭菌移植镊从1号培养皿中取一镊悬浮液移入2号培养皿中，将移植镊重新灭菌后，再从2号培养皿中取一镊移入3号培养皿中。

(7) 将牛肉汁蛋白胨培养基先熔化，待冷却至45℃，分别倒入上述3个培养皿中，立刻小心摇动培养皿，使悬浮液与培养基均匀混合。冷凝之后将培养皿翻转，置28℃温箱中培养，菌落长出后，进行纯化。

注意：步骤(3)～(7)都应在无菌状态下进行，随时注意避免污染。

3. 平板划线分离法

(1) 将培养基熔化，倒入培养皿中制成平板，翻转置于30～35℃温箱中，使平板内的水蒸气蒸发掉，48 h后取出备用。

(2) 取材，分离材料的表面消毒和清洗[同稀释分离法步骤(1)、(2)、(3)]。

(3) 取一个灭菌培养皿倒入1 mL灭菌水。

(4) 用灭菌的镊子，夹一块已经用消毒水灭菌的分离材料放入上述培养皿中，用火焰灭菌的玻璃棒，将分离材料捣碎呈悬浮液状。

(5) 用移植镊取一镊悬浮液，在平板培养基表面一侧边缘反复涂抹。

(6) 把移植镊重新灭菌，从上述涂抹处划出两条直线。

(7) 将平板转动一定角度，用灭菌后的移植镊再次划线，第二次划线应经过第一次划线处。

(8) 再转动平板，继续划线，基本划满整个平板(图1-6)。

(9) 划线完毕，倒置平板，在28℃温箱中培养，长出菌落后，选择菌落进行纯化。

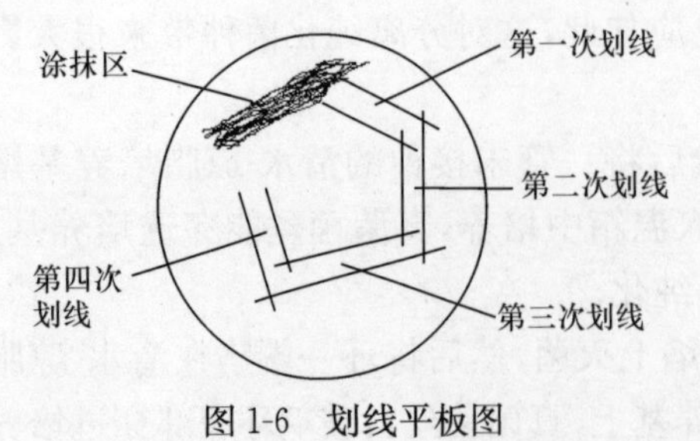

图1-6　划线平板图

4. 菌落的纯化

像真菌的纯化一样，细菌的纯化在细菌研究中具有重要的作用，无论是进行分类鉴定，还是遗传变异研究都需要纯菌种。细菌的纯化主要是采用平板划线纯化法，其步骤同上述的平板划线分离法基本一致，即在稀释的2号、3号培养皿中或划线分离平板培养皿中选择典型菌落，从单个菌落上蘸少许菌液，然后在平板培养基上涂抹，划线，如果长出的菌落一致，就可选一个单菌落移到试管斜面培养基上培养，而获得纯菌种。反之长出的菌落不一致，还应继续划线纯化，直到菌落一致。

（三）桑树病原细菌、真菌的接种

从病株上分离得到的真菌、细菌是否是致病菌，要通过对寄主植株接种，并诱发产生与原来病株相同的症状，才能确定。植物病理的接种技术是病理学中最常用的基本技术之一，它可以用来鉴定病原的致病性，选育抗病品种，研究病害发生过程，也可用于病害防治实验等。接种方法一般采用与自然条件下发病相似办法，因此，接种类型比较多。在进行病原物接种时，无论采用什么方法，都必须考虑：①寄主植物的感病性，供试品种应是感病品种，在易感病的发育期接种；②病原物的致病性，菌种应具有较强的致病力，生命力强，有一定的接种量；③要创造适宜的发病条件，主要是温度和湿度，以利于病原菌的萌发和侵入。

桑树上常用的接种方法有喷雾接种、涂抹接种（金刚砂摩擦）、针刺接种、剪叶接种、土壤接种、种子接种等。

1. 真菌病害——桑树断梢病病原接种实验

（1）接种菌液的准备：取桑葚小粒性菌核病的新鲜子囊盘3～5个，自盘柄基部剪下，灭菌，放于灭菌烧杯中，加入5～10 mL蒸馏水，用玻璃棒将子囊盘轻轻捣碎，制成子囊孢子悬浮液供用。

（2）接种桑树的选择：选择开雌花的桑树供用。

（3）接种：用灭菌毛笔蘸取菌液轻涂抹于盛花期雌花柱头上，使每朵雌花都沾上菌液。

（4）保湿；接种后套袋保湿3 d。

（5）以清水同法作为对照。

2. 细菌病害——桑黑枯性细菌病原田间接种实验

（1）菌液的准备：将斜面培纯的新鲜菌种，试管内加5～10 mL灭菌水，用移液杯轻轻洗下，并适当稀释，一般每毫升有5×10^6个细菌。

（2）接种桑树的选择：选择易感染黑枯性细菌病的桑树品种，如'桐乡青'、'湖桑7号'等，选取数株嫩梢，做好记号。

（3）接种：接种方法很多，本实验采用金刚砂摩擦接种法，即接种时，先在选好的嫩叶上，撒上一些金刚砂，用毛笔蘸取菌液，在叶面上轻擦，利用金刚砂粉造成的伤口使细菌浸入。

（4）套袋保湿：方法同桑树断梢病病原接种实验。

（5）以清水同法处理作为对照。

五、作业或思考题

1. 分离病原真菌、细菌，并纯化为纯菌种。

2. 用简图表示分离纯化步骤，并回答下列问题：

（1）为什么分离材料不能切取过大或过小？

（2）在分离纯化步骤中，避免污染应注意哪些地方？

3. 以组为单位，每组接种病原细菌或真菌5～10株，列表进行观察记载。

4. 根据以上接种实验的调查结果，分析此项接种成败的主要原因及改进措施，写出实验报告。

实验十三

桑树主要虫害的识别

一、实验目的

通过实验掌握桑树虫害的主要形态特征，重点掌握鳞翅目、鞘翅目、同翅目桑树的虫害。

二、材料、器具

1. 材料：各类型桑树害虫。

2. 器具：解剖镜、解剖针、镊子、培养皿等。

三、实验方法

(1) 先看幻灯片实物照片并进行症状描述。

(2) 观察实物标本，必要时用放大镜观察，或用双筒显微镜、显微镜制片观察。

四、作业或思考题

1. 列表说明桑毛虫、桑螟、野蚕、桑尺蠖的形态特征。

2. 列表说明桑天牛、金龟子、蓝尾叶甲、桑象虫等触角和幼虫的类型，以及口器、复眼的形态。

3. 绘制桑天牛、蓝尾叶甲、桑象虫、金龟子的成虫和幼虫的形态图。

4. 列表说明桑瘿蚊、桑蓟马、桑粉虱的形态特征。

实验十四

桑树病虫标本的采集与制作

一、实验目的

病虫标本是病虫性状及分布的永久记载，采集、整理、保存质量优良的病虫标本，对教学、科研、科普宣传、经验交流等都具有重要意义。通过实验，进一步认识和熟悉病虫，掌握采集与制作病虫标本的基本技术。

二、材料、器具及试剂

1. 材料与试剂：普通防腐浸渍液、保色标本浸渍液、乙醇、冰醋酸、甲醛、乙酸铜、亚硫酸、樟脑丸、蜂蜡、松香。

2. 器具：毒瓶、捕虫网、采集箱、标本夹、麻绳、草纸、标本采集记录本、放大镜、铅笔、塑料袋、大小试管、吸水纸、三角纸袋、标签、标本瓶、二重皿、载玻片、盖玻片、昆虫针、展翅板、解剖针、镊子、解剖刀、解剖镜、酒精灯、玻璃缸、电炉、桑刀、桑剪、铲子。

三、实验方法

（一）病虫标本的采集和制作

1. 采集

采集前做好用具及药剂的准备工作，采集中应注意以下几方面。

（1）桑树病虫害标本主要有病根、病茎、病叶、病葚等，要采集典型的、具有代表性的标本，要有各受害部位在不同时期的典型症状，采集数量不宜太少，真菌病害上应有子实体更好。

（2）能产生子实体的真菌病害，应注意采集老叶（因为老叶上病菌子实体比较成熟），许多真菌的有性阶段只在枯死的枝叶上出现，而无性阶段大多在活体中可以找到，病毒病害应尽量采集顶梢和嫩叶。

（3）如对病害还不是很熟悉，采集病株和健株进行比较。

（4）每种标本采集的数量不能太少，在制作和鉴定过程中常有损失，并且多余的标本可以交流。

（5）应严加选择，每一标本上的病害种类力求单纯，即每一标本只有一种病害。

（6）不同种类的病害标本，严禁混放在一起，必须分别包装安放，以免病原混杂，影响鉴定。

（7）采集时对每种标本均需作记录，随即编号初步整理。对于病叶、病梢易枯萎的标本，要随采随压，病根、病茎、病枝可放入采集箱带回整理。

（8）标本采回后，应及时处理，不能久放。

2. 蜡叶标本的制作

边采边压，带回室内后，立即进行整理，使叶片平整，新梢上枝叶排列有序，干燥越快，越能保持标本原色，因此，注意未干的标本要勤换纸，特别是最初几天，每天 1 次，稍干后可隔 2～3 d 换一次。

3. 浸渍标本的制作

病根、病茎、病枝、病葚等可制成浸渍标本保存，浸渍标本保存占的面积较大，保存的时间有限，浸渍标本多用于展览、教学示范等。浸渍前用清水轻轻洗去泥沙、脏物，并进行适当修剪，即可投入浸渍液中。浸渍液种类繁多，有专门防腐用的，亦有保持标本原色的，可根据需要选择，下面介绍几种标本浸渍液配方。

(1) 一般防腐浸渍液：甲醛溶液 50 mL、95%乙醇 300 mL、蒸馏水 2000 mL，也可单用 5%甲醛溶液或 75%乙醇。

(2) 保色标本浸渍液：不同保色标本浸渍液的配制方法如下。

a. 硫酸铜及亚硫酸浸渍液(绿色)：将标本浸于 5%硫酸铜溶液 6～24 h，或更长，待标本全部转至本色为止，即可取出，用清水漂洗 4～5 h，然后保存于亚硫酸液中(亚硫酸液可用浓硫酸 20 mL，加水 1000 mL 稀释，然后加亚硫酸钠 16 g，配好的溶液可以贮存)。此法用于保存桑叶、青葚效果较好，但要注意亚硫酸易挥发，须注意密封瓶口，必要时每年换一次亚硫酸浸渍液。

b. 乙酸铜浸渍液：此液保存效果较好，特点是保存的标本色泽稍有些偏蓝和须要煮过。方法是将乙酸铜结晶逐步加在 50%的乙酸溶液中，直至饱和为止。将原液稀释 3～4 倍使用，稀释度因标本色泽深浅有不同，浅色宜稀，深色可稍浓。将稀释液煮沸，放入标本，继续加热，标本的绿色开始退却，经 3～4 min 绿色又恢复，至接近标本原色为止，取出用清水洗净，保存于 5%的甲醛溶液中，也可压制成干燥标本。

c. 黄色、橘红色标本浸渍液：保持果实的红黄色，可用亚硫酸溶液，方法是将含 5%～6% SO_2 的亚硫酸配成 4%～10%水溶液(含 SO_2 0.2%～0.5%)作为浸渍液，将要保存的标本放入其中，为增强防腐作用，可加少量乙醇，果实浸渍若发生崩裂可加少量甘油。

d. 真菌色素保存液：真菌色素不溶于水的，可用硫酸锌、甲醛浸渍液保存，用此液保存时，标本要新鲜，直接浸渍保存在原液中。硫酸锌甲醛浸渍液：硫酸锌 25 g、甲醛 10 mL、水 1000 mL。真菌色素溶于水的可用下述浸渍液保存，其原理是利用其中的乙酸铅沉淀花青素，标本洗净后，保存在原液中：中性乙酸铅 10 g、冰醋酸 10 mL、乙酸汞 1 g、95%乙醇 1000 mL。

(二) 昆虫标本的采集与制作

1. 主要用具的制作与使用

(1) 捕虫网：是捕捉飞行性昆虫最常用的工具，用纱布或白布作成，捕虫网直径为 32 cm，用粗铁丝作口径，袋长 66 cm，袋宽 10 cm，柄长 100～150 cm，制作时，将纱布或白布剪成 4 块，如图 1-7 所示，缝合即成。

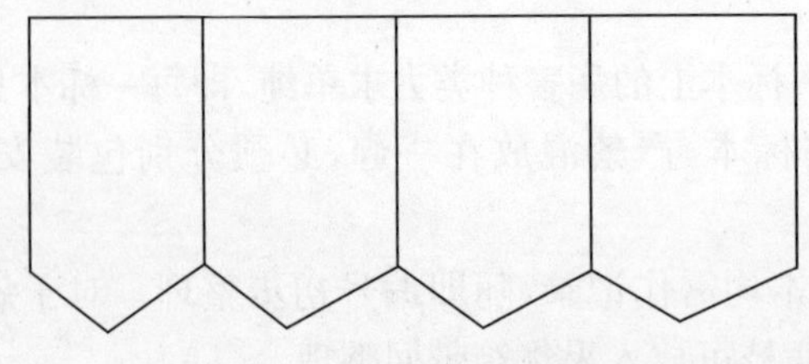

图 1-7 捕虫网制作图

(2) 毒瓶:用于捕捉的害虫杀生。毒瓶制作方法是选择250～500 mL的磨口瓶,在瓶底放一层氰化钾,约1 cm厚,压紧,上放1.5 cm厚的木屑,压实,木屑上再放一层熟石灰,上放一层滤纸或软纸片,用滴管或毛笔滴几滴水于滤纸上,使所有的石灰都吸足水,但不宜过量,几小时后,石膏结块即可使用。瓶内还可以放一些松软的纸条,以免昆虫在瓶内相互碰撞。毒瓶内的氰化钾为剧毒,开盖时注意防止吸入中毒。昆虫在毒瓶中死亡后,取出,以免昆虫躯体发黑或变硬。临用时毒瓶内也可以用棉花蘸少许敌敌畏于瓶底,上垫纸片隔开。

(3) 乙醇瓶:用标本瓶或试管内盛75%乙醇,保存幼虫、小甲虫或虫卵。

(4) 铁盒:内放与盒等大的纸片,将杀死的昆虫投入其中保存。

(5) 三角纸包:用以暂时保存蛾、蝶类,一般用坚韧的表面光滑的吸水纸制成。

(6) 试管或小瓶:用来装放各种活的或已毒死的小虫、卵。

(7) 采集袋:用来装放外出采集时必须带的工具。

(8) 活虫采集器:用来装放需要带回饲养的活虫。

(9) 昆虫针:用以固定虫体位置,作针刺标本用。昆虫针有粗细7种,即1号,2号,3号,4号,5号,0号,00号,以5号最粗,00最细,此外尚仅有12 mm长的微针,以1号,2号,3号,4号最为常用。

(10) 三级板(刺虫台):用以固定针刺昆虫的高度,一般分三级,每级高度0.80 m,每级中央有一小孔,制作时可将插了虫的针倒过来,放在三级台的第一级小孔中,使虫背紧贴台面,其上部留针的长度便是8 mm。

(11) 展翅板:是用较软的木材制成长约33 cm,两边的木条宽9 cm,略向内倾斜,其中一条可以活动,以调节板间缝隙宽度。两板间沟槽装软木条,展翅时,把已插在软木上,使虫体背面与两侧木板平行,并调节活动的木板,使宽度与虫体接近,然后用小号昆虫针,插在较粗的翅脉上,将左右前翅向前拉。鳞翅目以两前翅后缘呈一直线为准。蜻蜓目、脉翅目以后翅前缘呈一直线为准,前翅后缘稍向前倾,蝇类、蜂类以前翅的尖端与头相齐为准,把前翅暂时固定在展翅板上,再拉两后翅到前缘,压在前翅下面,左右对称,充分展平。最后以光滑的纸条或塑料膜条压住,以大头针固定,放于干燥处,干燥后再取下装盒。

(12) 幼虫吹胀器:主要用于制幼虫标本。吹胀器可分两部分:第一部分为幼虫吹胀器,第二部分为幼虫干燥器,干燥器的制作是用铁棍作成一个架子,上面放一个洋灯罩,为了防止虫烤焦,可在灯罩内放些干砂,下放一酒精灯加热。吹胀器也可自己制作,即将一根玻璃管在酒精灯上烧红后慢慢拉长成细管,然后折断,在管子的一端装一个橡皮管,再在玻璃管的适当位置上装一个厚铁皮夹便可使用。

2. 昆虫的采集方法

首先要掌握昆虫的习性,了解昆虫最喜欢栖息的场所,根据不同昆虫对象采用不同的采集方法。网捕、振落、灯光诱集,或用手捕捉,用试管或指形管套捉等。采集的昆虫,立即放入毒瓶杀生,杀死后随即取出,幼虫或小甲虫可投入浸渍液中,蛾类、蝶类可放入三角纸包,成虫稚虫、若虫也可放入密闭的标本盒中保存。方法是:在盒底铺一层平整的棉花,将虫放在棉花上,其上再放一层纸,以记录采集情况,一层放好后,再铺一层棉花,棉花上再放一层虫,直到标本盒放满为止。带回室内整理,并放干燥环境保存,以免发霉。

3. 昆虫标本的制作

(1) 针刺标本的制作:此法用以制作成虫标本。其方法是用昆虫针直接插入昆虫(成虫)胸部,插针应在虫体未变硬时进行,已变硬的昆虫须软化后再插,否则不易插进,易碎。插入部位因虫而定，一般半翅目从中胸小盾片中央垂直插入，鞘翅目从右翅鞘基部插入，鳞翅目和膜翅目从中胸中央插入，直翅目从前胸背板右面插入。鳞翅目针刺后，并将四翅展于展翅板上，膜翅目及其他细腰昆虫，针插后，须用硬纸或针使腹部与胸部成一直线，待全干后方能除去。

微小昆虫如粉虱、叶蝉、寄生蜂类，可用垂插法与三角纸点胶法来制作。重插法是先用微针(00 号)从虫的腹面插入固定在一块长方形小软木上，再按其他昆虫针插法，将软木片插在普通的昆虫针上。三角纸点胶法是将特制的三角纸(用较好的硬纸或用旧胶片洗净后，因其透明比纸更好)插在昆虫针上，其尖端蘸少许万能胶，贴在虫体的前足与中足间。

针插标本要注意插针一定要与虫体垂直。昆虫在虫针上要有一定的高度，一般应是从针尖末端到虫体背面的距离等于三级台第一级(8 mm)，每一虫针上应有标签，注明采集日期、地点、采集人、昆虫学名、中文名等。虫针作好后插在软木板上，放于干燥器内干燥，待彻底干燥后，将软木板连虫针放于标本盒内。

(2) 昆虫浸渍标本的制作：一般昆虫卵、幼虫、身体柔软或细小的成虫、蛹等多制成浸渍标本保存。采集幼虫标本，首先饿 1～2 d，让体内粪便排完，再放在开水中煮至虫体硬直为止。体大皮厚的需煮 5～10 min，小而软的幼虫煮 2～3 min，未经煮过的标本，放入保存液后虫体易收缩变形。煮好后立即投入标本瓶保存液中，但体大的虫子，虫体含水多，浸泡后要更换几次浸渍液，才能永久保存。身体柔嫩或体躯细小的昆虫成虫或卵、幼虫、蛹多用保存液浸在试管中。

浸渍液种类很多，主要介绍如下。

a. 乙醇浸渍液：75%乙醇+0.1%～1%甘油，可浸渍一般标本。

b. FAA：冰醋酸 5 mL+甲醛溶液 5 mL+75%乙醇 90 mL，最常用，效果好。

c. 一般保色标本浸渍液：白糖 5 g+冰醋酸 5 mL+甲醛溶液 4 mL+乙醇 6 mL+蒸馏水 100 mL。此液保存标本不收缩，不变黑，浸渍液不沉淀，对保存黄色、红色幼虫有一定效果，但对多种绿色幼虫效果较差。

d. 绿色幼虫浸渍液：硫酸铜 10 g+蒸馏水 1000 mL，将此液煮沸后投入绿色幼虫，煮时开始褪去原色，后恢复到原来色彩，即取出用清水洗净，浸入 5%甲醛溶液中。

e. 黄色幼虫浸渍液：无水乙醇 6 mL+冰醋酸 1 mL+氯仿 3 mL，先用此液浸 24 h，再移入 75%乙醇中保存。

f. 红色幼虫浸渍液：硼砂 2 g+50%乙醇 10 mL，将幼虫直接投入保存。

4. *病虫标本的保存*

已做好的病虫标本，应按病虫分类或用途分类保存。保存在浸渍液中的标本，要定期检查，发现浸渍液变色，应及时更换浸渍液，保存时间较长的标本瓶，要密封瓶口，永久封存，可用蜂蜡和松香 1∶1，熔化混合均匀，加少量凡士林调成胶状物，涂于瓶口。标本瓶应放于密封的标本柜中，针插标本要放在密封的、有四氯化碳或樟脑的标本盒内，蜡叶标本应装订在硬纸板上。潮湿、易生虫或霉烂的防治方法是标本在干燥之前用 0.1%氯化汞浸渍，也可以把樟脑或对二氯苯放在标本盒内，并定期更换。

四、作业或思考题

在实验老师的指导下，利用课余时间自行安排，每人采集制作不同病害标本 5 样，本学期结束前两周完成。

实验十五

桑园常用农药品种的识别、稀释、药效测定及残留期实验

一、实验目的

了解识别桑园常用农药品种、剂型、主要性状，学会农药药效测定及残留期实验基本技能和方法，为正确使用农药打下基础。

二、材料、器具及试剂

1. 材料：供试桑树病虫，家蚕二龄以上各龄蚕，桑树细菌病原及真菌病原，盆栽桑树 20 株，马铃薯-琼脂培养基、牛肉蛋白胨培养基。

2. 器具：喷雾器、移液管（各种类型）、量筒、烧杯、洗耳球、培养皿、无菌圆形滤纸片（直径 8 mm）、移植针、镊子等。

3. 试剂（桑园常用农药）：敌敌畏、乐果、敌百虫（美曲膦酯）、马拉硫磷、辛硫磷、乙酰甲胺磷、氧化乐果、吡虫啉、多菌灵、托布津、土霉素等。

三、实验方法

（一）按剂型分类农药

将给出的农药按剂型进行分类，填于表 1-3。

表 1-3　桑园常用农药分类(按剂型)

品种	乳化剂	水剂	粉剂		其他	说明
			可湿性	一般粉剂		

（二）按用途分类农药

将给出农药按用途进行分类，填于表 1-4。

表 1-4　桑园常用农药分类(按用途)

品种	杀虫剂	杀螨剂	杀线虫剂	杀菌剂		病毒
				真菌	细菌	

(三) 按作用方式分类农药

将给出农药按作用方式进行分类,填于表 1-5。

表 1-5　桑园常用农药分类(按作用方式)

品种	杀虫剂				杀菌剂		
	胃毒剂	触杀剂	熏蒸剂	内吸杀虫剂	保护剂	治疗剂	内吸杀菌剂

(四) 桑园常用农药的稀释和配制

1. 稀释

一般生产上对农药的稀释,以农药原液(粉)含有效成分为 100%来计算,需要稀释的目的浓度即为加水倍数,如配制 80%敌敌畏 3000 倍,用 80%敌敌畏乳剂 1 kg,加水 3000 kg 即得。

目前农村多采用背携式喷雾器,每个喷雾器容量为 10 kg(10 000 mL),若需配制 80%敌敌畏乳剂 2000 倍,则在喷雾器桶内加 80%敌敌畏乳剂 5 mL,再加水 10 000 mL(加满)搅匀即得。

2. 配制

以波尔多液、土霉素为例。

(1) 波尔多液:波尔多液是普通的杀真菌药剂,其价格低廉,效果良好,且使用安全,根据病害种类和用药时期不同,使用浓度各异。一般的配制有 3 种标准。石灰等量式、石灰少量式、石灰多量式(表 1-6)。

表 1-6　配制波尔多液的 3 种标准

类别	硫酸铜	石灰	水	备注
石灰等量式	1	1	100	石灰加水可减轻药害
石灰少量式	1	0.5	100	
石灰多量式	1	2	100	

桑树上常采用石灰等量式,根据不同使用浓度,有下列几种配方(表 1-7)。

表 1-7　桑树上常用波尔多液的配制方式

浓度/(g/mL)	硫酸铜/g	生石灰/g	水/mL	备注
1.2	600	600	5000	冬季用
1.0	500	500	5000	
0.8	400	400	5000	成林桑用
0.6	300	300	5000	
0.4	200	200	5000	
0.2	100	100	5000	幼苗用

a. 调制方法：因注入方式不同分为两种。

第一种：一液注入法，即先准备木桶或瓷缸两个，按所需要浓度，分别算好原料，一个缸内盛少许热水，使硫酸铜充分溶化，然后加入全量水的一半，均匀混合后，并用细布过滤，取澄清液，慢慢将硫酸铜倒入石灰乳中，用棒搅拌数分钟即得。

第二种：二液注入法，即先准备大小木桶(或瓷缸)3 个，1 大 2 小，把硫酸铜石灰同上法分别溶解于两小桶中，然后将两小桶溶液同时注入大容器中，充分搅拌即得。

注意事项：

第一，配制时，应避免用金属容器。

第二，石灰要用生石灰，并先注热水少许，使其化成粉后，再加入冷水成石灰浆，过滤，方能使用。

第三，制成的波尔多液应随配随用，否则经数小时后，即发生沉淀，药效降低，若置 24 h，则胺态沉淀破坏，逐渐形成结晶体，硫酸钙形成针状结晶，而铜的化合物则形成圆粒状结晶。故配制时，宜预先估计使用量，或将硫酸铜、生石灰分别配制、贮存，用时按用量分别取之。

第四，对于细嫩的叶芽或苗木，应使用含铜量较少的波尔多液，或增加石灰量以减少可溶性铜量，避免发生药害。

第五，喷射过量，是造成药害的原因之一，因此，喷射的药量应不使药液流失为限。

b. 波尔多液的质量鉴定：具体鉴定方法如下。

物理性状的鉴定：良好的波尔多液呈胶态蓝色，少沉淀，可悬浮于水中达数小时，且均匀薄糊状有黏性，喷射于植物体经干燥后，形成薄膜，黏着牢固，可耐雨露的淋洗，若配制不好，经一定时间，即生沉淀，此皆因石灰品质不好，或因硫酸铜含有多量游离酸。

试纸检查法：优良的波尔多液用石蕊试纸检查不变色，若呈红色，说明药液呈酸性宜加少量石灰乳，以不显红色为度。

小刀检定法：向药液中投磨光亮的小刀，搅拌以小刀片上不黏附铜质为优。若品质不好可见刀片上有铜色。可加石灰调配，以小刀片上不显铜色为度。

小皿检查：取波尔多液于小皿中观察，优良的波尔多液呈固有的黏性，品质不良，其液如水，或者取该溶液，从管吹气于液面，生薄膜者良好，不生薄膜者不良，可加石灰乳调配。

c. 反应过程：波尔多液的杀菌主要成分是碱式硫酸铜，其大致反应式如下。

$$2CuSO_4 \cdot 5H_2O + Ca(OH)_2 \longrightarrow [Cu(OH)_2]CuSO_4 + CaSO_4 + 10H_2O$$

(2) 盐酸土霉素液的配制：土霉素有原粉和片剂两种，原粉为灰黄色粉末，无臭，在空气中稳定，贮存于干燥避光条件，有效期 3 年。不溶于水，易溶于酸性溶液，在配药时先用盐酸配成酸性溶液，称为土霉素溶媒。配制方法如下。

a. 先配制溶媒:取化学纯盐酸 45～50 mL,加水至 1000 mL 即得。

b. 配制盐酸土霉素母液:按每克畜用土霉素碱粉含量为 85 U,加溶媒液 10 mL,先用少量溶媒液将原粉调成糊状,再加入剩余溶媒液,充分搅拌,溶解,直到成棕色透明液体即得母液。

c. 盐酸土霉素稀释液的配制:根据公式配制。

$$\text{加水倍数}=\frac{\text{原药浓度}-\text{目的浓度}}{\text{目的浓度}}$$

由于土霉素碱粉纯品含量高,而需要稀释的浓度又很小,因此大田防治时可以直接采用下列公式。

$$\text{加水倍数}=\frac{\text{原药浓度}}{\text{目的浓度}}$$

例如,将含量为每克 850 000 U 的畜用土霉素碱粉配制的母液,配制成浓度为 500 U 的稀释液,需加水多少?

$$\text{加水倍数}=\frac{\text{原药浓度}}{\text{目的浓度}}=\frac{850000}{500}=1700$$

即每 10 mL 母液,加水 1700 mL(3.4 kg),即为 500 U 的盐酸土霉素稀释液。

(五) 杀虫农药药效测定

(1) 一般方法:将已饲养或大田捉回各种桑树害虫的幼虫,放于盆栽桑上(或在田间桑树上直接喷药),待虫在桑树上正常生活后,用规定的农药品种及浓度,用喷雾器直接喷于虫体或桑叶上,以叶面全部喷湿而药液滴下为度,任其取食,用清水作对照,每区供试 30～50 头,重复 3 次,喷药后 4 h、8 h、16 h、24 h、48 h 调查中毒死亡率,此法是在已掌握农药具有胃毒或触杀特性的情况下进行的,若需了解农药是触杀还是胃毒或熏蒸作用,需分别单独进行实验。

(2) 胃毒效果测定:此类方法很多,主要有饲毒法、夹毒叶片法等。

饲毒法:将规定农药的品种、浓度,先喷于盆栽桑或其他适熟的桑叶上,待药干后,采下桑叶,饲喂桑虫,桑虫每区 10～20 头,连续饲喂药叶,定时观察中毒症状,记载死虫数,计算死亡率。

夹毒叶片法:将喷过药的叶片夹于两张未喷药的桑叶中间,此法的优点是完全可排除触杀作用,其余步骤同上。

(3) 触杀效果测定:将药液直接喷于虫体,具体做法是将虫放在枯枝或小块窗纱上,按规定农药品种及浓度喷于虫体或用滴管、微量注射器,涂抹于虫体表皮,待药干后,置养虫笼或养虫皿中饲养,以未喷药的新鲜桑叶或不处理作对照,定时观察中毒和死亡情况。

(4) 农药残留期的测定:将被测定农药按规定喷于桑树上,每隔一定时间(24 h、48 h、72 h……)分别采叶饲喂 2～5 龄家蚕,以不喷药叶为对照,定时观察中毒及死亡情况,做好记载。直到饲养不中毒为止。算出残留天数,一般室内实际残留天数,再加上 2～3 d 的保险系数,以保证蚕绝对安全。

(5) 死亡率的计算:在自然界中,由于各种原因,昆虫有一定数量的自然死亡率,在计算药效时,常常影响药效及残留期实验的正确性。因此,必须去掉自然死亡数,采用更正死亡率公式进行计算,才能得到正确的结果。

$$\text{更正死亡率}(\%)=\frac{\text{对照区生存率}-\text{处理区生存率}}{\text{对照区生存率}}\times 100$$

注：更正死亡率即校正死亡率。

（六）杀菌剂的室内鉴定

（1）抑菌圈法：任何一种出厂的杀菌剂产品在正式使用前，都必须测定药剂的防治效果，同样对某一种病害的防治，在选择药剂时，也应首先确定所选药剂对病原的抑制和杀灭效果。抑菌圈法的原理是，将细菌或真菌病原与琼脂培养基混合，平板培养，平板培养基中间放一玻璃环，在玻璃环内滴满药液或在平板培养基中间放一浸有药液的圆形滤纸片，经过一定时间的培养，由于药液在培养基上的扩散作用，使平板培养基出现抑菌圈，根据抑菌圈的大小，判定杀菌剂的效果。

具体做法：用无菌操作法将病原细菌悬浮液 0.5 mL 注入事先熔化并冷却至 45℃的培养基中，混匀，倾入二重皿中，稍转动二重皿使培养基厚薄均匀，盖上盖，待培养基凝固后，取灭菌滤纸圆片（8 mm）浸入供试药液中，浸透后取出晾干，放入二重皿培养基表面中央，在 25～28℃培养箱内培养 24～48 h，观察、测定滤纸片抑菌圈的大小，每处理重复 3 次，每皿放滤纸片 4 张。

（2）孢子发芽法：为得到未知药剂是否具有杀菌作用，以及确定未知药剂对哪一类病原具有杀灭作用，都应做孢子发芽实验。实验的原理是将病菌孢子同药液混合后，根据孢子的发芽率大小，推测药剂的杀菌作用。具体做法如下。

实验前配制供试杀菌剂浓度：在 1000 μg/mL 至 0.01 μg/mL 的浓度范围进行测试较好，在实验操作中，由于孢子悬液和药剂等量混合，因此，在配制药液时，要配成最终浓度为 2 倍的浓度系列，浓度系列采用 10 倍法。

配制病菌孢子悬液：在预先培养的桑里白粉病菌试管内加入适量去离子水，用毛笔在培养物上轻轻摩擦数次，去离子水洗下，并用 3～5 层纱布过滤，低速离心机（1000 r/min）离心 5 min，除去上层清液，再加入去离子水离心一次，去上层清液，加入适量去离子水制成孢子悬液，用 50～100 倍显微镜观察，每个视野中孢子数在 50 个以上。

发芽过程：将配制好的各级浓度药液各取 0.1 mL，分别放入试管中，再在每支试管中各加孢子悬液 0.1 mL，混合均匀。取配制好的药剂-孢子悬液 1 滴，滴于载玻片上，以翻转不下滴为度，在 50～100 倍显微镜下检视，每个视野有孢子 50 个以上，放入恒温箱中 25℃湿度培养，以清水为对照，经 24 h 后，再在 50～100 倍显微镜下检视发芽情况，调查 2～3 个视野，计数（孢子数、发芽孢子数），算出发芽率，比较药剂的效果。

四、作业或思考题

1. 将给出的农药按剂型、用途、作用方式分类，分别填于相应的表格。
2. 根据实验算出药效、残留期，并写出实验报告。
3. 测定抑菌圈大小并求其平均值。
4. 计算各种药剂浓度下孢子的发芽率。

实验十六

桑树抗病性鉴定

一、实验目的

鉴定桑树品种对病原菌的抗性，了解桑树抗病性鉴定的一般知识。

二、材料、器具

1. 材料：供试品种为按国家对桑树品种鉴定要求栽植的桑树；病原菌为收集纯化保存的桑里白粉病病原菌。

2. 器具：喷枪、喷雾器、标签、接种针。

三、实验方法

(1) 病原菌的配制。

(2) 田间取样：均参照桑树品种抗病性鉴定方法。

(3) 接种：将桑叶喷湿用接种针挑取分生孢子均匀涂布在第二位叶的整个叶面。

(4) 观察记载：接种后7～10 d症状表现，按品种逐叶调查，记载发病株数、供试品种、对病菌的反应型，即病害分级标准，按症状分成0～4级。

0级：无可见症状。

1级：叶面上有极少量菌丝体，镜检可见个别分生孢子。

2级：病斑上长有稀疏的菌丝体和孢子病斑长度限于1 mm左右。

3级：病斑上菌丝体数量中等或很多，并产生较多的孢子，病斑长度在2 mm以上。

4级：孢子堆很大，或孢子堆彼此连成片，产生大量孢子。

0～2级为抗病反应(R)；3～4级为感病反应(S)。

四、作业或思考题

记录不同桑树品种对桑里白粉病病原菌的抗性表现，包括桑树品种、发病株数、病害症状，并按症状和分级标准将桑树品种的抗性分级。

实验十七

桑树病虫的田间调查、测报与损失估计及综合治理

一、实验目的

桑树病虫害的危害程度、综合治理效果等都需要进行田间调查和损失估计。通过本实验学会田间调查基本方法，并练习对调查资料的整理。

二、材料、器具

1. 材料：桑树病虫危害的桑园或药剂防效实验桑园。
2. 器具：夹板、记录纸、铅笔、放大镜、计数器、米尺。

三、实验方法

根据桑树病虫害防治学课程所学知识，自己拟定综合治理内容，进行调查。调查提纲如下。

（1）取样点的确定。
（2）取样单位的确定。
（3）发病率或有虫率调查。
（4）病情指数计算。
（5）病虫增减率。
（6）损失估计。
（7）必要的统计分析。

四、作业或思考题

根据在田间调查的实际数据，分析综合治理效果，写出实习报告。被害情况分级标准及分级数自行拟定，并在报告中注明。

参考文献

柯益富. 1995. 桑树栽培及育种学. 北京：中国农业出版社
余茂德. 1999. 桑树栽培及育种学实验实习指导书（自编教材）. 重庆：西南农业大学蚕桑丝绸学院

第二部分　蚕体解剖生理学实验

蚕体解剖生理学实验是与蚕体解剖生理学理论课平行且独立设课的一门课程，作为蚕学专业的专业基础课程，本专业学生在学习其他专业课之前，首先学习该课程。实验课的开设，不仅在于加深和巩固课堂上讲授的内容，更重要的是在学习理论知识的基础上，掌握蚕体解剖的操作技术，以家蚕为对象，观察蚕体外形及蚕体各组织器官的位置、形态和组织构造；通过生理实验，验证课堂讲授的蚕体生理规律；掌握有关家蚕的标本制作法。学生通过实验课程的学习进一步使理论密切联系实际，全面系统地认识和掌握蚕的形态结构和生命活动基本规律，在实验中培养学生分析和解决问题的能力，为学好蚕学专业的其他专业课程及开展科学实验活动打下基础。

实验一

家蚕卵、幼虫、蛹、蛾外部形态的观察

一、实验目的

了解家蚕卵的外形，识别越年卵和不良卵；观察蚁蚕和大蚕的外部形态，比较蚁蚕和大蚕的不同点；了解家蚕幼虫、蛹、蛾的外形及附属肢的位置、形态，认识幼虫雌雄性特征，掌握蛹及蛾的外部雌雄性特征。

二、材料、器具及试剂

1. 材料：家蚕卵、蚁蚕、5龄蚕、雌雄蚕蛹、雌雄蚕蛾。
2. 器具：解剖器、蜡盘、解剖镜、显微镜、载玻片、吸管、大头针。
3. 试剂：乙醚。

三、实验方法

1. 蚕卵的观察

(1) 用解剖镜观察蚕卵的外形及卵窝：卵呈扁平椭圆形，一端稍尖，一端略大，在尖的一端生有卵孔(图2-1)。在卵面的中央有凹陷的卵窝。

图2-1　家蚕卵外形

(2) 用解剖剪剪取卵壳一块，浸入乙醚数分钟，取出放于载玻片上，用显微镜观察卵纹及气孔(图2-2)。

(3) 用解剖剪剪取或用刀片切取卵壳尖端有卵孔的部分，水洗或浸入乙醚数分钟后表面向上，置于载玻片上，在显微镜下观察卵孔。卵孔的卵纹排列呈菊花瓣状(图2-3)。

(4) 取越年卵蛾区观察越年卵，并识别不越年卵、不受精卵及死卵。

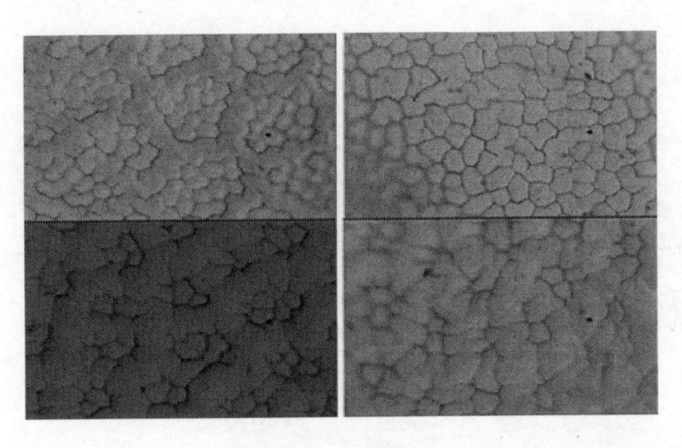

图 2-2　卵纹

图 2-3　卵孔处卵纹

刚产下的卵，从外表看均为乳白色或淡黄色。如果是越年卵，则逐渐变为品种特有的固有色(图 2-4)。不越年卵中的生种，产卵后虽为淡黄色，用阳光照射即现红色，以后卵色一般不变，并不断发育而孵化。不越年卵中的再出卵，产卵后变成固有色，以后在年内又陆续孵化。孵化后的卵壳颜色为原来卵壳的颜色，卵壳一端有 1 个孵化孔。不受精卵卵色一直保持淡黄色，大多不能向前发育而陆续死亡。死卵卵窝深陷，呈三角形或成瘪卵(图 2-5)。

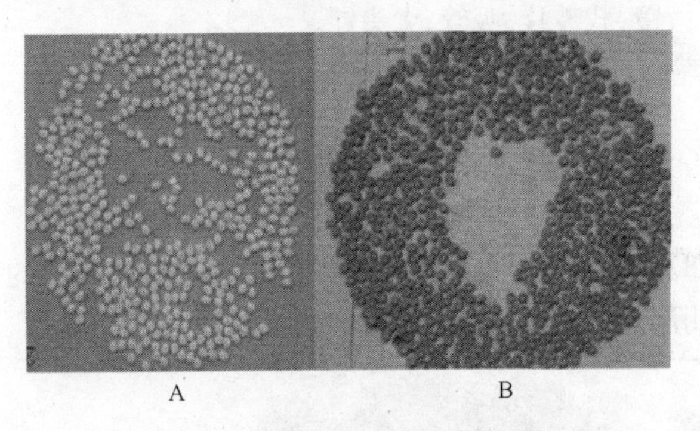

A　　B

图 2-4　不越年卵(A)和越年卵(B)

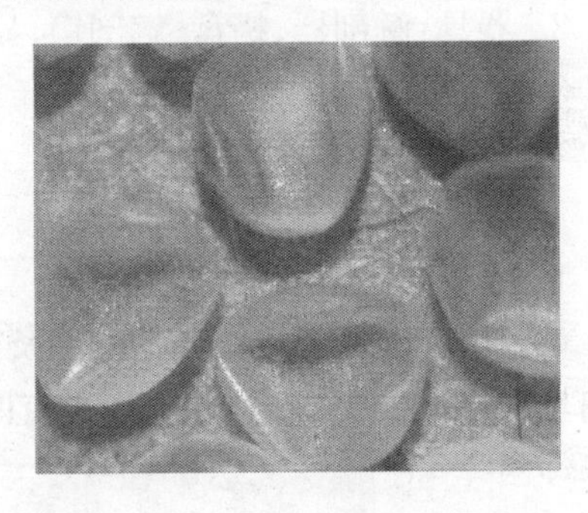

图 2-5　死卵

2. 幼虫的观察

(1) 取 5 龄蚕，观察外部形态、体节及头、胸、腹 3 部分的配置及附属器官的着生情况。

蚕(图 2-6)体由头、胸、腹 3 体段构成。胸部由前、中、后 3 个胸节组成，腹部由 10 个腹节组成。节间膜是体节间柔软半透明的薄膜，除胸部背面和第 9、第 10 腹节无节间膜外，其他各体节均有。肛上板是第 9、第 10 腹节背面的三角形硬板。尾角在第 8 腹节背面，是刺状肉质突起。气门幼虫有 9 对气门，分布在前胸、腹部第 1～8 腹节的两侧。

(2) 观察胸足、腹足形态结构及钩爪和感觉突起着生情况。

胸足每胸节各有 1 对，由 3 小节构成，呈圆锥形。第 3 小节先端有一个黑褐色钩爪，其内侧有 1 个柔软突出的爪垫(图 2-7)。

第 3、第 4、第 5、第 6、第 10 腹节各有 1 对腹足。腹足为柔软的肉质突起，不分节。腹足先端呈圆盘状，外缘有半圆形黑褐色的骨质弧线，内缘有排成半圆形的黑褐色钩爪，尖端向内弯曲。钩爪长短不同，相间排成两列(图 2-8)。

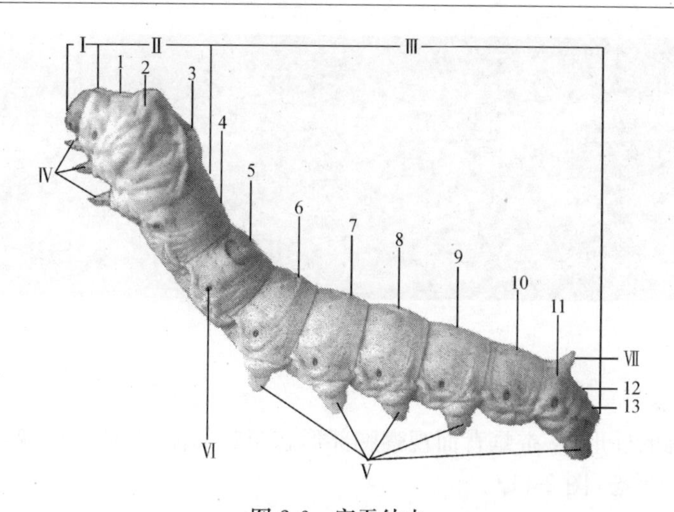

图 2-6　家蚕幼虫

Ⅰ. 头部；Ⅱ. 胸部；Ⅲ. 腹部；Ⅳ. 胸足；Ⅴ. 腹足；Ⅵ. 气门；Ⅶ. 尾角；
1～3. 胸部环节；4～13. 腹部环节

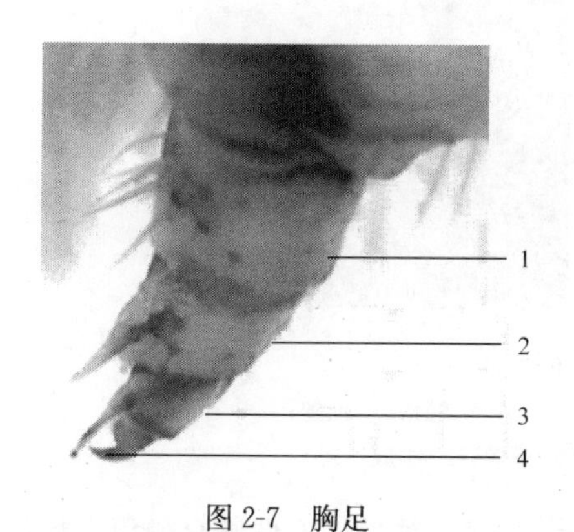

图 2-7　胸足

1. 第一小节；2. 第二小节；3. 第三小节；4. 爪

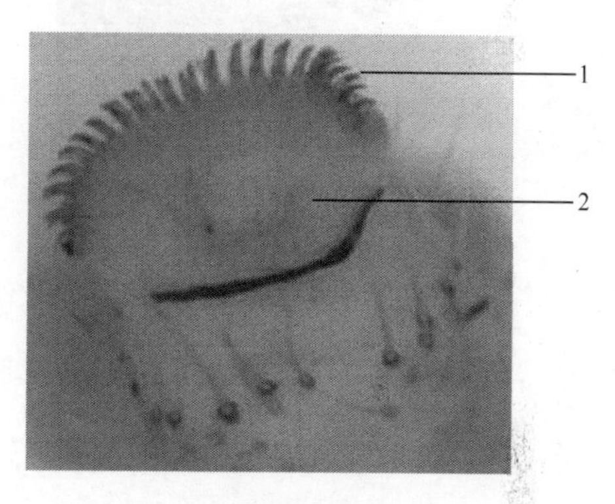

图 2-8　腹足

1. 钩爪；2. 足垫

(3) 取家蚕 5 龄第二天的幼虫观察雌雄性特征。

雌蚕，在第 8、第 9 腹节腹面，各有 1 对乳白色小圆点；雄蚕，在第 8、第 9 腹节之间腹面中央，有 1 个乳白色瓢形囊状体(图 2-9)。

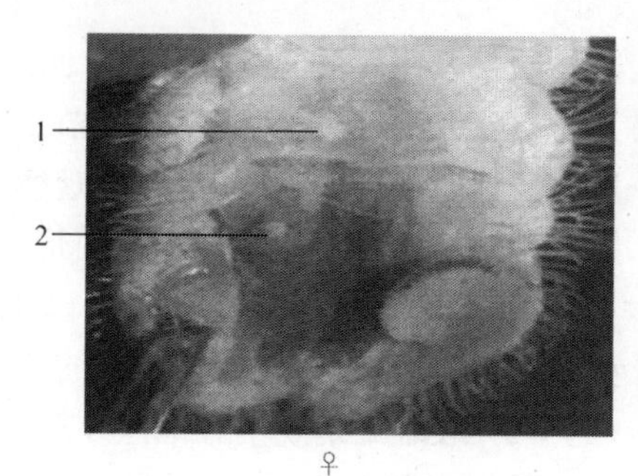

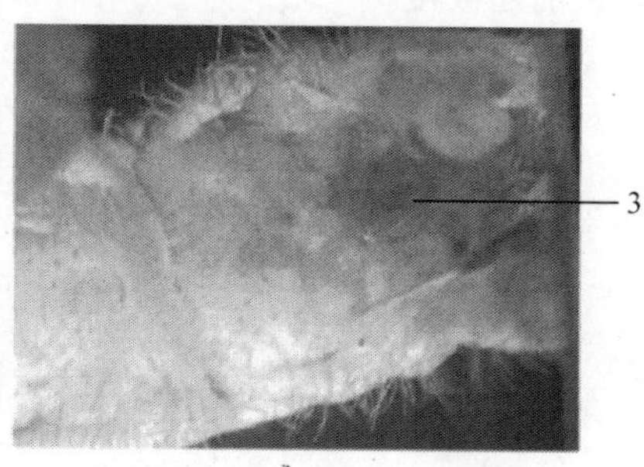

图 2-9　家蚕幼虫雌雄性特征

1. 前生殖芽；2. 后生殖芽；3. 赫氏腺

(4) 取蚁蚕观察瘤状突起、刚毛、气门、胸腹足的位置形态，并比较与大蚕的相异处(图 2-10)。

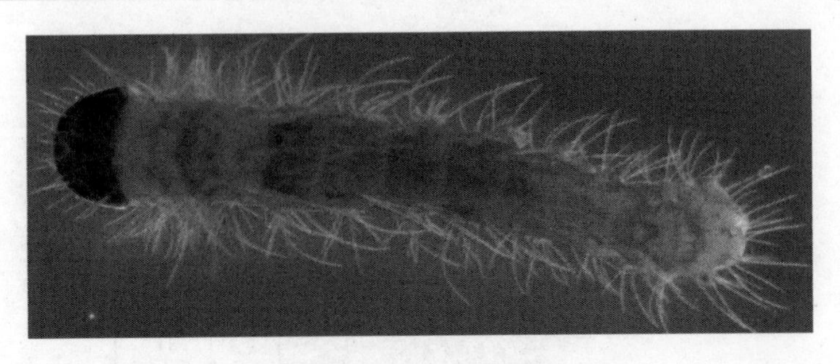

图 2-10　蚁蚕的外形

3. 蚕蛹的观察

(1) 观察蚕蛹的外形：从蚕蛹背面观察胸部形态及腹部体节，从腹面观察蛹的头部附属器官及胸部附属肢的形态(图 2-11)。

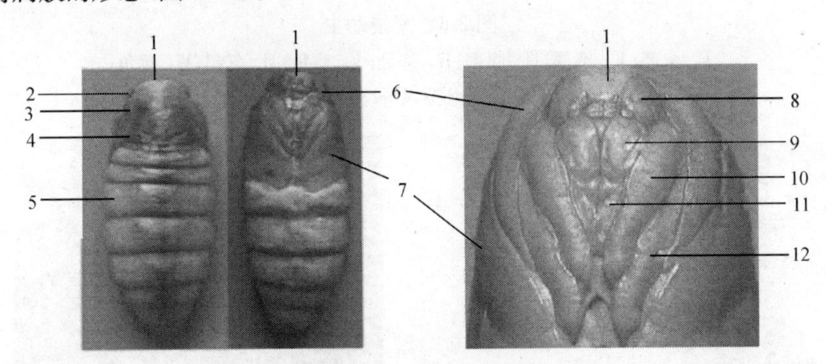

图 2-11　家蚕蛹的外形

1. 头部；2. 前胸；3. 中胸；4. 后胸；5. 腹部；6. 触角；7. 前翅；8. 复眼；9. 上颚；10. 前肢；11. 下颚；12. 中肢

头部及附属器官　头部很小，前方的额略呈方形，白色。额的左右两侧有触角。触角基部有一对复眼。头部下方为退化的口器。

胸部及附属肢　分前胸、中胸、后胸。其腹面和侧面为附属肢所遮盖，仅能在背面看见，前胸呈六角形，中胸最大，略呈五角形，后胸呈“凹”字形。各胸节腹面有对胸足，但外观只能看出前足、中足、后足的一部分。在前胸侧面有 1 对气门，但被翅覆盖着。中胸、后胸的两侧各有 1 对翅，后翅被前翅被覆。

腹部及附属肢　蛹体的第 9、第 10 腹节已愈合，背面外观只能见到 9 个体节。其中 1～3 腹节腹面被翅覆盖，只能从背面观察。在 1～7 腹节两侧有 1 对气门，呈长椭圆形，第一腹节气门隐在翅下，第 8 腹节气门已退化，仅留残痕。

(2) 取雌雄蛹观察雌雄性外部特征。

雌蛹腹部肥大，末端钝圆，在第 8 腹节腹面正中有细线纹，在体节的前缘及后缘向中央弯入，呈“X”形。雄蛹腹部较小，末端稍尖，在第 9 腹节中央有 1 个褐色小点(图 2-12)。

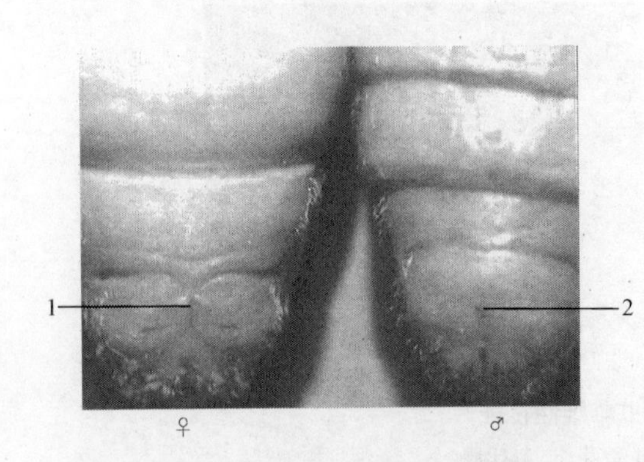

图 2-12　家蚕蛹的雌雄外部特征

1. 第 8 腹节腹面的纵线；2. 第 9 腹节腹面小点

4. 蚕蛾的观察

(1) 外形:蛾体分头、胸、腹 3 部分(图 2-13)。

(2) 蚕蛾的头部:剪下头部放于载玻片上,观察头部上附属器官的着生情况,并取复眼一部分,于显微镜下观察其构造。

头部呈小卵形,两侧有复眼,呈半球形,一般品种为黑色,也有的为赤色和白色。复眼由许多小眼组成,表面呈六角形,整齐排列成蜂巢状。触角在复眼的上方,呈双栉状。口器在左右两复眼之间,但已退化,只有下颚较为发达(图 2-14)。

图 2-13　蚕蛾外形

1. 头部;2. 复眼;3. 胸部;4. 胸足;5. 触角;6. 前翅;7. 后翅;8. 腹部

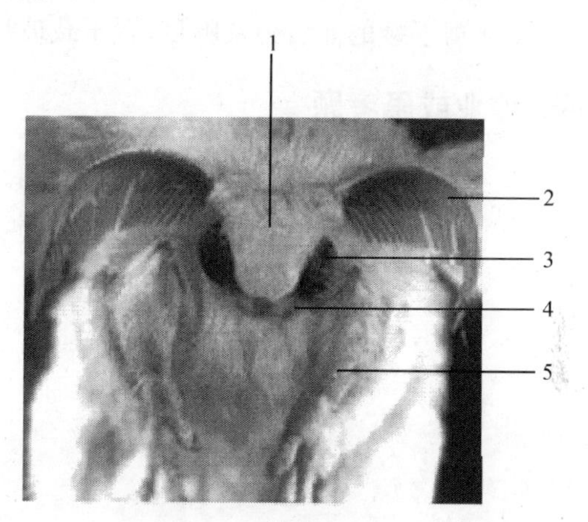

图 2-14　蚕蛾头部

1. 头部;2. 触角;3. 复眼;4. 下颚;5. 胸足

(3) 蚕蛾的胸部:分前胸、中胸和后胸。各胸节腹面有 1 对胸足。中胸和后胸各生 1 对翅。蚕蛾的前翅大,呈三角形,后翅小,呈圆形。

(4) 蚕蛾的腹部:雄蛾腹部只能认出 8 个体节,雌蛾只能认出 7 个体节。此外,在前胸及第 1～7 腹节的两侧,还着生有新月形的气门。

(5) 蚕蛾的外部生殖器:取雌雄蛾各一只,剪下尾部,在解剖镜下观察雌雄蛾外部生殖器官的构造(图 2-15)。

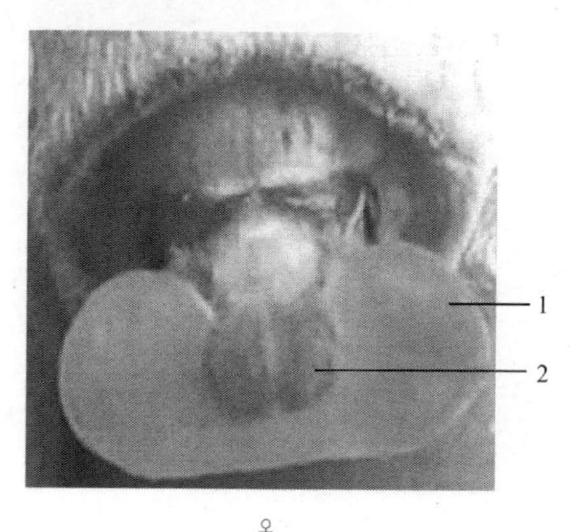

♀

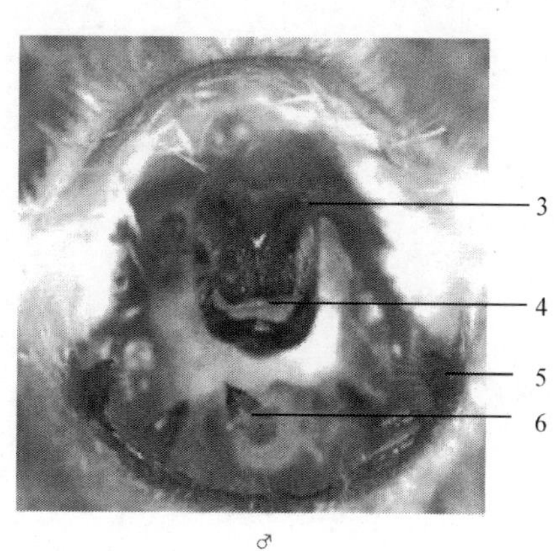

♂

图 2-15　雌雄蚕蛾外部生殖器

1. 诱惑腺;2. 侧唇;3. 抱器;4. 肛门;5. 腹板;6. 阴茎

雌蛾　由第 8 腹节的腹板,形成骨质化而坚硬的锯齿板。在锯齿板和第 7 腹节腹板中央有交配孔开口。第 9 腹节和第 10 腹节愈合,形成球形的侧唇。其中央出现一条纵沟,沟中有两个孔,上方是肛门,下方是产卵孔。侧唇和锯齿板间的节间膜,向侧方突出 1 对黄色囊状的侧胞。

雄蛾　第 9 腹节腹板变形,形成骨质化的"U"形环,环的中间有阴茎。阴茎的两侧有一对大型的抱器。第 10 腹节的背板骨质化,向后方突出,成为钩形突。第 10 腹节腹板骨质化,向上弯曲成为肛下板,其上方为肛门的开口。

(6) 剪下蛾的前后翅及胸足,置于载玻片上显微镜观察其形态结构。

四、作业或思考题

1. 绘制卵的外形图及卵孔部的卵纹图。
2. 绘制 5 龄蚕侧面图和雌雄蛹外形图,并注明各部分的名称。
3. 如何鉴别越年卵和不良卵?

实验二

家蚕幼虫头部的解剖

一、实验目的

观察幼虫头部形态构造及头部各附属肢的配置，通过口器的解剖，了解口器的组成，并认识掌握触角、单眼、上唇、上颚、下颚、下唇及吐丝管的形态特征。

二、材料及器具

1. 材料：5龄蚕浸渍材料。

2. 器具：解剖器、蜡盘、解剖镜、显微镜、载玻片等。

三、实验方法

1. 家蚕幼虫头部分区观察

取蚕一头，从头胸之间的颈膜处剪下头部，放在载玻片上，在解剖镜下从前面、背面及腹面观察头部的分区，以及头部上各附属肢的着生位置。

头部正面有条倒"Y"形线缝为头盖缝，中干为颅中沟，两臂为口上沟。左右两片呈半球形，为颅侧板。中央三角形的一片为额。额下狭长的一块为唇基(图 2-16)。

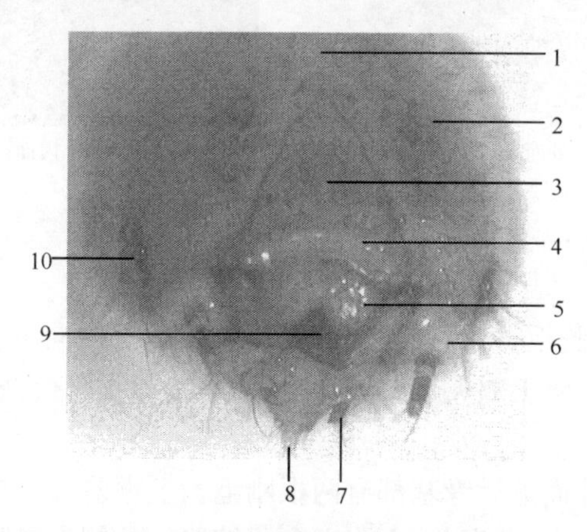

图 2-16　家蚕幼虫头部背面

1. 头盖缝合线；2. 颅侧板；3. 额；4. 唇基；5. 上唇；6. 触角；7. 下颚；8. 吐丝管；9. 上颚；10. 单眼

2. 口器的分离

家蚕幼虫口器由上唇、上颚、下颚、下唇 4 部分组成。

用两根解剖针从冠缝插入(或从两上颚中间穿过口器)把口器分开。额区前面与唇基相连接呈倒“凹”字形的几丁质板即是上唇，在颅侧板前端触角内侧呈黑褐色的几丁质板即是上颚，连在颅侧板上的白色突出部分即是下唇和下颚(图 2-17)。

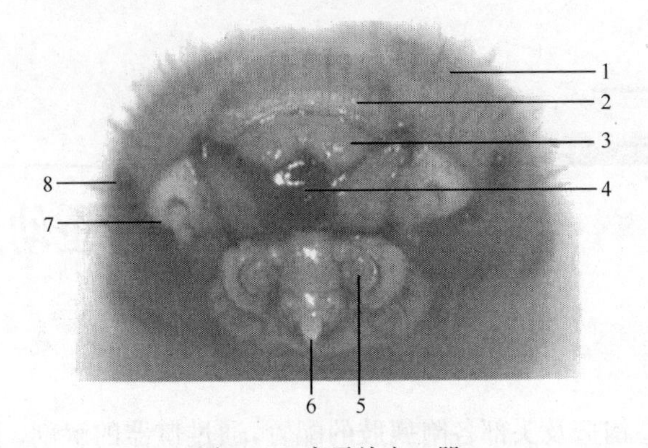

图 2-17　家蚕幼虫口器

1. 颅侧板；2. 唇基；3. 上唇；4. 上颚；5. 下颚；6. 吐丝管；7. 触角；8. 单眼

3. 上唇的解剖

用解剖针刺破与上唇相邻的唇基，把上唇从唇基上取下，用镊子将上唇放于载玻片上置于显微镜(50～100 倍)下观察上唇外面的感觉毛，再将上唇反过来观察内面的感觉突起。

上唇在唇基的下方，呈倒“凹”字形，其外面有 6 对感觉毛，其内面靠近游离缘的部分，有 6 个无色圆锥形的感觉突起(图 2-18)。

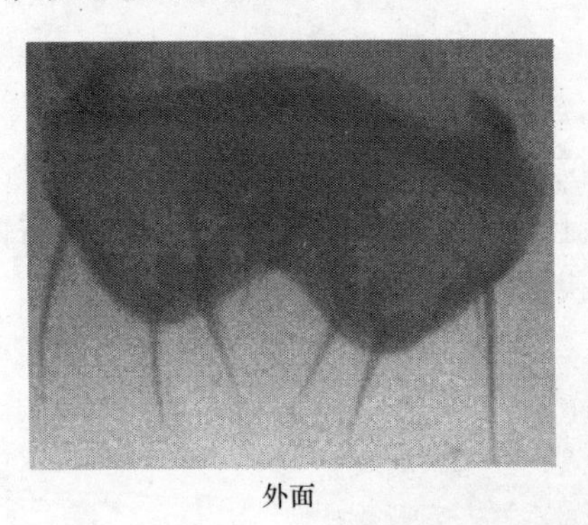

外面

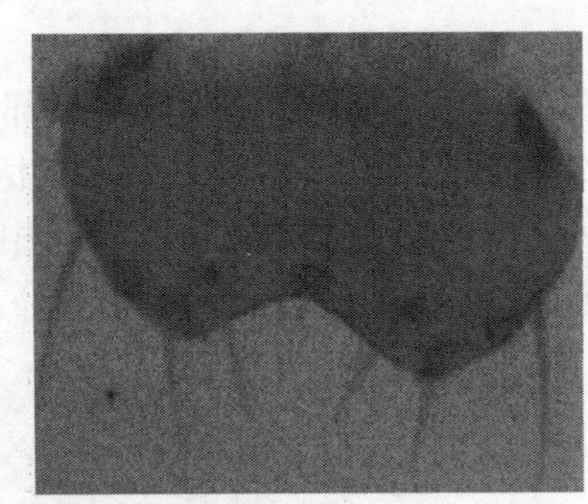

内面

图 2-18　家蚕上唇

4. 上颚的解剖

用一根解剖针按住颅侧板，另一根解剖针斜插入颅侧板内向上挑，使颅侧板与上颚分开，连同肌肉取下上颚，用镊子将上颚夹于载玻片上，加水洗净收肌板、展肌板上的肌肉，置于解剖镜下观察。

上颚在上唇的下方，外面近后缘基部有两根刚毛。上颚前关节是凹形的臼，后关节为球形踝突。其内侧为收肌板，宽大，圆扇状，上附上颚收缩肌。外侧为展肌板，较小，先端分支，上附上颚伸展肌(图 2-19)。

5. 下唇下颚的解剖

用两根解剖针同时插入下颚下唇与颅侧板的交界处，然后反方向用力，将颅侧板与下唇下颚分开，可见一个完整的下唇下颚复合体(图 2-20)，放在载玻片上，在解剖镜下观察复合体的着生情况。然后再用解剖针将下唇下颚分开，置于显微镜(50～100 倍)下观察下唇、吐丝管、

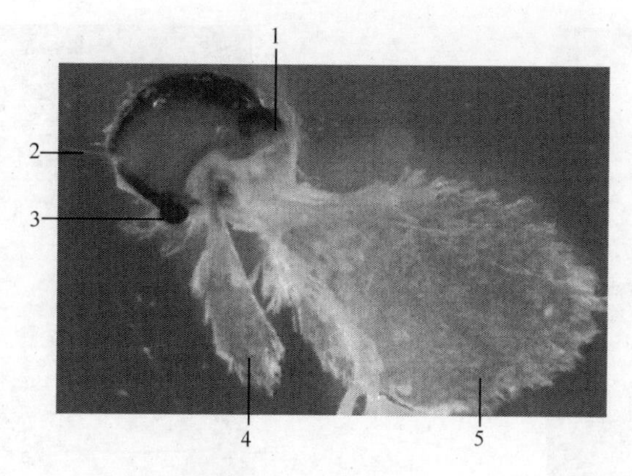

图 2-19　家蚕上颚

1. 上颚臼；2. 上颚毛；3. 上颚髁；4. 展肌腱；5. 收肌腱

下颚及下颚上瘤状突起等各部分的形态构造。

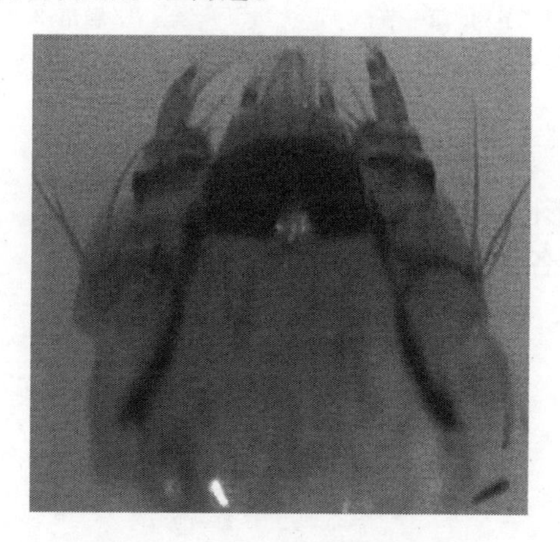

图 2-20　家蚕下唇下颚复合体

下颚和下唇互相愈合成一个复合体，位于上颚的下方。下颚在下唇的两侧，由 3 节组成，各节上有 1～2 根刚毛。在下颚的顶端有下颚须，由 3 小节组成，第一小节上有 1 根刚毛，顶端有圆锥形突起。其内侧生 1 个瘤状体，上面有 3 根稍长的无节毛状突起，两根有节的圆锥形突起。

下唇在左右下颚之间。下唇的中间为吐丝管，在吐丝管基部两侧，各有 1 个下唇须。下唇须由 3 小节组成，第二、第三小节上各生 1 根刚毛。

6. 触角、单眼的解剖

用解剖剪从颅侧板上剪下触角，放在载玻片上，在显微镜(50～100 倍)下观察触角的形态构造。

触角着生在颅侧板的下端，白色角基膜内，由 3 节组成。第二节长，上端有两根刚毛，4 个短小圆锥形突起，第三节很小，在其前端也有大小不等的 2 个圆锥形突起(图 2-21)。

单眼在颅侧板前端的两侧，触角的基部，左右各 6 个，其中 4 个排列成半圆形，1 个略在圆心，1 个靠近触角。单眼是半球形隆起，呈黑褐色，有光泽(图 2-22)。

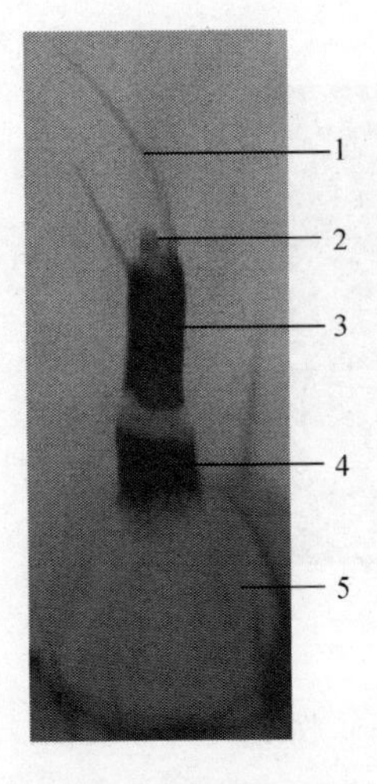

图 2-21　家蚕幼虫触角

1. 感觉毛；2. 第三节；3. 第二节；4. 第一节；5. 角基膜

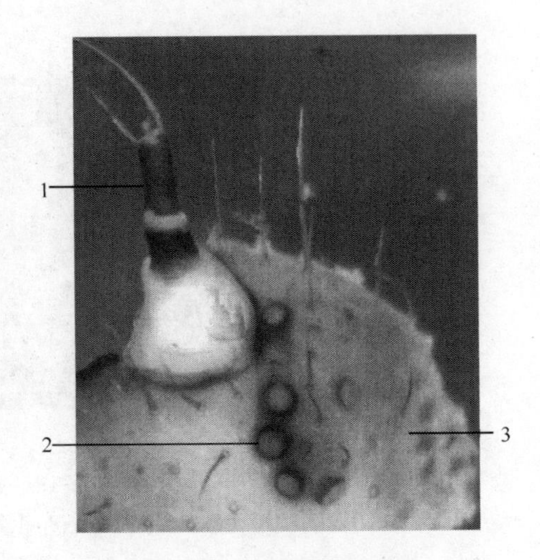

图 2-22　家蚕幼虫单眼

1. 触角；2. 单眼；3. 颅侧板

四、作业或思考题

1. 绘制上颚、触角全形图，并标出图名及各部名称。
2. 列表比较幼虫口器各个组成部分的位置、构造和功能。

实验三

家蚕幼虫消化管及涎腺的解剖

一、实验目的

1. 观察认识家蚕幼虫内部各组织器官的配置情况。
2. 解剖消化管，从实物中了解消化管各部的位置、形态、构造。
3. 解剖涎腺，了解涎腺的位置、形态、构造。

二、材料及器具

1. 材料：5龄蚕浸渍材料，消化管组织切片。
2. 器具：解剖器、蜡盘、显微镜、解剖镜、载玻片、二重皿、大头针等。

三、实验方法

1. 家蚕腹面内部器官的观察

取5龄蚕一头，剪去尾角，将剪刀插入剪口，紧贴体壁沿背中线向前剪至头部，向后剪到肛门。然后把剪开的体壁用10根左右的大头针，对称地倾斜插入固定在蜡盘上（一般大头针向外倾斜，与蜡盘成45°为宜，以便于解剖观察），注入清水（淹没整个蚕），观察。

在蚕体中央可以见到一呈长圆筒形的消化管。在消化管的中后部两侧附着有马氏管，腹中线处有呈连锁状的神经系统。在体壁的左右两侧有黑褐色的纵走气管。消化管的腹面有一对大型多弯曲的管状器官即为丝腺（图2-23）。

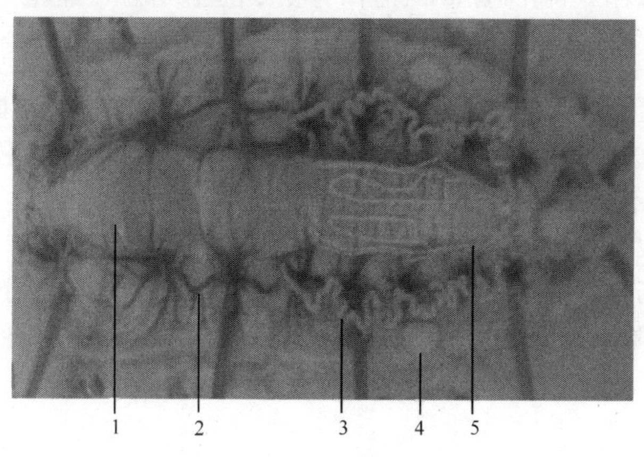

图2-23 家蚕幼虫腹面内部器官

1. 消化管；2. 纵走气管；3. 丝腺；4. 生殖腺；5. 马氏管

2. 蚕背面内部器官的观察

取5龄蚕用剪刀从肛门插入沿腹中线向前剪至头部，展开体壁用大头针固定在蜡盘上，注入清水，除去消化管，在体视显微镜下观察。

背面正中线紧贴体壁的一条细管即为背血管，在第5腹节背血管两侧有一对无色腺体，这是生殖器的原基。雌蚕为略呈三角形的卵巢，雄蚕为肾脏形的睾丸。体壁背腹面还有体壁肌肉的排列，除此之外在体腔中各器官间还分布有白色片状的脂肪。

3. 消化管的解剖

取蚕一头，剪去尾角，沿背中线向前浅剪，直至剪破头壳为止，再将额区沿水平方向浅剪一刀，便于取口腔、咽喉，再向后剪到肛门。剪时剪刀头必须紧贴体壁，防止刺破消化管。然后展开体壁，用大头针钉于蜡盘上，注入清水，用解剖针轻轻挑出附着在上面的肌肉、气管及马氏管。在解剖镜下观察消化管在蚕体内各部相应的位置，再将前端的口腔与口器分离开，向后在肛门处使消化管与体壁分离，取出放在载玻片上，在解剖镜下察其形态、构造。

消化管呈长圆筒形，分为前肠、中肠和后肠3部分(图2-24)。

前肠　分为口腔、咽喉、食道3部分。口腔和咽喉在头腔内，食道在第1胸节内。

中肠　由第2胸节前端开始，伸展到第6腹节中部为止。

后肠　分为小肠、结肠、直肠3部分。小肠在第6腹节后部，后方与结肠相连，相连处有泌尿管开口。结肠位于第7和第8腹节之间，在前后两端的中央有一凹缢形成两个球状体，分为第一结肠和第二结肠。直肠位于消化管的最后端，前接结肠，从第8腹节起，后终肛门。在直肠前端左右面侧，各附着有3条泌尿管，进入直肠壁内。

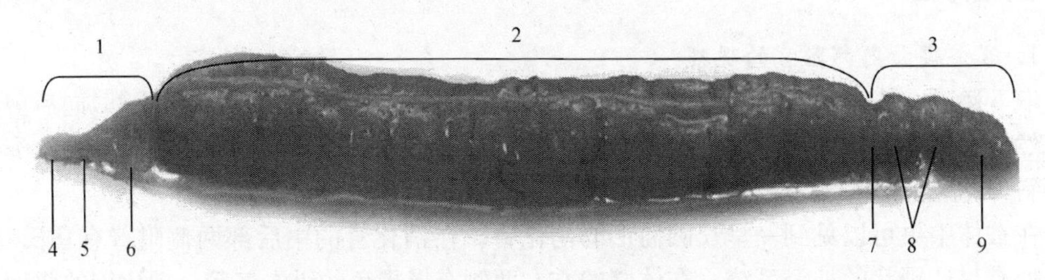

图2-24　家蚕幼虫消化管

1. 前肠；2. 中肠；3. 后肠；4. 口腔；5. 咽喉；6. 食道；7. 小肠；8. 结肠；9. 直肠

4. 解剖贲门瓣

贲门瓣位于食道与中肠之间，用解剖剪剪取食道与中肠交界处的横断面，将前肠面向下、中肠面向上，置于载玻片上，加少许水，用解剖针将肠液挑出，在解剖镜上观察贲门瓣的形态。外观有4片膜瓣，呈不等边三角形。

5. 解剖幽门瓣

幽门瓣位于中肠与小肠之间，用解剖剪剪取中肠与小肠交界处，将小肠面向下，中肠面向上，用解剖针轻轻挑除中肠肠液，就可见呈环状等高的瓣膜，即幽门瓣，再置于解剖镜下观察其形态、构造。

6. 解剖涎腺

从蚕体背中线向前剪破头壳。展开体壁钉于蜡盘上，注入清水，在第一胸节食道两侧，第一气管丛的面上有一对淡黄色的涎腺。用解剖针将涎腺轻轻向上挑，连同上颚一起取出，置于载玻片上，再加水除去上颚收肌板，展肌板上的肌肉，放在解剖镜上观察其形态、构造(图2-25)。

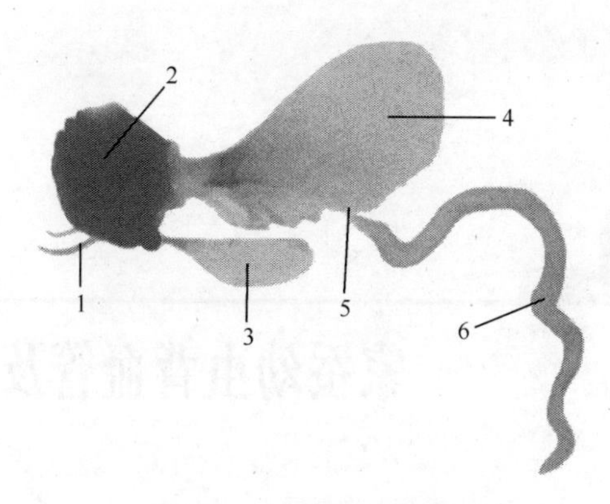

图 2-25　家蚕幼虫涎腺

1. 上颚毛；2. 上颚；3. 展肌腱；4. 收肌腱；5. 涎腺排液管；6. 涎腺分泌管

四、作业或思考题

绘制消化管、涎腺全形图，并注明各部名称。

实验四

家蚕幼虫背血管及呼吸器官的解剖

一、实验目的

了解家蚕幼虫背血管与气管的形态、构造及着生情况。

二、材料及器具

1. 材料：5 龄蚕浸渍材料。
2. 器具：解剖器、蜡盘、显微镜、载玻片、大头针、解剖镜等。

三、实验方法

1. 解剖背血管

取蚕一头，用解剖剪从肛门沿腹中线向前剪破头壳至立琴板（前颏），展开体壁钉于蜡盘上，注入清水，再用镊子去掉消化管及丝腺等；在体壁中央即可见一条薄而细长的管，其细管两侧生有呈三角形的网状翼状肌，顶点附着于气门上前方的体壁上。用解剖针只将翼肌顶点与体壁分离开，再将针插入背血管的下方，使背血管与体壁完全分离，然后移至载玻片上，放在解剖镜下观察背血管的外形及翼状肌的着生情况，然后再放于显微镜（100 倍）下，观察心门瓣内外孔着生情况。

背血管 位于蚕体背中线，接近体壁，是一条笔直长管。大血管短小，圆形，开口于头内，到第 1 胸节。心脏粗长，扁平，从第 2 胸节开始，向后方至第 9 腹节，以盲管终了。

心门 在背血管背面两侧，位于第 2 胸节至第 9 腹节各个体节，共 11 对。可用硼砂、洋红液（将洋红粉 3 g 加入 4% 100 mL 的硼砂液中，煮沸使溶解，冷却后加入 70%乙醇 100 mL，放置 2～3 周，过滤即成）染色观察。

翼肌 在背血管两侧，从第 2 腹节到第 9 腹节各附有 1 对，共 8 对。翼肌略呈三角形，底边附着于背血管，顶点连在气门上方的体壁上。

2. 解剖气管

取蚕一头，从肛门沿腹中线向前剪破头部，展开体壁钉于蜡盘上，注入清水，在身体两侧可以看见黑褐色的气管丛及分支的分布情况。除去消化管，则可见气管在腹面的分布情况，观察清楚后，将纵走气管的主干取下一段，放于载玻片上，置于显微镜（50～100 倍）下，观察连接气管的灰白部及气管螺旋丝的着生情况（观察灰白部与螺旋丝取活体材料，效果较好）。

在气门的内侧，放射状地生出多条大气管，为气管丛。其中 1 条沿着体躯左右两侧，在前后两气门之间相接，为纵走气管。在气管丛内侧，横向发出的 1 条气管，左右 2 条在腹面会合，形成横走气管。灰白部位于纵走气管的两个气管丛之间和横走气管的会合点。

气管外层是非细胞结构的底膜，中间是细胞层，内层是内膜，有黑色螺旋丝。灰白部呈灰白色，稍膨大，且无螺旋丝（图 2-26）。

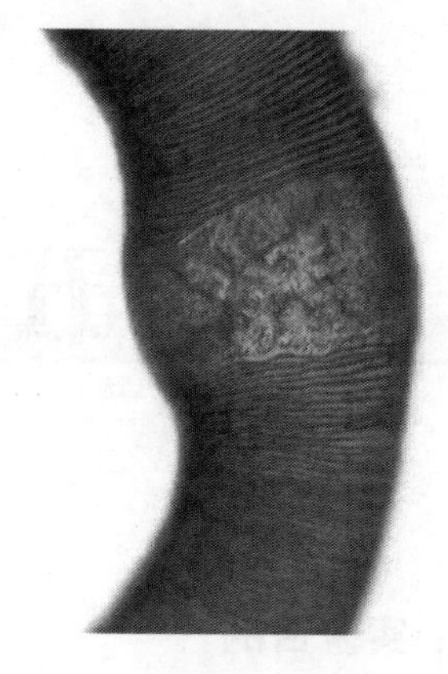

图 2-26　家蚕幼虫气管灰白部

3. 气门外形

取蚕一头，沿背中钱或腹中线剪至头部，展开体壁钉于蜡盘上，除去消化管及其他内脏器官，取下带有气门的体壁，将气门剪下放于载玻片上，除去附着的气管及肌肉，然后置于显微镜（50～100 倍）下，观察气门的形态、构造。

气门呈椭圆形，四周环状地围绕着黑色骨质化的气门片。从气门片的前缘和后缘出发，着生 4～5 层淡褐色羽毛状平行板，在气门中央会合为筛板。

4. 解剖气门闭锁装置

剪取带气门的体壁一小块，放于载玻片上，使气管丛向上。加几滴水，然后左手用解剖针按住体壁，右手用镊子夹住气管向上拉，分为两块，其闭锁装置如附着在体壁的一面，用刀轻轻刮下，若附着在气管丛的一面，则用解剖针除去气管丛，取得独立的气门开闭装置，于载玻片上，用解剖镜观察其形态、构造。

气门开闭装置位于气门内侧与气管丛之间，由前膜、后膜、次后膜、第一闭弓、第二闭弓、开肌、闭肌和气管口肌组成（图 2-27）。

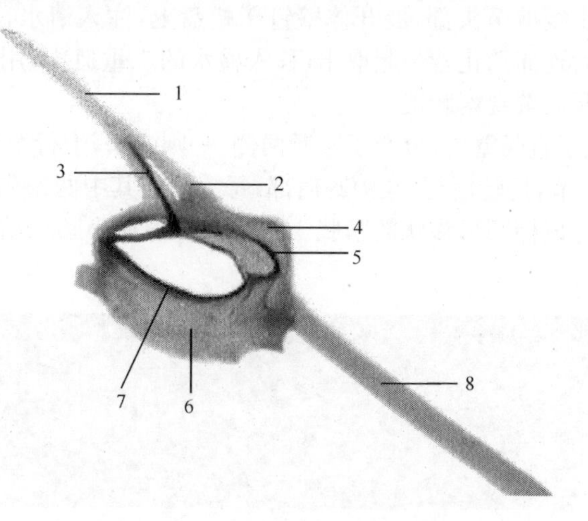

图 2-27　家蚕幼虫气门开闭装置

1. 开肌；2. 闭肌；3. 闭杆；4. 后膜；5. 第二闭弓；6. 前膜；7. 第一闭弓；8. 气管口肌

5. 观察成虫气门开闭情况

取活蚕蛾一头，用镊子夹掉气门周围的鳞片，置于解剖镜下观察。

四、作业或思考题

绘制背血管、气门开闭装置、纵走气管和横走气管的灰白部全形图，并注明图名及各部名称。

实验五

家蚕幼虫脂肪体、马氏管解剖

一、实验目的

通过家蚕幼虫脂肪体、马氏管的解剖，了解其形态、构造及分布状况。

二、材料及器具

1. 材料：5 龄蚕，直肠切片标本。
2. 器具：解剖器、蜡盘、显微镜、解剖镜、载玻片、二重皿、大头针。

三、实验方法

1. 马氏管的解剖

取蚕一头，由背中线剪至头部，展开体壁钉于蜡盘上，注入清水，观察马氏管在消化管背面、侧面的分布。然后连同消化管一起取出，移入盛水的二重皿中，用解剖针将马氏管与消化管一一分离，并在小肠后端观察膀胱。

马氏管前端着生于直肠壁内，分布于直肠两侧，一则 3 条，上行至结肠盘旋曲折，以后沿肠壁前行至第 3、第 4 腹节，折转后行，至中肠后部，每一侧的其中两条先行合并，再合并为一条，合并后的共通管膨大，成椭圆形囊状的膀胱。膀胱以细管在小肠和结肠两侧间向消化管内开口(图 2-28)。

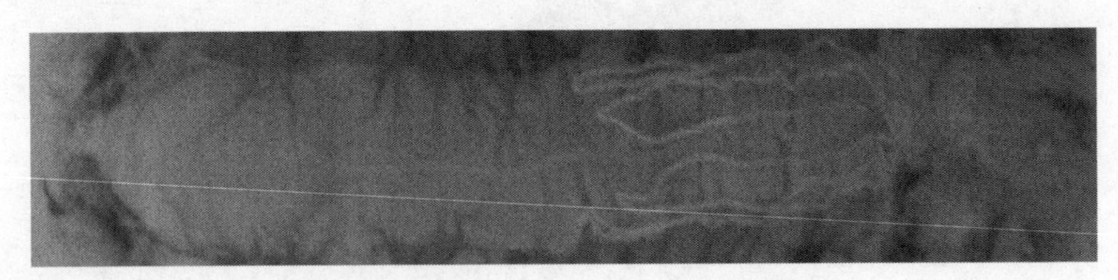

图 2-28　家蚕幼虫马氏管在消化管上的分布

2. 脂肪体的解剖

取一条蚕从背面(或腹面)剪开，展开体壁固定在蜡盘上，观察脂肪体在蚕体内的分布及填充在各器官间隙的状况，然后用解剖针取下部分脂肪体，置于载玻片上，在显微镜下观察其不同的形态、构造。

脂肪体呈白色或淡黄色，是一种柔软的组织，有块状、带状等，附着在肌肉上或填充于各器官组织间。

四、作业或思考题

绘制马氏管在消化管一侧的分布图，并标明图名及各部分名称。

实验六

家蚕幼虫丝腺的解剖

一、实验目的

通过丝腺的解剖，掌握丝腺的形态、构造及着生位置。

二、材料、器具及试剂

1. 材料：蚁蚕、5 龄起蚕浸渍材料、丝腺切片、各龄丝腺示范标本。
2. 器具及试剂：解剖器、蜡盘、解剖镜、显微镜、二重皿、大头针、生理盐水等。

三、实验方法

1. 蚁蚕丝腺的解剖

取一头活蚁蚕放于载玻片上，注一滴清水或 40%乙醇，要求达到湿润不使干燥，用细线针或昆虫针先剔除尾部两环节，使直肠与体壁完全分离开，再用针划破头、胸之间左右两侧的颈膜，然后左手拿针固定蚁蚕尾端，右手用针或小镊子拖着蚁蚕的头部往体腔外拉，丝腺将会连同消化管拖出体外，用解剖针除去消化管，滴一滴甘油可置于显微镜下观察。

2. 5 龄起蚕丝腺的解剖

取 5 龄起蚕一头，剪去尾角，沿背中线向前剪破头壳，再将头部的额区平剪一刀，向后剪于肛门，展开体壁固定在蜡盘上，注入清水，除去消化管，即可见到一对膨大的中部丝腺及多弯曲的后部丝腺，放在解剖镜下观察前部丝腺、中部丝腺、后部丝腺在蚕体内相应的位置。然后用解剖针从后部丝腺逐渐分离拉断分布在上面的气管分支，依次理出后部丝腺、中部丝腺及前部丝腺，再用解剖针拨开头壳，使颅侧板与下唇分离，将其整个丝腺连同下唇移出蚕体腔，再移入盛水的二重皿中，置于解剖镜下解剖吐丝部部分，用解剖针拨去下唇及立琴板，再将丝腺放在载玻片上，在显微镜下观察吐丝管、榨丝区、共通管及葡萄状腺体的形态。

丝腺位于消化管腹面两侧，分吐丝部、前部丝腺、中部丝腺和后部丝腺 4 个部分(图 2-29)。

吐丝部　全部在头腔内，分吐丝管、榨丝区、共通管和葡萄状腺体 4 部分(图 2-30)。吐丝管为细管状，开口在吐丝器背面前端。榨丝区是吐丝管中间膨大部分，有剑状黑色压杆。共通管比吐丝管稍大，后端连接左右两条前部丝腺。葡萄状腺体呈葡萄状，以导管开口在共通管的后端背侧方。

前部丝腺　左右两条对称的细管，前端连共通管，后端到第 3 腹节止。

中部丝腺　分为前区、中区和后区 3 部分。前区最短，从第 3 腹节到第 6 腹节；中区最长，从第 6 腹节到第 2 胸节；后区次之，从第 2 胸节到第 4 腹节。

后部丝腺　连接在中部丝腺后端，从第 4 腹节开始，弯曲地向后延伸达第 6 腹节，以盲管终了。

3. 熟蚕丝腺的解剖

熟蚕丝腺细胞内充满丝物质，细胞壁显著变薄，极易破裂。为防止破裂，在解剖时要小心细致。先将熟蚕用煮沸的水杀死，取熟蚕一头剪去尾角，从剪口插入，沿背中线向前剪破头部，

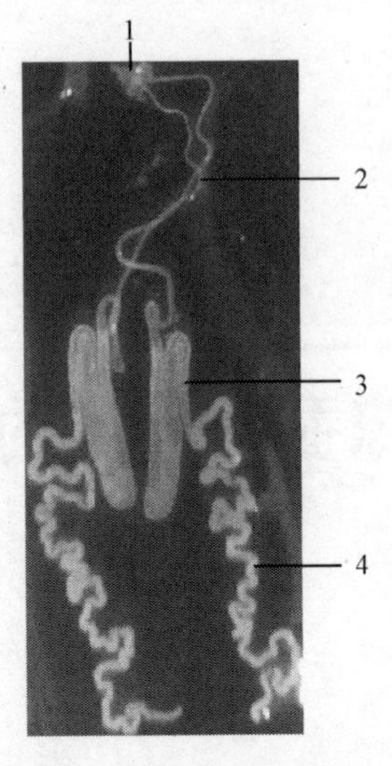

图 2-29 家蚕丝腺全形图

1. 吐丝部；2. 前部丝腺；3. 中部丝腺；4. 后部丝腺

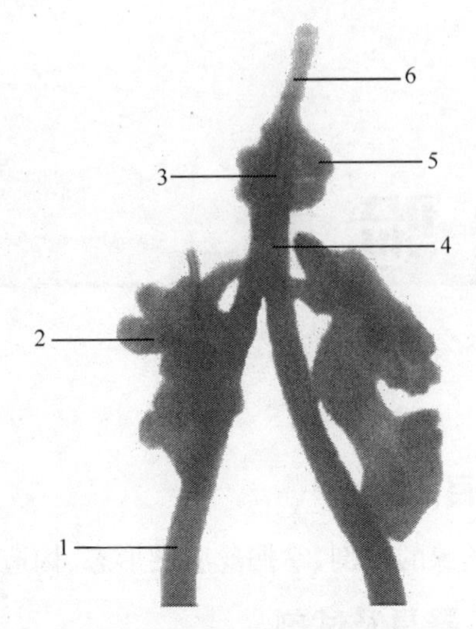

图 2-30 家蚕丝腺吐丝部

1. 前部丝腺；2. 葡萄状腺体；3. 榨丝区；4. 共同管；5. 肌肉束；6. 吐丝管

再平行剪去额区的头盖，向后剪至肛门，剪时剪刀尖向上，以免刺破消化管及丝腺。在固定体壁时，先固定一侧的体壁，然后再固定另一侧的体壁，这样不会损伤丝腺，再注入生理盐水(或卡诺氏液)固定一下，在剪体壁时若消化管破裂流出食物，不能用水直接冲洗，只能用吸管吸去，除去消化管时为避免损伤丝腺，先用解剖剪依次剪断附着在消化管上的气管及肌肉，再剪断直肠处体壁，使直肠与体壁分离，然后用镊子夹住直肠慢慢向上提，至消化管全部移出体外，除去消化管后，再用解剖针拨断附着在丝腺上的气管及肌肉后再由后部丝腺向前依次取出丝腺，并连同下唇一同取出，再在解剖镜下解剖吐丝部。

4. 观察各龄蚕丝腺标本，了解丝腺的发育情况

随着家蚕幼虫龄期的增加，丝腺的长度和粗度不断增长，5 龄增长最快。1 龄到 5 龄长度增长 48 倍，粗度增长 57 倍。

5. 观察丝腺的切片标本，了解丝腺的组织构造

丝腺是由左右两列细胞环抱成的管状体(图 2-31A)。中央为腺腔，腺腔中充满着丝物质。腺壁由底膜(也称外膜)、腺细胞及内膜 3 层构成(图 2-31B)。

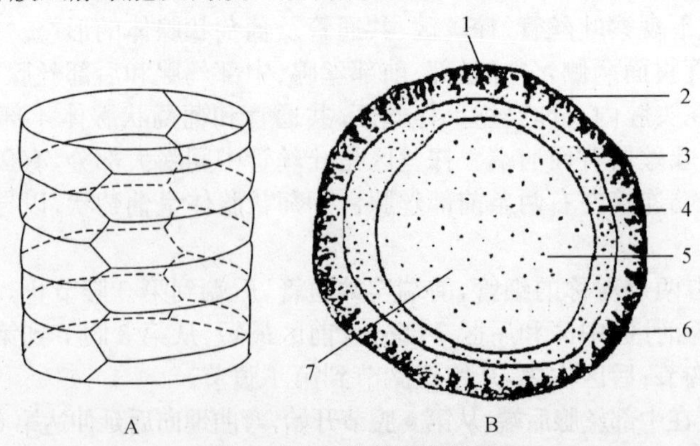

图 2-31 丝腺的组织构造

A. 丝腺的细胞构造；B. 中部丝腺的横断面；

1. 腺细胞；2. 外膜；3. 内膜；4. 丝胶；5. 丝素；6. 细胞核；7. 丝腔

四、作业或思考题

1. 绘制丝腺全形图，并标明图名及各部名称。
2. 列表说明丝腺各部位置、形态、特点及其生理功能。

实验七

家蚕幼虫神经系统的解剖

一、实验目的

了解家蚕幼虫中枢神经系统的形态、构造、着生位置及神经系统的分布情况。

二、材料及器具

1. 材料：5 龄蚕浸渍材料。

2. 器具：解剖器、蜡盘、解剖镜、显微镜、载玻片、二重皿、大头针等。

三、实验方法

(1) 取蚕一头，用剪刀在头部背面平行于头壳浅剪一刀，再将头部前面口器部分剪一刀，使口腔与咽喉分离。

(2) 剪去尾角，从尾角剪口处沿背中线向前剪至头壳浅剪处，向后剪至臀板。

(3) 展开体壁钉于蜡盘上，注入清水。

(4) 拨开颅侧板，置于解剖镜下观察：在头部内消化管背面咽喉与食道的境界处，有一对浅褐色或白色的椭圆形的小球体，即咽上神经节(脑神经节)；在脑神经后端咽喉两侧有咽侧体。

(5) 用解剖针将咽侧体后端的神经、气管拨断，使其漂浮于脑的两侧。

(6) 左手拿解剖针放在脑神经后端将脑固定，右手拿镊子夹住食道轻轻向后拉，使咽喉从围咽神经和咽侧神经索中抽出(此步一定要仔细)。

(7) 除去消化管，即可见到各神经节的着生情况。

(8) 将整个神经节四周分出的神经与附着的脂肪、肌肉拨开，然后取出整个中枢神经。

(9) 放于载玻片上，置于显微镜(50～100 倍)下观察。

家蚕幼虫中枢神经系统由 13 对神经节及与其相连的神经索构成(图 2-32)。

脑(咽上神经节) 在头腔内，咽喉的背面。由两个神经节合并而成，中间有束腰。

咽下神经节 在头腔内，咽喉的腹面，以咽侧神经索和脑相连。神经节合并，略呈三角形。

胸部神经节 在前、中、后 3 胸节内。神经节合并呈五角形。各神经节之间有神经索相连，呈环状。

腹部神经节 在第 1～6 各腹节内。神经节呈长六角形。第 12、第 13 神经节结合，呈葫芦状。神经节之间的神经索，已合并为一条。

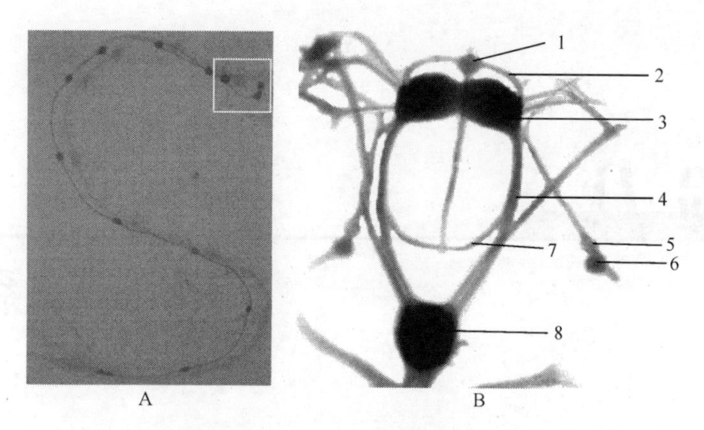

图 2-32　家蚕幼虫中枢神经系统

A. 家蚕幼虫中枢神经；B. 图 A 中矩形框部分放大；
1. 额神经节；2. 额神经索；3. 脑；4. 咽侧神经索；5. 心侧体；
6. 咽侧体；7. 围咽神经；8. 咽下神经节

四、作业或思考题

绘制家蚕中枢神经节图，并标明图名称及各部名称。

实验八

家蚕幼虫肌肉系统的解剖

一、实验目的

了解蚕体肌肉的形态、构造及分布着生状况。

二、材料及器具

1. 材料:5 龄蚕浸渍材料。
2. 器具:解剖器、蜡盘、解剖镜、载玻片、二重皿、大头针等。

三、实验方法

1. 背面肌肉的解剖

取蚕一头,从肛门沿腹中线向前剪至头壳,展开体壁钉于蜡盘上,注入清水,除去丝腺、消化管,浮游于水中的气管用镊子将其夹出,在背脉管两侧即可见纵走背肌外侧,纵走气管内侧可见纵走小背肌,在纵走气管上可见细的气管上横走肌。用解剖镊或解剖针将纵走背肌除去即可见纵走环节背肌,斜行 3/4 节背肌,斜行半背肌。将纵走小背肌除去于纵走气管内侧即可见斜行环节内肌与斜行环节外肌。

2. 腹面肌肉的解剖

取一头蚕,从背中线剪开,展开体壁钉于蜡盘上,注入清水,除去消化管及丝腺,放于解剖镜下观察肌肉的分层,解剖方法同上。

蚕体胸腹体壁的肌肉,明显的分为 3 层,外层是斜走肌,中层是纵走肌和斜走肌,内层是纵走肌。

3. 观察微体片标本

仔细观察微体片标本。

四、作业或思考题

简述家蚕幼虫胸腹肌肉分布情况。

实验九

家蚕幼虫内分泌腺的解剖

一、实验目的

解剖前胸带状腺、绛色细胞、围心细胞、周气管腺及食道下腺，并观察其形态、构造。

二、材料、器具及试剂

1. 材料：5 龄蚕浸渍材料。
2. 器具及试剂：解剖器、解剖镜、显微镜、载玻片、大头针、光绿（或甲基绿）等。

三、实验方法

1. 前胸腺的解剖

取蚕一头剪去尾角，从剪口插入，沿背中线向前剪至头部，展开体壁，除去消化管，注入清水，在解剖镜下观察，可见前胸带状腺在第 1 气管丛上的着生情况。然后用解剖针从第 1、第 2 胸节背、腹面的境界处将后枝着生点与体壁分离，沿纵走在气管丛上的杆部向前理至头部前枝着生点，使其分离，然后取出前胸腺放在载玻片上，除去气管分支，在显微镜（50～100 倍）下观察。

前胸腺位于第 1 胸节气门的内侧，为乳白色半透明扁平带状体。呈宽底的三角形，顶端长，伸向前方，常分出 2 根分支后，终于头部（图 2-33）。

2. 周气管腺的解剖

取了前胸腺的蚕，放在解剖镜下，观察 2～8 气管丛上周气管腺的着生情况，然后用解剖针连同气管丛、纵走气管一起取出，放在载玻片上，用清水洗一下，在显微镜（100 倍）下观察。

3. 围心细胞的解剖

取一头蚕，用解剖剪从肛门插入，沿腹中线向前剪至头部，展开体壁钉于蜡盘上，注入清水，除去消化管、丝腺、脂肪体，在显微镜（50～100 倍）下观察背血管及翼肌的着生情况，然后用解剖针将附着于体壁的翼肌连同背血管取下，放在载玻片上，用光绿（或甲基绿）染色，水洗后在显微镜（100～400 倍）下观察。

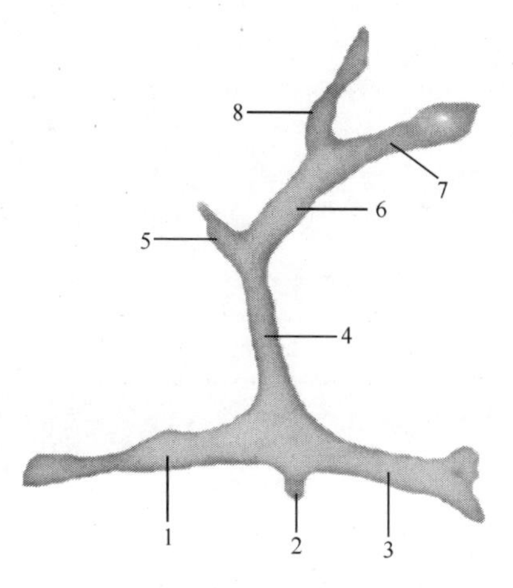

图 2-33　家蚕幼虫前胸腺图

1. 后枝；2. 后枝突起；3. 后枝；4. 杆部；5. 中枝；6. 前枝；7. 前腹枝；8. 前背枝

4. 绛色细胞的解剖

取一头蚕，用解剖剪剪去尾角，从剪口插入，沿背中线向前剪至头部,展开体壁钉于蜡盘上,注入清水,除去消化管、丝腺,用解剖针将腹面肌肉除去,可见在纵走气管基部、横走气管下面呈葡萄状的绛色细胞,附着在气管与体壁上,连同气管丛,纵走气管、横走气管一起取下,放在载玻片上,在显微镜下观察。

5. 食道下腺的解剖

取一头蚕,用解剖剪从肛口插入,沿腹中线向前剪至头部,展开体壁钉于蜡盘上,注入清水,在解剖镜可见横在第1胸节食道腹面中央呈白色带状体的食道下腺,可用解剖针挑断着生点,移至载玻片上,放在显微镜下观察其形态构造。

四、作业或思考题

绘制前胸带状腺全形图,标明图名及各部名称,并说明前胸腺功能。

实验十

家蚕幼虫及成虫内部生殖器官的解剖

一、实验目的

通过解剖，掌握家蚕幼虫、蚕蛾内部生殖器官的形态、构造，并观察成虫（蚕蛾）消化器官的形态、构造。

二、材料及器具

1. 材料：5龄蚕浸渍材料、雌雄活蚕蛾。
2. 器具：解剖器、蜡盘、解剖镜、显微镜、载玻片、二重皿、大头针等。

三、实验方法

1. 幼虫内部生殖器的解剖

方法一：取一头蚕，从背中线剪开，在第4腹节处剪断，剪开体壁固定在蜡盘上。除去消化管、丝腺，从尾部用刀紧贴体壁向前刮去，取出所有内容物，放入盛水的二重皿中使其散开，用解剖针慢慢寻找联络睾丸（或卵巢）的导管，并沿导管逐渐分离脂肪、肌肉、气管等，即可见到幼蚕内部生殖器。

方法二：取一头蚕，沿背中线剪开，展开体壁钉于蜡盘上。注入清水，用镊子除去消化管、丝腺及漂浮的气管，置于解剖镜下观察。在第5腹节处展开的体壁两侧可见睾丸（或卵巢）。用解剖针慢慢拨开与生殖腺、生殖导管相连的肌肉、气管及脂肪体等，使之全部游离出来，再移到载玻片或二重皿中，在解剖镜下即可观察到完整的生殖器。

雄蚕在第8、第9腹节之间的腹中线上，可见生殖芽（赫氏腺）；生殖导管的前端与睾丸的凹侧相连接，其后端沿纵走气管外侧下行，横过第9气管丛连接在赫氏腺前端的两侧（图2-34A）。

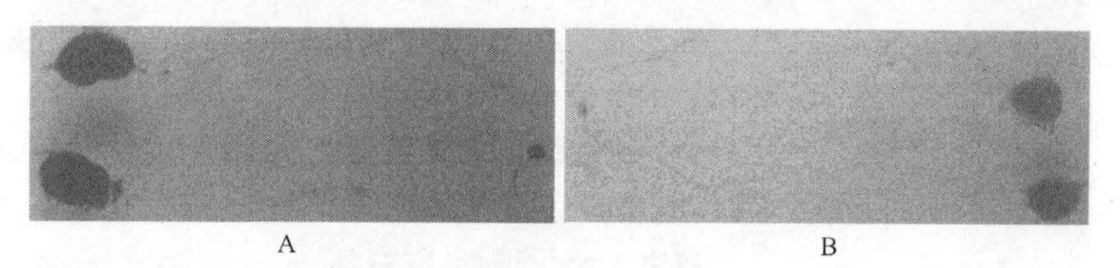

图2-34　家蚕幼虫内部生殖器

A. 雄蚕幼虫的内部生殖器；B. 雌蚕幼虫的内部生殖器

雌蚕的生殖导管由卵巢的一侧伸出，沿纵走气管外侧下行至第7腹节中部，绕过第8气管丛，于第7腹节腹斜肌下面穿过而附着于第7、第8腹节之间腹中线的体壁上。生殖导管上附着有脂肪，解剖时必须用解剖针沿着导管轻轻地拨开遮盖在上面的脂肪体、气管及肌肉，才能观察其着生情况(图 2-34B)。

2. 蚕蛾内部生殖器官的解剖

取蚕蛾一头,从胸腹部交界处剪断,取腹部将剪刀紧贴体壁剪 3～4 条纵线,然后在尾部贴紧外部生殖器剪一圈,如是雄蛾就投入盛水的二重皿中,用镊子夹住体壁在水中来回摆动,除去体壁,再用解剖针慢慢将脂肪除去,就可见到雄蛾内部生殖器。如是雌蛾则将其体壁展开钉于蜡盘中央、把水龙头开至很细一股的水,对准蛾体冲洗,使卵管与体内脂肪、气管、体壁完全分离,移入二重皿中展开,就可见到完整的雌蛾内部生殖器。

(1) 雌蛾内部生殖器官包括卵巢管、侧输卵管、中输卵管、产卵管、交配囊、受精囊和黏液腺等(图 2-35)。

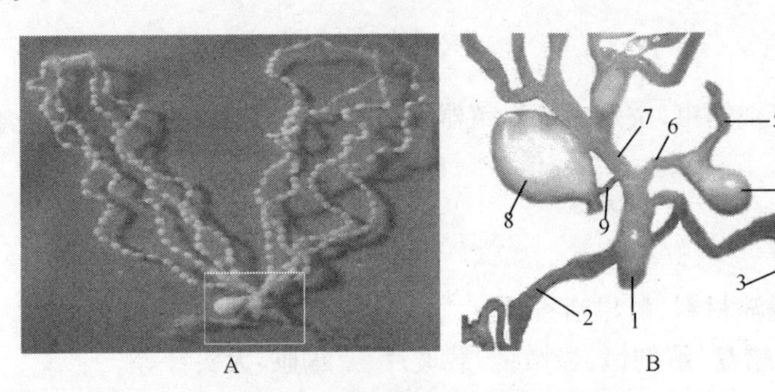

图 2-35 家蚕雌蛾内部生殖器官

A. 雌蛾内部生殖器全形;B. 图 A 中矩形框部分的放大;
1. 产卵管;2,3. 黏液腺;4. 受精囊;5. 受精囊附腺;6. 螺旋形导管;
7. 中输卵管;8. 交配囊;9. 精子导管

卵巢管 呈管状,左右各 4 条,每侧 4 条卵巢管的顶端,由端丝连接。

侧输卵管 左右 4 条输卵管基部合并,形成 1 条共同管。

中输卵管和产卵管 由左右 2 条侧输卵管合成 1 条中输卵管,下端为产卵管。

交配囊 在产卵管一侧,是椭圆形的囊状体。后端较细,为交配囊导管,其开口处为交配孔。在交配囊导管与交配囊间,分出 1 条细管,与产卵管连接,为精子导管。

受精囊 位于交配囊对侧,呈小囊状。由螺旋形导管与产卵管的前庭部分相连。在受精囊先端分出 1 条树枝状腺体,为受精囊附属腺。

黏液腺 在产卵管两侧,左右各 1 个,呈树枝状,开口在产卵管的管壁上。

(2) 雄蛾的内部生殖器官包括睾丸、输精管、贮精囊、射精囊、附属腺、射精管和阴茎等(图 2-36)。

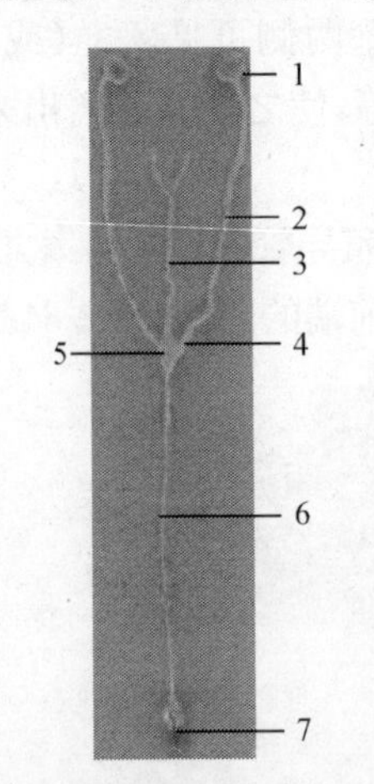

图 2-36 家蚕雄蛾内部生殖器官

1. 睾丸;2. 输精管;3. 附属腺;4. 贮精囊;5. 射精囊;6. 射精管;7. 阴茎

睾丸 略呈球形,左右各一。

输精管和贮精囊 输精管是一根弯曲的细长管。从左右两睾丸凹部分出,后端连接囊状的贮精囊。

射精囊和附属腺 射精囊是左右两贮精囊的下方膨大部分,其前端伸出两条屈曲的附属腺。

射精管 是射精囊伸出的一根屈曲细长而弯曲的细管,

末端连着阴茎。

3. 蚕蛾消化器官的解剖

取蚕蛾一头，先剪去翅，从尾部沿背中线剪至头部，剪刀插入不可太深，尽可能接近体壁，以免损伤内部器官。展开体壁固定在蜡盘上，注入清水，用镊子除去生殖器，便可以观察到消化管的着生位置，用剪刀从食道前端剪断，用镊子由前向后理出消化器官，然后剪去体壁，投入盛水的二重皿中即可见到蚕蛾消化器官各部的形态、构造。

四、作业或思考题

1. 绘制幼虫雌雄内部生殖器官图，并注明各部名称。
2. 绘制雌雄蛾内部生殖器官图，并注明各部名称。
3. 绘制蚕蛾消化器官图，并注明各部名称。

实验十一

完全变态昆虫各发育阶段形态结构比较

一、实验目的

家蚕属于完全变态昆虫，一个世代经历卵、幼虫、蛹、成虫 4 个时期，卵期是胚胎发生、发育、形成幼虫的阶段，幼虫期是从收蚁养蚕至蚕老熟结茧这段时期，是家蚕一个世代中唯一从外界取食、摄取营养的生长阶段，蛹期是由幼虫过渡到成虫的变态阶段，成虫期是交配产卵、繁殖后代的生殖阶段。本实验的目的是观察比较幼虫和成虫外部形态和内部构造上的差异，理解完全变态的含义。

二、材料及器具

1. 材料：家蚕各龄幼虫、成虫。
2. 器具：解剖器具、解剖镜、显微镜。

三、实验方法

(1) 解剖家蚕幼虫，观察内部组织器官的配置，掌握各组织器官的功能。
(2) 解剖家蚕成虫，观察内部组织器官的配置，掌握各组织器官的功能。
(3) 比较幼虫和成虫外部形态和内部构造上的差异。

四、作业

1. 幼虫和成虫在形态和功能上有差异的组织器官有哪些？
2. 画出你认为差异最大的一个组织器官并进行标注。

实验十二

家蚕微体标本制作

一、实验目的

掌握微体标本制作技术，进一步熟悉解剖幼蚕微体器官的方法。

二、材料、器具及试剂

1. 材料：5 龄蚕。

2. 器具：解剖器、解剖镜、显微镜、载玻片、盖玻片、二重皿、大头针等。

3. 试剂：各种浓度的乙醇、无水乙醇、二甲苯、加拿大树胶、染色剂、包音氏(Bouin's)固定液。

三、实验方法

(1) 包音氏固定液配制：苦味酸饱和溶液 75 mL，40%甲醛溶液 25 mL，冰醋酸 1 mL。

(2) 固定：将包音氏固定液煮沸，立即将幼蚕杀死，取出放入盛有未煮沸的新鲜包音氏液的瓶中，经 8～12 h 后，移入 70%乙醇中，经 1 d，移入 75%乙醇中保存。

(3) 解剖：取已固定的家蚕幼虫，解剖所需的部分，分上唇、下唇、下颚、触角、气门、气门闭锁装置，以及内分泌腺体、肌肉、背管等，解剖出完整的标本。

(4) 水洗：将解剖出的标本，用蒸馏水洗涤约 30 min，除去杂物及固定液。

(5) 染色：用吸管吸取洋红(或光绿)染色剂，滴 1～2 滴在标本上(口器、触角、气门等不必染色)染色约 5 min。

(6) 水洗：染色后往往太浓，必须用蒸馏水洗，使其去色至物体为透明的红色或绿色为止。

(7) 粘贴：用明胶(蛋白胶)一小滴，滴于载玻片中央，用手指涂成稀薄的膜，胶液不能太多或太少，再选择完整的标本，整齐地贴在载玻片中央，然后平放在无灰处，待胶液阴干。

(8) 脱水透明：将水洗后的标本依次放入下列药品中进行脱水透明，75%乙醇10 min→85%乙醇 10 min→95%乙醇 10 min→无水乙醇 10 min→二甲苯约 15 min，使其透明。

(9) 封片：从二甲苯中取出的标本，待干后，滴一滴加拿大树胶于标本上，取盖玻片，将盖片的一端边缘先接触加拿大树胶，然后慢慢盖下，这样封好的片子就不会有气泡。如果有气泡产生，可用解剖针刺破气泡或重新封片。

(10) 镜检：将已封好的标本放在显微镜下检查，看是否清楚完整。贴标签(标签上注明标本名、制作时间、制作者)，然后放在无灰处阴干。

(11) 蚁蚕丝腺微体片制作法：将蚁蚕丝腺解剖出来，粘贴在载玻片上。再按下列步骤进行操作：伊红(或硼酸洋红)染色 5 min→70%乙醇→80%乙醇→90%乙醇→95%乙醇→无水乙醇→二甲苯溶液内各置 2～3 min，然后封片、镜检、贴标签。

四、作业或思考题

每人至少做微体标本 2～3 片。

实验十三

蚕体石蜡切片标本制作

一、实验目的

通过实验学会家蚕石蜡切片技术。

二、材料、器具及试剂

1. 材料：家蚕。

2. 器具：镊子、剪刀、二重皿、烧杯、量筒、载玻片、染色缸、切片机、显微镜、水浴锅、恒温箱。

3. 试剂：无水乙醇、冰醋酸、氯仿、二甲苯、石蜡、甘油、番红、苏木精。

三、实验方法

（一）药品配制

(1) 卡诺固定剂：按无水乙醇：冰醋酸：氯仿＝6：1：3的比例配制。

(2) 透明剂：取二甲苯与无水乙醇配成1：1的混合液。

(3) 贴片剂：鸡蛋清搅成沫用纱布过滤，取滤液与甘油配成1：1的混合液，称其为蛋白-甘油（也称贴片剂）。

（二）石蜡切片标本的制作过程

可分为两个阶段。第一阶段包括取材、固定、脱水、透明、浸蜡、包埋6步；第二阶段包括切片、贴片、脱蜡、复水、染色、分色、脱水、透明、封片9步。

1. 第一阶段

(1) 取材：根据要求选取材料及部位，但材料要新鲜、完整。

(2) 固定：将刚取的新鲜材料用固定剂迅速杀死。目的是凝固或沉淀细胞和组织中的物质成分、终止细胞的一切代谢过程、防止细胞自溶或组织变化，尽量使其保持原有的生活状态。固定液量为标本总体积的15倍以上，固定4～6 h，固定温度控制在25℃。固定时要随时翻动组织，使其充分固定。固定过程中如果固定液变浑浊应更换固定液。

(3) 脱水：目的是用脱水剂将材料中的水分脱掉，为以后实验打下基础，常用的脱水剂是乙醇。开始时用多大浓度的乙醇要根据材料本身的含水量而定（如材料含水量是70%，那开始可启用75%的乙醇进行脱水）。如果开始用的是75%的乙醇，那以后可再依次用80%、85%、90%、95%、无水乙醇进行脱水。以上各级时间20 min左右。

(4) 透明：透明的目的是让组织中的脱水剂被透明剂所代替，使石蜡顺利地渗入组织中，增强组织的折光系数。开始可将材料放透明剂中，然后再放于二甲苯中。各1 h左右。

(5) 浸蜡:将透明后的材料放入溶解状态的普通石蜡中,让材料里含有石蜡,以便包埋时与包埋蜡融成为一体。

(6) 包埋。

配制包埋蜡:普通石蜡 9 份,蜂蜡 1 份混合而成。前者脆硬易碎,后者柔韧有弹性,二者混合便于切片。

制作蜡块:首先制作个蜡槽,将溶解状态的包埋蜡倒入蜡槽中,然后把浸蜡后材料取出迅速放入蜡槽底部(注意材料大小与方向),最后将蜡槽置于冷水中制成蜡块。该过程的作用是使材料与包埋蜡融为一体,形成蜡块,便于切片。包埋好的蜡块最好放置在 6℃冰箱中过夜,利于切片。

2. 第二阶段

(1) 切片:用切片机(也可徒手切)将包埋好的材料切成薄片,其厚度为 5～6 μm(如果使用切片机均匀切成的蜡片粘连在一起可形成一条蜡带)。

(2) 贴片:用贴片剂将蜡片固定于清洁的载玻片上(切好的蜡带最好立即进行贴片)。具体贴片操作步骤是:①在洁净的载玻片上涂一层贴片剂,用手指抹平;②在上面滴一滴清水;③蜡片置于清水滴中;④将整个装置放于水浴锅(水温 45℃左右)中展片;⑤展开后将载玻片放入 45℃恒温箱中,烘烤 3～4 h,使切片干燥。

(3) 脱蜡:将蜡片与材料中的石蜡脱掉。用二甲苯脱蜡两次,每次 3～10 min。

(4) 复水:目的是使材料具有一定的含水量。因为没有经过复水处理的切片不能用水溶性染料染色,所以在染色前必须再度复水。复水的步骤如下:二甲苯+无水乙醇(1∶1)→无水乙醇→95%乙醇→80%乙醇→70%乙醇→50%乙醇(以上每级乙醇停留的时间为 2～5 min)→蒸馏水 2 min。

(5) 染色:目的是使细胞组织内的不同结构呈现不同的颜色以便于观察。未经染色的细胞组织其折光率相似,不易辨认。经染色可显示细胞内不同的细胞器和内含物,以及不同类型的细胞组织。使用 0.5%的番红溶液或苏木精溶液(溶剂可以是水,也可以是乙醇),将材料染成红色。时间是 1.5～2 h。

(6) 分色:分色是将材料中不该染色的部分去掉。用 70%的乙醇分色 2 min 左右即可(时间不宜太长,因为时间太长,该染色的部分也会去色)。

(7) 脱水:目的是将材料中的水分脱掉,以便于透明。依次用 75%乙醇、80%乙醇、85%乙醇、90%乙醇、95%乙醇、无水乙醇。以上各级时间是 2 min 左右(脱水时间不宜太长,因为番红等可以和乙醇发生反应)。

(8) 透明:用二甲苯将材料中的乙醇脱掉。进行两次透明,每次 5 min 左右。

(9) 封片:封片使用中性树胶。其操作步骤是:将材料置于洁净的载玻片上,用中性树胶滴于载玻片的材料之上,然后盖上盖玻片。

石蜡切片标本制作完毕后贴上标签。注明切片名称、姓名、日期。放于标本盒中进行干燥处理,观察切片效果。

四、作业或思考题

每人制作 1～2 张完整清晰的切片标本。

实验十四

家蚕整体标本制作

一、实验目的

通过实验，掌握家蚕整体标本制作方法。

二、材料、器具及试剂

1. 材料：蚕卵、家蚕各龄幼虫、蚕蛹、蚕蛾。

2. 器具：圆柱形标本瓶(6 cm×15 cm)、脱脂棉、二重皿、镊子、剪刀、标本盒、标签烧杯、大头针、玻璃板、注射器等。

3. 试剂：甲醛、甘油、蔗糖、乙酸、乙醇、苦味酸、石蜡、明胶、乙醚。

三、实验方法

1. 药品配制

(1) 保存液：甲醛 56 mL、甘油 10 mL、乙酸 10 mL、蔗糖 50 g，定容至 1000 mL。

(2) 贴黏附剂：蛋白或 15%明胶液，明胶 1 g 加温水 15 mL，加热至 50～70℃使其溶解后使用。

2. 制作方法

(1) 蚕卵：在圆柱形标本瓶内装入脱脂棉 12 cm，选择产卵好的蛾圈，放入已装有脱脂棉的圆柱形标本瓶中部的标本瓶与脱脂棉之间，加入保存液，盖上瓶盖，用石蜡封口，贴上标签即可。

(2) 蚕：取各龄盛食期蚕，先使充分饥饿，1～3 龄蚕饥饿 6～8 h，4～5 龄蚕饥饿 12 h，用开水煮沸 1～2 min 杀死，取出后放在二重皿中矫正姿势，使其保持原有形态，徐徐加入 2%甲醛溶液，至蚕体浸没为度，将二重皿加盖。一昼夜后换 4%甲醛溶液，而后经 10～15 d 再换一次 4%甲醛溶液，直到液体不再混浊为止(应澄清)，即可将幼虫标本装入标本瓶中保存。

蚁蚕、1～4 龄蚕：在圆柱形标本瓶内装入脱脂棉 5 cm 高，压紧，放入蚁蚕适量，加入保存液，盖上瓶盖，用石蜡封口，贴上标签即可。1～4 龄蚕的制作方法同蚁蚕制作方法。

大蚕：在圆柱形标本瓶内装入脱脂棉 12 cm 高，把处理好的大蚕直立放入已装有脱脂棉的圆柱形标本瓶中部的标本瓶与脱脂棉之间，背部朝外，装满 1～2 圈，加入保存液，盖上瓶盖，用石蜡封口，贴上标签即可。

(3) 蚕蛹：收复眼着色的蛹，有 3 种制作方法。

方法一：在沸水中煮 2～3 min，杀死蛹体，蛹内蛋白质凝固，在背面剪开，弃去内含物，只留一层蛹皮(留住复眼)。

方法二:用 4%甲醛溶液浸渍 3～4 d,同方法一只留一层蛹皮,然后用消毒后的脱脂棉,做成蛹的假体,放入半个茧壳中,附上蚕脱下的皮在旁边,活像真的蛹在茧子内。

方法三:在圆柱形标本瓶内装入脱脂棉 5 cm 高,压紧,放入蚕蛹适量,加入保存液,盖上瓶盖,用石蜡封口,贴上标签即可。

(4) 蚕蛾:取早晨刚羽化的蚕蛾,用乙醚麻醉后,手指上抹上滑石粉,翻过蚕蛾抓住翅膀,悬空解剖蚕蛾,剪开蚕蛾的腹部,挖出内脏物,用棉花蘸着乙醚,洗净蚕蛾腹内的脂肪,用消毒后的脱脂棉填进蚕蛾腹部,然后将蚕蛾放至展翅板上,再用大头针固定,矫正前后翅位置,前翅的前缘与蛾体垂直,后翅的前缘靠近前翅的后缘,形如飞翔状,排列整齐,进入烘箱中烘干。烘干雄蛾的温度为 40～45℃,不能太高。因雄蛾脂肪多,烘温高容易"走油",即使解剖时已尽量去除了脂肪,也难免还会有少量油渗出来,形成烂蛾子状。雌蛾可以烘温到 70～105℃,烘干后胶在玻璃板上(玻璃板长宽稍小于标本瓶内径 2～4 mm),放入标本瓶中,盖上瓶盖,用石蜡封口,贴上标签即可。

另外,蚕蛾也可用浸渍的方法来保存,即将蚕蛾杀死后投入含 2%～3%的甲醛溶液中,每隔 5～10 d 调换一次药液,连续几次即成。

四、作业或思考题

分组进行,1～5 人一组,每组做蚕卵、幼虫、蚕蛹、蚕蛾各一瓶标本。

实验十五

家蚕幼虫体液淀粉酶活性测定

一、实验目的

要求了解家蚕体液淀粉酶的性状，掌握幼虫体液淀粉酶活性的测定方法。

二、实验原理

淀粉酶能将淀粉分子链中的α-1,4-糖苷键随机切断成长短不一的短链糊精、少量麦芽糖和葡萄糖，而使淀粉对碘呈蓝色的特异性反应逐渐消失。在基质充分的条件下，未被淀粉酶水解的淀粉与碘结合成蓝色复合物，其蓝色深浅与未经酶促反应的对照管比较其光密度，从而推算出淀粉酶活力。

三、材料、器具及试剂

1. 材料：家蚕5龄幼虫。

2. 器具：移液器、5 mL离心管、分光光度计、冰箱、电子天平、烧杯、量筒、解剖剪等。

3. 试剂。

(1) 0.025%淀粉液：称取可溶性淀粉0.025 g，用水调成浆状物，在搅动下缓缓倾入70 mL沸水中，然后用30 mL水分几次冲洗装淀粉的烧杯，洗液并入其中，加热至完全透明，冷却，定容至100 mL。此溶液需要当天配制。

(2) 0.03%碘液。

(3) 苯基硫脲。

四、实验方法

(1) 取5龄幼虫，用解剖剪剪去腹足或尾角，将血液收集于小试管或离心管中(加入少量苯基硫脲)。

(2) 取2支离心管，一支吸取0.1 mL血液作为样品管，另一支为对照管(不加样)。

(3) 在上述2支管中，分别加入0.025%淀粉液1.5 mL，反应一定时间(25℃，30 min)后，加0.03%碘液1.5 mL摇匀，立即在分光光度计上测定500 nm处的光密度。

五、作业或思考题

把测定结果填于表2-1，并按下式计算出所测家蚕幼虫体液淀粉酶活性的测定结果。

$$淀粉酶单位/100\ mL = \frac{对照光密度 - 样品光密度}{对照光密度} \times \frac{淀粉量(mg)}{10} \times \frac{30}{反应时间(min)} \times \frac{100}{体液量(mL)}$$

注:酶活力单位的定义为25℃下30 min内,100 mL蚕幼虫体液中的淀粉酶完全水解10 mg淀粉,称为一个淀粉酶单位。

表 2-1　实验结果记录表

测量次数	对照管	样品管
1		
2		
3		
平均值		

实验十六

家蚕消化液中蛋白酶活性的测定

一、实验目的

家蚕消化液中的蛋白酶是重要的消化酶之一，测定消化液中蛋白酶的活性有助于了解家蚕的品种特性、蚕的健康状况及对桑叶蛋白的利用情况。

二、实验原理

实验选用酪蛋白为底物，酪蛋白在消化液中的蛋白酶作用下，水解出酪氨酸，酪氨酸与Folin-酚试剂作用产生蓝色，其深浅与酪氨酸量成正比，因而可据此来确定消化液中蛋白酶活性的强弱。

三、材料、器具及试剂

1. 材料：家蚕5龄幼虫。

2. 器具：试管及试管架、移液器、离心管、恒温水浴锅、离心机、分光光度计、电子天平、烧杯、量筒、解剖剪等。

3. 试剂及配制：100 μg/mL 酪氨酸、pH9.18 四硼酸钠缓冲液、0.4 mol/L 碳酸钠溶液、2%酪蛋白、10%三氯乙酸、苯基硫脲。

Folin-酚试剂乙的配制：于2000 mL磨口回流装置内加入钨酸钠($Na_2WO_4 \cdot 2H_2O$)100 g、钼酸钠($Na_2MoO_4 \cdot 2H_2O$)25 g、水700 mL、85%的磷酸50 mL、浓盐酸100 mL，文火回流10 h；加入硫酸锂(Li_2SO_4)150 g，蒸馏水50 mL，混匀，加入几滴液体溴，再蒸沸15 min，以除去残溴及颜色，溶液应呈黄色。若溶液有绿色，需再加数滴液溴，再蒸沸除去，冷却后定容至1000 mL，过滤，置于棕色瓶中保存。此溶液使用前用氢氧化钠标定，加水稀释至1 mol/L。

四、实验方法

1. 消化液的收集

5龄幼虫饥饿12 h，采用挤压法或电击法收集消化液。

2. 标准曲线的绘制

(1) 按表2-2配制不同浓度的酪氨酸溶液。

表2-2　不同浓度的酪氨酸溶液配制

管号	1	2	3	4	5	6
ddH_2O/mL	10	8	6	4	2	0
100 μg/mL 酪氨酸/mL	0	2	4	6	8	10
酪氨酸最终浓度/(μg/mL)	0	20	40	60	80	100

（2）测定步骤：取6支试管编号，按表2-2分别吸取不同浓度酪氨酸1 mL，各加入0.4 mol/L碳酸钠5 mL，再各加入已稀释的福林试剂1 mL，摇匀置于水浴锅中。30℃水浴保温10 min后，以1号管为空白对照，在660 nm测定各管的光密度（OD_{660}）值（表2-3）。以OD_{660}值为横坐标，酪氨酸的浓度为纵坐标，绘制标准曲线。

表2-3 不同浓度的酪氨酸OD值测定

管号	1	2	3	4	5	6
按表2-2制备的不同浓度酪氨酸/mL	1	1	1	1	1	1
0.4 mol/L Na_2CO_3/mL	5	5	5	5	5	5
Folin-酚试剂乙/mL	1	1	1	1	1	1
30℃水浴保温10 min						
OD_{660}值						

3. 消化液蛋白酶活性测定

测定前将消化液用缓冲液稀释15倍。取试管3支，编号1、2、3，每管内加入样品稀释液1 mL，置于30℃水浴中预热2 min，再各加入经同样预热的2%酪蛋白1 mL，精确保温10 min，时间到后，立即再各加入10%三氯乙酸2 mL，以终止反应，继续置于水浴中保温10 min，使残余蛋白质沉淀后离心。然后另取试管3支，编号1、2、3，每管内加入上清液1 mL，再加0.4 mol/L碳酸钠5 mL，Folin-酚试剂乙1 mL，摇匀，30℃保温10 min后进行光密度（OD_{660}）测定。空白对照也取试管3支，编号（1）、（2）、（3），测定方法同上，唯在加酪蛋白之前先加10%三氯乙酸2 mL，使酶失活，再加入2%酪蛋白，如表2-4、表2-5所示。

表2-4 蛋白酶反应体系

试管编号	(1)	(2)	(3)	1	2	3
待测样品/mL	1	1	1	1	1	1
10%三氯乙酸/mL	2	2	2	—	—	—
2%酪蛋白/mL	1	1	1	1	1	1
30℃保温10 min						
10%三氯乙酸/mL	—	—	—	2	2	2

表2-5 样品OD值测定

管号	(1)	(2)	(3)	1	2	3
按表2-4酶反应后的上清液/mL	1	1	1	1	1	1
0.4 mol/L Na_2CO_3/mL	5	5	5	5	5	5
Folin-酚试剂乙/mL	1	1	1	1	1	1
30℃保温10 min						
OD_{660}值						

酶活力计算：在30℃、pH9.18条件下，每分钟水解酪蛋白产生1 μg酪氨酸，定义为1个蛋白酶活力单位（U）。

$$样品蛋白酶活力单位(U)=A\times4\times N/10$$

式中，A为由样品测得OD_{660}值，查标准曲线得相当的酪氨酸质量；4为4 mL反应液取出1 mL

测定（即 4 倍）；N 为消化液稀释的倍数；10 为反应 10 min。

五、作业或思考题

1. 计算出所测家蚕幼虫消化液蛋白酶活性。
2. 测定消化液蛋白酶时所用缓冲液为什么是碱性而不是酸性？

实验十七

家蚕幼虫血液海藻糖含量的测定

一、实验目的

了解海藻糖的性质，掌握家蚕血液海藻糖含量的测定方法。

二、实验原理

家蚕的血糖为海藻糖，是由2分子的α-葡萄糖以1,1-糖苷键结合的非还原性二糖，由脂肪体合成后，释放到血液中，正常情况下家蚕血糖的浓度能维持在一定水平。

本实验采用蒽酮法测定家蚕血液海藻糖含量。其原理是海藻糖在浓硫酸作用下，可经脱水反应生成糠醛或羟甲基糠醛，生成的糠醛或羟甲基糠醛可与蒽酮反应生成蓝绿色糠醛衍生物，在620 nm处有最大吸收值，颜色的深浅与糖的含量成正比，由此定量测定海藻糖的含量。

先用乙醇沉淀血液中的糖原，再利用海藻糖对酸和碱的作用比蔗糖和还原性双糖稳定的性质，用稀酸使蔗糖水解为葡萄糖和果糖，然后用碱破坏还原性的单糖和双糖（稀酸和碱的处理仅使海藻糖损失1%～5%），再用蒽酮试剂显色，然后比色测定。

三、材料、器具及试剂

1. 材料：家蚕5龄幼虫。

2. 器具：移液器、5 mL离心管、离心机、水浴锅、722型分光光度计、冰箱、烧杯、量筒、电子天平、解剖剪等。

3. 试剂及配制：海藻糖标准溶液（将海藻糖溶于蒸馏水或50%乙醇中，使浓度为1 mg/mL）、80%乙醇溶液、0.05 mol/L H_2SO_4、6 mol/L NaOH、苯基硫脲、蒽酮试剂（取500 mL浓硫酸缓缓倒入145 mL蒸馏水中，冷却后称0.5 g重结晶的蒽酮溶解其中，保存在4℃暗处，可用2个月）。

四、实验方法

（1）取5龄幼虫，用解剖剪剪去腹足或尾角，将血液收集于小试管或离心管中（加入少量苯基硫脲）。

（2）吸取0.1 mL血液于5 mL的离心管中，加入80%乙醇1.5 mL，在75℃水浴中加热20 min（使糖原沉淀），用4000 r/min离心10 min，吸取上清液至另一支5 mL离心管中；用0.5 mL 80%乙醇洗涤沉淀，离心后吸取上清液，合并两次吸取的上清液，在温水浴中蒸发至干。此管为样品管，做好标记。

（3）取一支5 mL离心管加入0.1 mL海藻糖标准液，按步骤（2）中同样方法（在温水浴中)蒸发至干,此管为标准管;另取一支 5 mL 离心管做好标记为对照管。

(4) 在上述 3 管中分别加入 0.05 mol/L H_2SO_4 0.4 mL,盖好盖摇匀,在 100℃水浴中加热 10 min(使蔗糖水解为葡萄糖和果糖)。

(5) 加热后,再分别加入 6 mol/L NaOH 液 0.3 mL,盖好盖摇匀,在 100℃水浴中加热10 min(以破坏还原糖)。

(6) 冷却后,再分别加入 2 mL 蒽酮试剂,盖好盖摇匀,在 100℃水浴中加热 10 min。

(7) 冷却至室温后,在 620 nm 处比色,读取各管光密度。

五、作业或思考题

把测定结果填于表 2-6,并按下式计算出所测家蚕幼虫血液中的海藻糖含量。

$$\text{海藻糖含量(mg/100 mL)}=\frac{\text{样品光密度}\times 0.1\text{(样品量)}}{\text{标准光密度}\times 0.1\text{(标准品量)}}\times 100$$

表 2-6　实验结果记录表

测量次数	标准管	样品管
1		
2		
3		
平均值		

实验十八

家蚕幼虫脂肪体糖原含量的测定

一、实验目的

了解糖原的性质，掌握家蚕脂肪体糖原含量的测定方法。

二、实验原理

糖原是糖在蚕体内的重要储存形式之一，脂肪体糖原的合成或分解对血糖浓度的调节起重要的作用。

蒽酮法测定糖原含量首先利用糖原在浓碱中非常稳定这一特性，先将组织放入浓碱溶液中加热，以破坏其他成分而保留糖原，再利用糖原在浓硫酸作用下脱水生成糖醛衍生物，此衍生物与蒽酮作用形成蓝色化合物，与同法处理的标准葡萄糖溶液比色定量。

三、材料、器具及试剂

1. 材料：家蚕 5 龄幼虫。

2. 器具：移液器、5 mL 离心管、离心机、水浴锅、分光光度计、冰箱、烧杯、量筒、电子天平、解剖剪等。

3. 试剂及配制：海藻糖标准溶液（将海藻糖溶于蒸馏水或50%乙醇中，使浓度为1 mg/mL）、30% KOH 溶液、饱和 KCl、6 mol/L NaOH、苯基硫脲、无水乙醇、蒽酮试剂（按照第二部分实验十七配制）。

四、实验方法

1. 脂肪体糖原的提取

取定量的脂肪体，加 2 mL 30%的 KOH 溶液，沸水浴 30 min，冷却后加 3 mL 无水乙醇，冰浴，3000 r/min 离心 10 min，弃上清液，依次加入 1 mL 蒸馏水、1 滴饱和 KCl、2 mL 无水乙醇，水浴（60℃）数分钟，离心，弃上清，加 1 mL 蒸馏水，即得糖原待测液。

2. 绘制标准曲线

准确称取 0.1 g 葡萄糖（分析纯），溶解并用蒸馏水定容至 100 mL 后，分别取出 1 mL、2 mL、3 mL、4 mL、5 mL 分别加入 50 mL 容量瓶中，并用蒸馏水定容到 50 mL，配成浓度分别为 20 μg/mL、40 μg/mL、60 μg/mL、80 μg/mL、100 μg/mL，各取 1 mL 于试管中，再加入 3 mL 的蒽酮试剂，迅速浸入冰水中冷却，待几支试管均匀加完后，一起浸入 100℃恒温水浴箱中，为防止水分蒸发，应在试管口上加盖一个玻璃球或者加一个塞子，自温度重新升至 100℃起计时，准确保温 10 min 后取出，用流动水冷却，然后，于室温中平衡片刻（10 min 左右），在分光光度计上，波长 620 nm 处，用 0.5 cm 厚度的比色杯，以空白管为对照(此处的空白是指不加葡萄糖的蒽酮试剂，其他反应条件都一致)，进行比色，绘制标准曲线。

3. 糖原含量的测定

取 1 mL 稀释一定倍数的待测液于试管中，同前操作一致，以空白管作对照，进行比色。由测得的 OD 值，在标准曲线上查出糖含量，再由以下公式计算样品中糖原含量。

$$样品糖原含量(\mu g/g)=\frac{C\times V_2\times D}{W\times V_1}$$

式中，C 为在标准曲线上查出的糖含量(μg)；V_2 为提取液总体积(mL)；V_1 为测定时取用体积(mL)；D 为稀释倍数；W 为样品质量(g)。

注意事项：

(1) 一定要将温度控制在 100℃。

(2) 从 100℃开始准确计时 10 min，然后迅速冷却，于室温中平衡 10 min。

(3) 蒽酮要注意避光保存。配制好的蒽酮试剂也应注意避光，当天配制好的当天使用。

五、作业或思考题

根据实验结果，计算所测家蚕脂肪体糖原含量。

实验十九

家蚕血液蛋白质含量的测定

一、实验目的

蛋白质是血液的主要成分，家蚕血液蛋白质包括含量多的非酶蛋白和含量少的酶蛋白，主要由脂肪体合成，分泌到血液中。这些蛋白质参与组织形成，调节体内物质代谢，部分蛋白质在体内可氧化分解供能，与蚕的生长发育、繁殖有密切关系。随着蚕的生长发育和变态，血液蛋白质含量发生显著变化，并且血液中有的蛋白质只在某特定时期出现，有的则从幼虫期到成虫期始终存在。

本实验的目的是掌握测定血液蛋白质的方法，了解测定原理。通过具体的测定，了解家蚕在生长发育过程中血液蛋白质含量的变化。

二、实验原理

测定蛋白质的方法较多，这里介绍 3 种常用的方法，以便在测定时根据实验条件选择。

1. *Folin-酚法*

主要原理是利用蛋白质分子中的酪氨酸、色氨酸和半胱氨酸，与 Folin-酚试剂发生氧化还原反应形成蓝色化合物，蓝色的深浅与蛋白质的浓度成正比，通过比色测定蛋白质含量。

2. *双缩脲法*

在碱性溶液中蛋白质的肽键与铜离子发生反应，形成紫红色化合物，其颜色的深浅与蛋白质浓度成正比，所以可利用此反应通过比色测定蛋白质浓度。

3. *考马斯亮蓝 G-250 法*

考马斯亮蓝 G-250 在游离状态下呈红色，当它与蛋白质结合后变为青色，在 595 nm 处有最大光吸收。在一定浓度范围内（0～1000 μg/mL），蛋白质-色素结合物在 595 nm 波长处的光吸收与蛋白质含量成正比，故可用于蛋白质的定量测定。

三、材料、器具及试剂

1. 材料：家蚕 5 龄幼虫。

2. 器具：电子天平、试管及试管架、吸管、容量瓶、大漏斗、玻璃棒、移液器、分光光度计。

3. 试剂及配制。

（1）标准蛋白溶液：用已知含量的酪蛋白分别配制成 0.5 mg/mL、1 mg/mL、5 mg/mL 的标准蛋白溶液。

（2）Folin-酚试剂甲：①4%碳酸钠；②0.2 mol/L 氢氧化钠；③1%硫酸铜；④2%酒石酸钾钠。使用前①和②等体积混合，③和④等体积混合，然后将两液以 50∶1 混合，现配现用。

(3) Folin-酚试剂乙：按照第二部分实验十六中Folin-酚试剂乙配制方法或购买市售Folin-酚试剂乙。

(4) 双缩脲试剂：称取硫酸铜($CuSO_4 \cdot 5H_2O$)1.5 g，酒石酸钾钠6 g，分别用蒸馏水约250 mL溶解后，全部转移至1000 mL容量瓶中，混合，再加10% NaOH 300 mL，边加边摇匀，最后用蒸馏水定容至1000 mL，保存于塑料试剂瓶中或内壁涂一层纯净白蜡的普通试剂瓶中，如无红色或黑色沉淀出现，此试剂可长期使用。

(5) 考马斯亮蓝G-250(0.01%)溶液的配制：称取10 mg考马斯亮蓝G-250，溶于5 mL 90%乙醇中，加入85%(m/V)的磷酸10 mL，最后用蒸馏水定容至100 mL，将定容好的溶液过滤并装入棕色瓶中，此溶液在常温下可放置1～2个月。

四、实验方法

1. *Folin-酚法*

(1) 取5龄蚕血稀释100倍。

(2) 取7支洁净干燥试管，按表2-7操作。

表2-7　Folin-酚法各试管的配制

	1	2	3	4	5	6(空白)	7(待测)
0.5 mg/mL酪蛋白质标准液/mL	0.2	0.4	0.6	0.8	1.0	—	—
双蒸水/mL	0.8	0.6	0.4	0.2	—	1.0	—
待测样品/mL	—	—	—	—	—	—	1.0
Folin-酚试剂甲/mL	5.0	5.0	5.0	5.0	5.0	5.0	5.0

注："—"表示不添加对应试剂

按表2-7的顺序在试管中加入试剂；混合均匀后置于20～25℃水浴保温10 min。在每试管中加入Folin-酚试剂乙0.5 mL，立即混匀，再在20～25℃水浴保温30 min，在660 nm处比色，测光密度值。

(3) 蛋白质浓度计算：绘制标准曲线，以蛋白质的浓度为横坐标，光密度为纵坐标，绘制出标准曲线。以测定管的光密度值，查找标准曲线，求出待测样品的蛋白质含量，按下列公式计算出1 mL血液中蛋白质含量。

$$\text{血液蛋白质含量(mg/mL)}=\frac{C\times\text{稀释倍数}}{V\times 10^3}$$

式中，C为通过OD值从标准曲线中查出的蛋白质含量(μg)；V为测定用样品的毫升数。

2. *双缩脲法*

(1) 取5龄蚕血分别稀释5倍、10倍、15倍、20倍。

(2) 标准曲线制作：取6支洁净干燥试管，按表2-8操作。

表2-8　双缩脲法标准曲线的制作

	1	2	3	4	5	6
5 mg/mL标准酪蛋白/mL	0.0	0.4	0.8	1.2	1.6	2.0
蒸馏水/mL	2.0	1.6	1.2	0.8	0.4	0.0
双缩脲试剂/mL	4.0	4.0	4.0	4.0	4.0	4.0

上述试剂加好后，摇匀，在室温下放置 30 min 后，以 1 号为空白对照于 540 nm 处比色。以酪蛋白的含量为横坐标，光密度为纵坐标绘制标准曲线。

(3) 样品测试：取 9 支洁净干燥试管，按表 2-9 操作。

表 2-9　双缩脲法各试管的配制

	1	2	3	4	5	6	7	8	9
		（稀释 5 倍）		（稀释 10 倍）		（稀释 15 倍）		（稀释 20 倍）	
待测稀释血液/mL	0.0	1.0	1.0	1.0	1.0	1.0	1.0	1.0	1.0
蒸馏水/mL	2.0	1.0	1.0	1.0	1.0	1.0	1.0	1.0	1.0
双缩脲试剂/mL	4.0	4.0	4.0	4.0	4.0	4.0	4.0	4.0	4.0

上述试剂加好后，摇匀，在室温下放置 30 min 后，以 1 号为空白对照于 540 nm 处比色。从标准曲线上查出稀释血液蛋白质浓度，按照稀释倍数求出血液的蛋白质含量。

样品中蛋白质含量(mg/mL)＝标准曲线上查出的蛋白质浓度×稀释倍数

3. 考马斯亮蓝 G-250 法

(1) 取 5 龄蚕血分别稀释 50 倍、100 倍。

(2) 标准曲线制作：取 8 支洁净干燥试管，编号，按表 2-10 加入试剂，混匀后，室温静置 5 min，以 1 号为空白对照，在 595 nm 处比色。以标准蛋白质含量为横坐标，光密度为纵坐标，绘制标准曲线。

表 2-10　考马斯亮蓝 G-250 法标准曲线的制作

	1	2	3	4	5	6	7	8
1 mg/mL 标准牛血清白蛋白/mL	0.0	0.1	0.2	0.3	0.4	0.6	0.8	1.0
蒸馏水/mL	1.0	0.9	0.8	0.7	0.6	0.4	0.2	0.0
考马斯亮蓝 G-250 溶液/mL	5.0	5.0	5.0	5.0	5.0	5.0	5.0	5.0

(3) 血液样品中蛋白质含量测定：取 5 支洁净干燥试管，编号，按表 2-11 加入试剂，混匀后，室温静置 5 min，测定方法同上，由样品液的光密度查标准曲线即可求出蛋白质含量。

表 2-11　考马斯亮蓝 G-250 法各试管的配制

	1	2	3	4	5
		（稀释 50 倍）		（稀释 100 倍）	
待测稀释血液/mL	0.0	1.0	1.0	1.0	1.0
蒸馏水/mL	1.0	0.0	0.0	0.0	0.0
考马斯亮蓝 G-250 溶液/mL	5.0	5.0	5.0	5.0	5.0

样品中蛋白质含量(mg/mL)＝标准曲线上查出的蛋白质浓度×稀释倍数

实验二十

家蚕血细胞观察及计数

一、实验目的

观察家蚕幼虫血细胞形态，学习血细胞的人工计数方法，测定家蚕幼虫血细胞的数量。

二、实验原理

将家蚕血液充入细胞计数板，在显微镜下计数一定体积内的血细胞数，经换算求出每立方毫米血液中的血细胞数量。

三、材料、器具及试剂

1. 材料：家蚕幼虫。

2. 器具：细胞计数板、专用盖玻片、移液管、滴管、小试管、显微镜、手按计数机、75%酒精棉球、擦镜纸。

3. 试剂：苯基硫脲。

四、实验方法

1. *认识细胞计数板*

细胞计数板是一块长方形厚玻璃片，计数板在中央横沟的两边各有一计数室，两计数室结构完全相同。计数室较两边的盖玻片支柱低 0.1 mm。因此，放上盖玻片时，计数板与其间距即计数室空间的高为 0.1 mm。在低倍显微镜下可见计数室被双线划分成 9 个边长为 1 mm 的大方格。四角的大方格又各分为 16 个中方格，中央大方格被划分为 25 个中方格，每个中方格边长为 0.2 mm，面积为 0.04 mm^2，体积为 0.004 mm^3，每一中方格又划分成 16 个小方格。中央大方格的四角及中心 5 个中方格为蚕血细胞计数范围(图 2-37～图 2-39)。

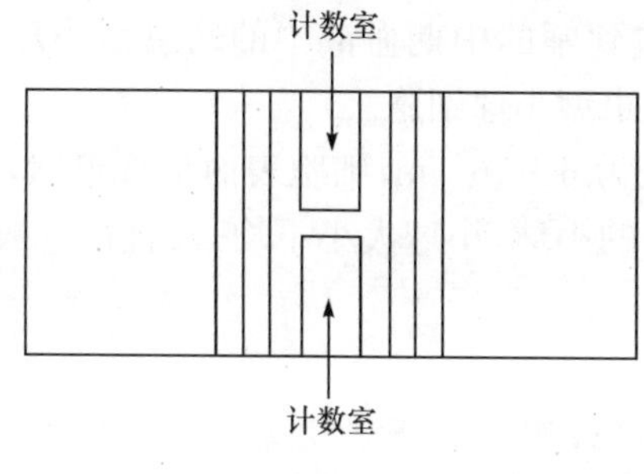

图 2-37　细胞计数板平面图

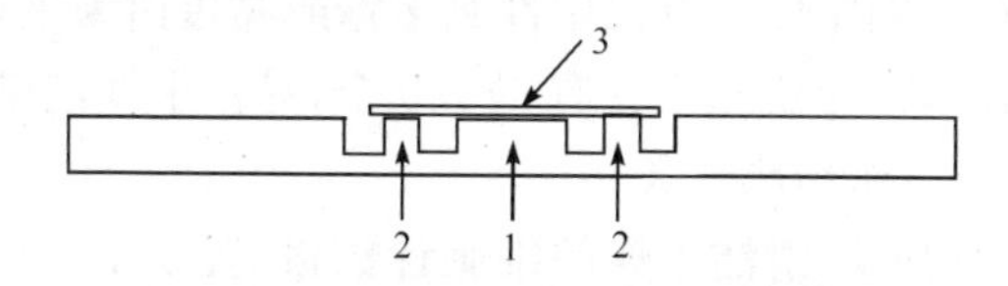

图 2-38　细胞计数板纵切面图

1. 计数室；2. 盖玻片支柱；3. 盖玻片

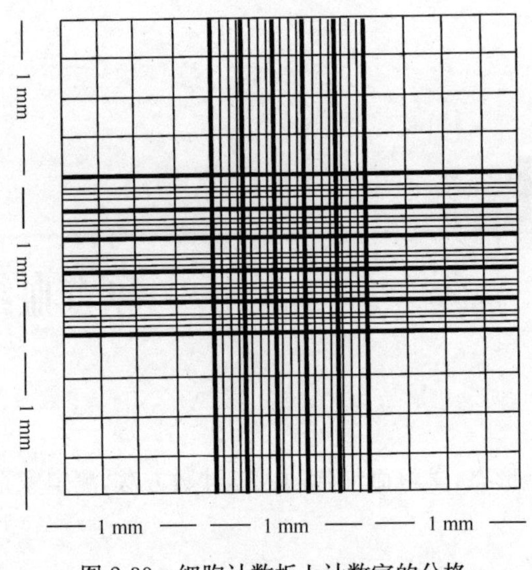

图 2-39　细胞计数板上计数室的分格

2. 采血

取 5 龄幼虫，用解剖剪剪去腹足或尾角，将血液收集于小试管或离心管中备用(加入少量苯基硫脲)。

3. 血细胞形态观察

家蚕幼虫的血细胞分为原白血细胞、浆细胞、颗粒细胞、小球细胞等，在蛹蛾期还发现一种成虫型小球细胞。

(1) 原白血细胞：幼虫原白血细胞呈卵形或椭圆形，细胞表面光滑，是血细胞中的小形细胞，细胞直径为 8～16 μm，与整个细胞比较细胞核偏大，直径为 7～10 μm，占整个细胞体积的 70%～80%。

(2) 浆细胞：浆细胞形态多样，浮游在血液中时有球形、纺锤形、梨形，附着于体内组织时呈扁平，也有伸长成细长形的，采血后在玻片上会迅速变形，向四周伸出细胞质突起，以纺锤形的居多。球形浆细胞的直径为 10～25 μm，纺锤形浆细胞的直径为 16～30 μm，细胞核的直径为 5～8 μm。

(3) 颗粒细胞：细胞形态呈圆形、卵形或椭圆形。幼虫期细胞直径为 8～16 μm，细胞核的直径为 3～5 μm，蛹期细胞直径为 12～28 μm，细胞核为 7～8 μm。细胞质内含有直径为 0.3～1 μm的条纹状颗粒，这种颗粒外面被膜，内部充满直径为 200～250 Å 的带状或纤维状物，每一个带状构造由数十个亚单位构成，其有规则地排列形成条纹状。

(4) 小球细胞：家蚕的小球细胞有两种，即从幼虫到蛹的中期血液中的幼虫型小球细胞(一般称为小球细胞)和从蛹的后期到成虫期出现的成虫型小球细胞。

幼虫型小球细胞呈球形、卵形或椭圆形，细胞直径为 6～16 μm，细胞表面呈波浪状，最大特征是细胞质中有以中性黏多糖或黏蛋白为主要成分的小球，小球大小不均一，直径一般 2～5 μm，一个细胞中含有 1～20 个，易被中性红染色。

4. 血细胞计数

(1) 取清洁干燥的细胞计数板，置于水平的显微镜载物台上，盖上盖玻片，使两侧各空出少许。摇匀血细胞悬液，用滴管吸取，将滴管尖轻轻置于盖玻片边缘外，让滴出的血细胞悬液凭毛细管作用吸入计数室内，刚好充满计数室为宜，静置后计数。

(2) 把计数室中央的大方格置于视野内，转用高倍镜，计数 5 个中方格(中央大方格四角和正中的 5 个中方格)内的血细胞总数。计数时遵循一定方向逐格进行，对压边线细胞采取“数上不数下，数左不数右”的原则计数(图 2-40)。

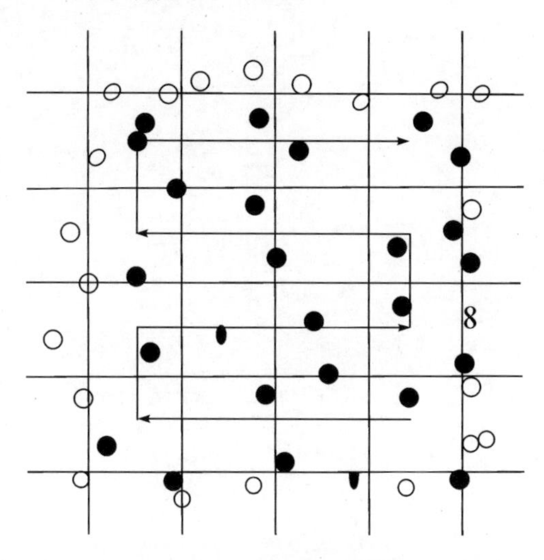

图 2-40　细胞计数图

黑圈为应计数的细胞，空圈为不应计数的细胞，沿箭头的方向和顺序计数

5. 计算

血细胞个数/mm^3 =5 个中方格内数得的血细胞总数×50

5 个中方格的体积为 0.004 mm^3×5=0.02 mm^3，换算成每立方毫米时应乘以 50。

五、作业或思考题

1. 描述所观察到的血细胞形态特征。
2. 计算所测家蚕血细胞密度。
3. 设计测定家蚕在不同发育阶段、不同生态条件下血细胞密度的变化。

参 考 文 献

邓一民. 1994. 蚕桑生物化学实验指导(自编教材). 重庆:西南农业大学蚕丝学院

东政明. 1987. 蚕丝生物学实验实习书. 京都:财团法人农笠会

缪云根，顾国达. 2001. 蚕桑学实验指导. 杭州:浙江大学出版社

覃明和. 1983. 蚕体解剖生理学实验(自编教材). 重庆:西南农学院

解景田，赵静. 2002. 生理学实验. 北京:高等教育出版社

第三部分　养蚕及良种繁育学实验

养蚕及良种繁育学是研究养蚕生产的原理和技术、繁育优良蚕品种的理论和实际生产技能的应用学科，是蚕学专业的专业发展课程必修课。养蚕及良种繁育包括从蚕种催青开始至越年蚕种的冷藏整个过程，时间经过一年多。养蚕及良种繁育学涉及的基础理论内容丰富，因为家蚕在卵期、幼虫期、蛹期、成虫期4个不同时期，每一个阶段的生理特性和对环境的要求差异较大，甚至在同一时期的不同发育阶段差异都较大。为此，每一时期必须依据其生理特性和变化规律，采取合理的技术处理。

通过本课程实验，使学生掌握养蚕及良种繁育中的基本实验技术，奠定开展相关研究工作的基础。

实验一

蚕卵胚胎解剖观察

一、实验目的

蚕卵从产下到孵化成蚁蚕，无论是越年卵还是非越年卵，随着卵期的进展，从受精开始，经过卵裂，胚胎的分化、形成，胚胎的发育及滞育等，发生学上有着一系列的变化。掌握胚胎发育阶段，有利于蚕种合理保护和适时地进行技术处理，在蚕业生产上极为重要。通过实验熟练掌握胚胎解剖技术，准确识别胚胎各发育时期的形态特征。

二、实验原理

家蚕卵壳的主要成分是卵壳蛋白质，碱在一定条件下可催化蛋白质水解生成氨基酸。本实验利用强碱 KOH 在高温下催化卵壳蛋白质水解，达到使卵壳变得容易被击破的目的。

三、材料、器具及试剂

1. 材料：活性化蚕卵。

2. 器具：烧杯、电炉、石棉网、吸管、二重皿、载玻片、解剖镜、显微镜、电子天平、黑纸、玻璃棒、镊子、毛笔。

3. 试剂：KOH（苛性钾）。

四、实验方法

（1）配液：用 KOH 配制 15%～20%（冷藏浸酸种取高限）的溶液，即称取 KOH 15 g 或 20 g，完全溶于 85 mL 或 80 mL 的水中即成。解剖前期胚胎可用浓度大点的，后期胚胎浓度应小点的。

（2）煮液：将溶液加温煮至沸腾，随即离开热源。

（3）浸卵：取蚕卵 20～30 粒（平附种连同蚕种纸撕下，散卵需用纱布包好或用铜丝制成小勺装好），当离开火源的煮沸液停止翻滚时，立即将蚕种浸入，轻轻振动（蚕卵不能浮于液面），经 10 s 左右，蚕卵变为赤豆色时立即取出，放入盛有清水的二重皿中。

（4）冲洗：蚕卵反复清洗数次，把 KOH 洗净后，再放入另一盛清水的二重皿中，用吸管吸水反复冲击蚕卵，使胚体与卵壳分离，胚胎即可脱卵而出。若不易冲出，可用温水冲击。

（5）镜检：分离出的胚胎用吸管吸取，放在载玻片上，并留少许水，以浸润胚胎为度。用 50～100倍的显微镜观察胚胎的发育程度。

注意事项：

（1）如胚胎上有卵黄等不利识别，可在解剖镜下用细毛笔轻轻扫去卵黄后再行观察。

(2) 为了解剖胚胎时明显起见,可于二重皿下放一张黑纸。

(3) KOH溶液经过数次使用后,因煮沸过程中水分蒸发而浓度变大,必须随时留意加水调整,如溶液变成褐色时,应更换新液。

五、作业或思考题

1. 每人交一张解剖出的胚胎装片,装片上至少有4个不同发育阶段的胚胎。
2. 画出装片上的胚胎形态图,并标注其名称。

实验二

蚕室的简易设计

一、实验目的

蚕室是蚕生活和饲养员进行养蚕操作的场所，其环境和结构，不仅影响蚕的生长发育和蚕茧的产量及质量，而且影响工作效率和技术措施的贯彻落实。因此，为了保证蚕作安全和高产丰收，在蚕室的环境和结构上应具备必要的条件。通过实地测量和绘制蚕室设计简图，进一步了解蚕室建筑的基本结构及要求，初步掌握蚕室设计的一般原理与方法。

二、实验原理

蚕室的结构必须适合蚕的正常生长发育、饲养人员操作和提高工作效率。因此，在设计蚕室时，应根据以下几个原则来考虑：便于室内温、湿、光、气等微气象的调节，符合蚕的生理要求；便于清洗消毒，能防止蚕病的蔓延和外敌的危害；饲养操作方便，能提高工效；坚固耐用，经济实惠。

三、器具

直尺、卷尺、丁字尺及其他绘图用具。

四、设计说明

(1) 蚕室的方位：坐北向南，偏西 5～15°。

(2) 地势：平坝地区地下水位在 2 m 以下，丘陵、山区坡度低于 25°。

(3) 蚕室与附属室所占比例：蚕室∶上蔟室∶贮桑室＝1∶0.5∶0.5。

(4) 饲养室的开间：蚕箔的长度(m)×3＋1.0 m。

(5) 饲养室的进深：蚕箔的宽度(m)×8＋0.6 m。

(6) 饲养室的高度：每层的间距(0.25 m)×层数＋1.0 m。

(7) 蚕室的走廊：宽 1.5～2 m。

(8) 蚕室的门窗：门 1.3 m×2.3 m，窗 1 m×1.6 m，门窗总面积不低于南北墙面积的 1/4。

(9) 排沙装置：设在北面墙内，出口离地面 30～50 cm。

(10) 排气装置：除门窗外，应在蚕室顶部设天窗、气窗和山窗，天窗设在天花板中央及四角，为室内面积的 5%～6%，气窗设在屋面南北两侧，高 1～1.3 m，宽 0.6～1 m，山窗位于东西山墙上，一般为圆形百叶窗，直径 0.8～1 m。

五、作业或思考题

在测量标准蚕室的方位、式样、结构及各部位的规格的基础上，根据已掌握的知识，绘制出能饲养 40 盒蚕种的标准蚕室的正面图及侧面图。

实验三

蚕室微气流与CO_2含量的测定

一、实验目的

养蚕生产为了获得优良的蚕茧，除了应满足蚕生活所需的营养条件外，气象条件（蚕室内的温度、湿度、光线、气流）及无病害的卫生环境也是很重要的，尤其是蚕室内的CO、CO_2、SO_2及HF等不良气体超过一定浓度时，会直接危害蚕的正常生长发育。本实验主要学习和掌握蚕室温湿度、微气流及蚕室中CO_2的测定方法，为正确调控养蚕环境打下理论基础。

二、实验原理

温度计的校正是用标准温度计与待校正的温度计在同一温度条件下读数，比较待校正温度计与标准温度计的差值。蚕室微气流的测定是利用卡他温度计。CO_2含量的测定是利用酚酞的变色（变色范围是8.2～10.0），在碱性溶液中酚酞呈红色，在酸性或中性溶液中为无色。氨水呈弱碱性，在稀氨水中滴入几滴酚酞，溶液呈红色，在向呈红色的氨水中通入CO_2，反应生成NH_4HCO_3，当溶液pH降至8.0左右时，溶液颜色会突然变为无色。

三、器具及试剂

1. 器具：标准温度计、干湿温度计、卡他温度计、秒表、纱布、烧杯、酒精灯。
2. 试剂：氨水、酚酞、乙醇、木炭、注射器。

四、实验方法

1. 温度计的校正与蚕室温度测定

（1）将待校正的温度计、干湿温度计逐一编号，拆去包裹在干湿温度计湿球上的纱布。

（2）用酒精灯或电炉烧热水500 mL，水温在30℃以上。

（3）将待校正的温度计和标准温度计同时放入一定温度的热水中，观察记载每只温度计的在同一温度条件下与标准温度计差值。如此由低温到高温反复实验3次以上。

（4）将被校正温度计与标准温度计的差值记录在温度计上，以后用此温度计测定温度时，用此差值校正即得标准温度。

（5）用校正后的温度计测定蚕室不同位置的温度、湿度。

2. 蚕室微气流的测定

（1）根据测定当时的室温，选择适当的卡他温度计；当室温低于30℃时，选用低温卡他温度计（35～38℃）；室温高于30℃时，选用高温卡他温度计（51.5～54.5℃）。

（2）将卡他温度计的乙醇球放入50～60℃的热水中，当乙醇柱上升到上部安全球的

1/2～2/3时，立即取出，并用纱布将卡他温度计表面的水分擦干，然后将卡他温度计悬挂在需要测定的位置。

(3) 用秒表记录卡他温度计乙醇柱从38℃下降到35℃时所经过的时间(s)，同时记下测定地点当时的温度。如此反复测定3次，求出平均值。

3. 蚕室CO_2含量的测定

(1) 取蒸馏水1000 mL，加氨水1滴，然后再加1%的酚酞乙醇溶液0.5～1 mL，摇匀，溶液呈淡玫瑰色，置于棕色瓶中密封保存。

(2) 用50 mL注射器取配好的上述溶液10 mL，用同一注射器吸取室外新鲜空气40 mL，用橡皮管堵住针筒进气孔，将针筒剧烈振动数次，使CO_2被充分吸收，然后将针筒中的空气排出，如此反复数次，直到溶液的颜色褪尽为止，记录抽取空气的体积。

(3) 将注射器重新换上指示剂，用同样的方法抽取待测地方的空气，直到指示剂颜色褪尽，记录抽取测定空气的体积。

(4) 根据指示剂褪色时用去标准空气与待测空气的体积比，求CO_2的浓度，如用标准空气($V_{外}$)的体积为90 mL，用去待测空气($V_{测}$)为60 mL，则CO_2浓度为：

$$CO_2(\%)=0.03\times\frac{V_{外}}{V_{测}}=0.03\times\frac{90}{60}=0.045$$

五、作业或思考题

1. 根据测定结果，按下面的计算公式算出蚕室的微气流。

(1) 当气流小于1 m/s时的计算公式：$V=\left(\frac{\frac{H}{Q}-0.20}{0.40}\right)^2$

(2) 当气流大于1 m/s时的计算公式：$V=\left(\frac{\frac{H}{Q}-0.40}{0.49}\right)^2$

式中，$H=F/T$(mm/s)为冷却值；$Q=36.5-t$为卡他温度计上高低平均温度与测定时的室温之差；F为卡他系数，表示卡他温度计在静止气流中，乙醇柱从38℃下降到35℃时乙醇表面每平方厘米散失的热量；T为卡他温度计从38℃下降到35℃时，所经过的时间；0.20、0.40、0.49等为经验系数。

2. 根据所测结果，按下面的计算公式，算出被测蚕室的CO_2浓度。

$$CO_2(\%)=0.03\%\times\frac{V_{外}}{V_{测}}$$

实验四

养蚕收蚁的方法

一、实验目的

收蚁是把孵化出来的蚁蚕收集起来，经称量、定座移到蚕箔中给桑饲养的操作过程。收蚁方法不当，会使蚁蚕受伤、受饿，生长发育不齐，进而影响后期产量、质量，因此必须十分细致认真。通过实验学会各种收蚁方法的操作技术，掌握当前生产上主要采用的几种收蚁方法的技术要点。

二、实验原理

在标准温度下催青，蚁蚕一般在早上5时左右孵化。孵化后的蚁蚕经2 h左右便可食桑，收蚁时间应掌握在上午8～9时为好。必须做到及时、不遗失蚕、不伤蚕、不饿蚕，而且不感染蚕病。

三、材料及器具

1. 材料：平附蚕种、散卵蚕种、桑叶。

2. 器具：收蚁绵纸、白有光纸、大红纸、塑料薄膜、蚕箔、鹅毛、蚕筷、给桑架、切桑刀、切桑板、干温计、天平、电热加温补湿装置、一分目蚕网。

四、实验方法

1. 平附蚕种收蚁法

(1) 桑收法(倒伏桑收蚁法)：收蚁前先称蚕连纸(连同蚁蚕)的质量，记载于蚕连纸角上，把切好的桑叶均匀地撒在下垫塑料薄膜的蚕箔里，其面积略大于平附种的卵面积，然后将蚕连纸卵面向下，覆盖在桑叶上，经10～15 min，蚕儿爬到桑叶上后，即可揭开蚕连纸，再称蚕连纸质量，前后质量差即为收蚁量。

(2) 纸收法(棉纸引收法)：收蚁前先将无破损的棉纸称好质量，记于纸角上，收蚁时将棉纸覆盖在已出蚁的卵面上，再覆盖上一张棉纸(此棉纸可不称量)，然后在棉纸上均匀撒一层干桑叶，经10～20 min，待蚁蚕爬到纸上，去掉上层棉纸，提起下层棉纸，连蚁蚕带纸一起称量，前后质量之差就是实际收蚁量，随后移入蚕箔中消毒给桑。

(3) 打落法：在蚕箔上铺上干净的白纸作为蚕座。收蚁时两人相对站立，一人手执蚕种一端，另一人两手执蚕种另一端两角，种面向下，呈水平状，距蚕座纸7～10 cm，在蚕种纸背面用蚕筷从一端到另一端，顺次敲击3～4下，即可将蚁蚕振落于蚕座上，然后直接取蚁蚕于天平上称量和消毒给桑。

2. 散卵蚕种收蚁法

(1) 网收法:收蚁时用两张一分目蚕网或防蝇网,重叠覆盖在已出蚁蚕的蚕卵上,然后撒上细桑叶或小方块叶,经 10～15 min 后,蚁蚕全部爬上网来吃叶,把上面的一张网提到另一垫好蚕座纸的蚕箔里,即可消毒给桑。给桑 2～3 次后,可反向卷去一分目蚕网并整理好蚕座。

(2) 纸包法:每盒蚕种准备宽 0.43 m、长 0.5 m 的红纸和白有光纸各 1 张,并将纸摊平压好,平摊在蚕箔里,将蚕种摊在红纸当中,上面覆盖一张白有光纸(粗糙面向下),然后将红白纸的四周折转 6 cm 包好,再覆盖上湿蚕箔遮光补湿。到收蚁当天揭箔感光,待蚁蚕已爬到白有光纸上,将白纸翻转过来,移至另一蚕箔,即可进行消毒给桑。

(3) 纸收法:在卵面上的防蝇网上盖一张事先称好重量的棉纸,在棉纸上再重叠盖一张不称量的棉纸,在棉纸上撒一层切碎桑叶,经 10～15 min,揭去棉纸和碎叶,提起下层棉纸称量,此质量减去棉纸质量即为蚁蚕重,随后移入蚕箔内消毒给桑。

五、作业或思考题

1. 分析以上几种收蚁方法的主要优缺点。
2. 散卵蚕种和平附蚕种的收蚁方法的要点是什么?

实验五

家蚕叶丝转化率的测定

一、实验目的

家蚕的叶丝转化率在不同蚕品种、蚕性别、叶质等因素间存在差异，茧层率、消化率和茧重转化效率是构成叶丝转化率的三大要素，该三要素高的蚕品种，其叶丝转化率也高；在同一蚕品种中，雄蚕的叶丝转化率大于雌蚕；新鲜、成熟并且粗蛋白质与可溶性糖含量高的桑叶的叶丝转化率较高，同时多倍性品种桑叶的叶丝转化率比少倍性品种桑叶高。叶丝转化率是评价蚕茧生产效益最为有效的指标之一。了解并掌握叶丝转化率的含义和测定方法，对于选育叶丝转化率高的蚕品种与桑品种，制订经济科学的生产计划具有重要意义。

二、实验原理

饲料效率一般用叶丝转化率来表示，即一定量的桑叶经蚕食下所产生茧丝量的百分比。提高叶丝率对于蚕茧生产质量和经济效益有很大关系。蚕从给桑经蚕食下到吐丝结茧转换过程，需经 4 个阶段，即食下、消化、留存、成丝。叶丝率的基本要素包括食下率、消化率、留存率和成丝率。

三、材料及器具

1. 材料：桑叶(片叶或三眼叶)、桑蚕幼虫(5 龄起蚕)。

2. 器具：蚕箔 8 个、蚕室 1 间、蚕架 1 副、电子天平 1 台、蚕粪筛 4 只、温湿度调控系统 1 套、壮蚕用塑料网 8 只、塑料折蔟 8 片、防蝇线网 8 只。

四、实验方法

(1) 调整蚕室内温度为 23℃，湿度为 70%，光线为自然光线。

(2) 取蚕箔，数入一定数量的 5 龄起蚕(每个方形蚕箔一般不超过 300 头)，匀座并扩座至标准的蚕座面积。

(3) 用天平称取桑叶，均匀平整地盖于蚕座上，记录每次的给桑量，每日给桑 4 次，每次给桑前均先进行匀座与扩座工作。

(4) 每食桑 24 h 后加盖壮蚕用塑料网，待蚕爬到网上后，抬起蚕网并连同蚕一起放入另一空箔内。

(5) 用蚕粪筛仔细地将蚕粪与残存桑叶分开，分别入烘箱内 110℃下烘至恒重(干物量)，记录各自的干物质量。

(6) 在进行步骤(3)给桑叶时，应对应 4 次给桑叶而按一定比例量称取 4 次桑叶(4 次桑叶

的总量为 W_1)，入烘箱内 110℃下烘至恒重，用天平称量(干物量 W_2)。计算出：

$$桑叶含水率\ F=(W_1-W_2)/W_1$$

(7) 蚕适熟后，人工逐头拾取，均匀移至蔟具上，再在蔟具外覆盖防蝇线网，以防熟蚕爬失，调整上蔟温度 24～25℃，相对湿度 70%～75%，光线为自然散射均匀，待茧壳见白后，揭去蔟具外覆盖的防蝇线网和蔟具下垫的吸水纸并加强通风换气。

(8) 在春蚕期上蔟后 6～7 d、夏秋蚕期上蔟后 5～6 d、晚秋蚕期上蔟后 7～8 d 采茧。并随机取雌雄茧各 25 粒，倒去蛹体。用天平称茧层量，求出每粒茧的平均茧层量。

(9) 计算。

$$总给桑量(干物量)=总给桑量(鲜叶量)\times(1-F)$$

$$每头蚕的总食下量(干物重)=\frac{总给桑量(干物重)-残存桑叶量(干物重)}{供试蚕头数}$$

$$叶丝转化率(\%)=\frac{每粒茧的茧层量}{每头蚕的总食下量(干物重)}\times 100$$

五、作业或思考题

1. 计算叶丝转化率。
2. 简要说明叶丝转化率的概念及其在科研和养蚕中的应用价值。

实验六

桑叶保鲜度的检测

一、实验目的

桑叶保鲜度与桑叶贮藏时间、贮藏温湿度、贮藏方法、采叶方式等密切有关。在同一环境中，贮藏时间越长，则桑叶失水率越大，桑叶内营养物质消耗越多，桑叶保鲜度就越差。贮桑室低温多湿，则桑叶失水慢并少，桑叶内营养物质消耗少，桑叶保鲜度就好。桑叶堆积过多过实，则会使桑叶蒸热与发酵，从而使桑叶保鲜度降低，叶质变劣。塑料薄膜覆盖能减浸水分的蒸发速度，有利于桑叶保鲜。在同一贮藏时间、贮藏温湿度与贮藏方法下，条桑叶较片叶易保鲜。为此，在养蚕生产过程中，应采取一系列技术措施来保持桑叶新鲜。通过本实验，要求掌握桑叶保鲜度的测定方法。

二、实验原理

桑叶保鲜度是指桑叶保持新鲜的程度，通常用失水率来表示，失水越快越多，则桑叶保鲜度越低；反之失水慢并少，则桑叶保鲜度好。在片叶、条桑叶在不同贮藏方法下，利用同一时间的重量差，计算出失水率。

三、材料及器具

1. 材料：片叶、条桑叶。

2. 器具：电子天平 1 台、塑料薄膜 12 张、蚕箔 12 只、烘箱 1 台。

四、实验方法

1. 片叶保鲜度的测定

(1) 称两区等量的片叶，记录其质量(W_1)。

(2) 一区的片叶平摊在蚕箔内，另一区的片叶下垫并上盖塑料薄膜平摊在蚕箔内，两区片叶平摊的面积与厚度相同。

(3) 每隔一定时间用电子天平称取各区片叶的质量(W_2)。

(4) 计算两种贮藏方法各贮藏时间的片叶保鲜度。

$$片叶失水率(\%)=\frac{W_1-W_2}{W_1}\times 100$$

2. 条桑叶保鲜度的测定

(1) 取同一批条桑若干根，采下枝条上的桑叶。称量(A_1)，然后放入烘箱内 110℃烘至恒重，称量(A_2)。计算鲜条桑叶的含水率 F_1：

$$F_1(\%)=\frac{A_1-A_2}{A_1}\times 100$$

(2) 取同一批条桑，大致等量分成两区，一区的条桑直接平摊在蚕箔内，另一区的条桑下垫并上盖塑料薄膜，平摊在蚕箔内，两区条桑平摊的面积和厚度相同。

(3) 放置一定时间后，分别采下条桑上的桑叶，称量(B_1)，然后放入烘箱内110℃烘至恒重，称量(B_2)。

(4) 计算。

$$\text{条桑叶失水率}(\%)=\left(F_1-\frac{B_1-B_2}{B_1}\right)\times 100$$

五、作业或思考题

1. 计算各实验法的条桑叶失水率，比较塑料薄膜覆盖、贮藏时间及其贮藏方法对桑叶保鲜度的影响，分析其原因及规律。

2. 结合养蚕生产实际，简要论述提高桑叶保鲜度的有效措施。

实验七

人工饲料无菌育

一、实验目的

桑蚕是以生产茧丝为目的而饲养的，饲料为桑叶，但是随着人工饲料的开发使无菌饲养成为可能，因此，作为实验材料和方法对于研究诸如营养、生理、遗传及病理等十分有利。通过本实验了解桑蚕人工饲料设计、人工饲料养蚕技术方案。

二、实验原理

人工饲料养蚕是蚕业生产上的一项技术革新，它打破了家蚕自然饲养的限制，推动着家蚕营养生理学的发展。人工饲料的组成及各自含量不同直接影响养蚕成绩。针对当前现状，以降低饲料成本为主要目标，设计人工饲料养蚕方案并进行人工饲料育养蚕实验，以桑叶育为对照，通过调查疏毛率、眠蚕体重、第12天起蚕率和眠蚕率等指标，判断人工饲料的养蚕效果。

三、材料、器具及试剂

1. 材料：桑叶粉、脱脂豆饼粉、脱脂大豆粉、马铃薯淀粉、玉米粉、混合无机盐、混合维生素、卡拉胶、琼脂粉等。

2. 器具：玻璃培养皿、20 cm×14 cm×3 cm塑料盘、光照培养箱、人工气候箱、超净工作台、试管、加湿器、高压灭菌器、保鲜袋、塑料饲育盒、镊子、收蚁用具等。

3. 试剂：维生素C、防腐剂、氯霉素、桑色素、柠檬酸、畜用维生素、没食子酸、氯化胆碱、β-谷甾醇。

四、实验方法

1. 设计饲料配方

以表3-1为人工饲料基础配方，设计出自己的人工饲料配方。

表3-1　家蚕人工饲料组成　　(单位：g)

饲料组成	小蚕用	大蚕用	广食性品种用
桑叶粉	35	25	4
脱脂豆饼粉	35	36	35.5
淀粉	7.5	7.5	0
玉米粉	0	7.5	30
蔗糖	7.5	7.5	0
脱脂米糠	0	0.3	9.5

续表

饲料组成	小蚕用	大蚕用	广食性品种用
大豆油	0.2	0	2.0
植物固醇	0.3	0.2	0.2
菜子粕	0	0	5.0
纤维素	2.0	2.0	0
柠檬酸	1.0	1.5	3.1
维生素 C	0.5	1.0	1.0
肌醇	0	0.5	1.0
混合维生素	微量	微量	0.2
混合无机盐	2.0	2.0	2.5
琼脂	7.5	7.5	0
卡拉胶	0	0	5.0
防腐剂	1.5	1.5	1.0

2. 人工饲料的配制

(1) 按配方组成称量。

(2) 在研钵中充分混合。

(3) β-谷甾醇因不溶于水,需用少量乙醇溶解。

(4) 待全部混合后加 β-谷甾醇溶解液,再加水。

3. 成型和灭菌

桑蚕的饲料需要一定的硬度。成型方法因饲料而异,切片给饵时以琼脂为成型剂,平面饲料不需切片,通常以淀粉为成型剂。

(1) 称取研钵中研磨混合的饲料到培养皿中。

(2) 加入 2.2 倍水,此时注意因纤维素含量而变化。

(3) 塑料容器饲育时,将饲料放在薄膜中压平,大小因饲育容器而异,注意厚度。

(4) 放入灭菌器。

(5) 117℃灭菌 45 min。

(6) 将灭菌的饲料放入无菌操作台备用。

4. 人工饲料无菌育方法

(1) 全龄 1 回育:①在灭菌操作台内以无菌操作法将灭菌饲料放入培养皿或塑料盒内;②将在灭菌试管内孵化的蚁蚕放入无菌操作台;③打开饲料容器盖,将无菌蚁蚕各 10 头放入培养皿,或在塑料盒各放入 20 头(小型)或 40 头(大型)无菌蚁蚕,上加网(网孔 12 mm),加盖密闭;④从无菌操作台中取出,无菌蚁蚕放入无菌饲育箱内约饲育 25 d(因温度而异);⑤熟蚕在网上结茧。

(2) 全龄 2 回育:又可分为 1～3 龄 1 回育、4～5 龄 1 回育,或 1～4 龄 1 回育及 5 龄 1 回育。①从收蚁到 4 龄或 5 龄与前相同;②4 龄或 5 龄起蚕时准备新鲜调料放入饲育容器;③在无菌操作台内更换饲料(分箔);④放入无菌箱内继续饲养到熟蚕结茧。

(3) 全龄 3 回育:采用试管育法。因饲料易干燥,不能以同一饲料长期饲养,故以全龄3 回育饲育。①试管中放入饲料,灭菌后放入无菌操作台;②取下灭菌栓,用接种针在每一试管内放入无菌蚁蚕 50 头,盖上灭菌栓(收蚁);③放入恒温器(25～29℃);④第 12 天作成新的饲料,放入试管,灭菌;⑤灭菌后的饲料放入无菌操作台,每一试管内放入蚕 15～16 头,盖上灭菌栓,放入恒温恒湿器饲育；⑥同样的方法，在5龄起蚕时换饲料，最后在每一试管中饲养1～2头至结茧。

五、作业或思考题

1. 记录并分析实验结果。
2. 在实验结果的基础上提出改进的人工饲料养蚕技术方案。

实验八

各种蔟具的上蔟方法

一、实验目的

通过实际操作掌握各种蔟具的上蔟技术，了解各种蔟具的主要优缺点和不同蔟具与蚕茧品质的关系。

二、实验原理

家蚕老熟后就要吐丝营茧，所营蚕茧的产量和质量受很多因素影响，特别是蔟具、上蔟方法、上蔟密度和气象环境条件。通过调查不同上蔟方法的结茧率、上茧率、双宫茧率、横营茧率及各种不良茧的数量，比较其结果。

三、材料及器具

1. 材料：熟蚕。
2. 器具：方格蔟、塑料折蔟、蜈蚣蔟、蚕箔、覆蔟网、塑料薄膜、给桑架、蚕架、麻绳。

四、实验方法

1. 方格蔟回转上蔟法

上蔟方式有平上、竖上和横上 3 种。

(1) 平上：先在地上摊一张塑料薄膜，将蔟片平放在塑料薄膜上，每蔟片撒上熟蚕约 150 头，经 10～20 min，熟蚕立足已定，即将蔟片插入回转蔟架内，10 蔟片插满后，就可悬空挂起。

(2) 竖上和横上：先将蔟片插入架内，然后把蔟竖立或横放，再将熟蚕投放在蔟片之间，待熟蚕登上蔟片后，蔟架水平拉起。蔟架悬挂的方法：用两条麻绳，每条绳上设有 4 只铅丝钩，把绳的一端固定在蔟室的搁栅上，两条绳间的距离等于蔟架的长度。悬挂时，将蔟架两端的螺丝轴分别放入两条麻绳的铅丝钩内，以防转动，一般挂 4 层，先上的可挂在下面，待清场后，将它移拉到上层，下层再供另一批熟蚕上蔟。蔟架悬挂以后，约经 1 h，熟蚕已能攀牢蔟片，再取制动器。由于熟蚕有向上爬的习性，蔟的重心随着蚕的上爬而变化，当上重下轻时，蔟架就自动回转，经过几次转动，熟蚕一般都能寻到空格作茧。如遇上蔟头数过多，有少数找不到营茧位置时，则到进孔基本结束时，将少量孔外蚕捉出，另行上蔟。此外，搭蔟架时，应将蔟片与窗成垂直方向排列，以利通风。

2. 折蔟、蜈蚣蔟上蔟法

先在蚕箔内（芦帘也可）铺好垫纸，放好折蔟或蜈蚣蔟，折蔟要把两端用草绳固定在蚕箔边上，以免搬动时滑动。上蔟时将熟蚕用手均匀撒在蔟具上即可。一般掌握蜈蚣蔟每平方米上熟蚕 450～500 头，折蔟每平方米上熟蚕 350～400 头。也有自动上蔟法，此法是利用熟蚕有向上爬的习性，在蚕座上放上蜈蚣蔟或折蔟，使蚕自动爬上蔟，爬上一定头数后，把蔟挂起，最后拾去少量迟熟蚕另行上蔟。

3. 上蔟效果比较

采茧后调查各种蔟具的上茧率、双宫茧率、横营茧率和各种不良茧的数量。

五、作业或思考题

分析不同蔟具的优缺点，列表写出各种蔟具上蔟调查报告。

实验九

现行蚕品种原种特征的识别

一、实验目的

通过对现行蚕品种原种的卵、幼虫、茧、蛹等的观察，加深对蚕品种性状的认识，特别是日本系统品种和中国系统品种两大系统品种主要性状的区别。

二、实验原理

起源于中国的家蚕，在传播到世界各地后，由于长期地理隔离，彼此间没有遗传物质的交流，为了适应当地的自然环境，逐渐形成了不同的地理系统品种。不同地理系统品种的卵、幼虫、蛹及成虫的特征不同。

三、材料及器具

1. 材料：本地区现行蚕品种各原种的框制蚕种、壮蚕、蚕茧、蚕蛹等活体材料（或标本）。
2. 器具：二重皿。

四、实验方法

对实验材料进行如下项目的仔细观察比较并准确记载。

（1）卵色、每蛾产卵数、每蛾不良卵数。

（2）壮蚕体色、体型、斑纹。

（3）茧形、茧色、缩皱。

（4）蛹体色、体型。

五、作业

将观察到的结果填入表3-2中。

表3-2 家蚕品种原种特征调查表

品种名	系统	蚕卵			幼虫			蚕茧			蚕蛹	
		卵色	卵数	不良卵数	体型	体色	斑纹	茧形	茧色	缩皱	体型	体色

实验十

蚕种生产计划的编制

一、实验目的

了解蚕种生产计划的重要性和生产计划的安排。掌握蚕种生产计划的编制方法。

二、实验原理

蚕种繁育是按生产发展需求，根据"以销定产"的原则来组织生产，计划性很强；又因我国蚕种生产是分级繁育的，生产周期相当长，而蚕种的有效贮藏时间又短，用途单一，超过冷藏期限的蚕种就要报废。蚕种生产多了就易造成浪费，少了又不能满足生产的需要，因此蚕种生产开始以前，必须从各方面做好周密、细致、充分、准确的准备，以免造成不应有的损失。另外，蚕种繁育系数也是拟定蚕种生产计划的依据之一。

蚕种繁育系数是指一个蛾区或1 g蚁量所生产的蚕种数。一般有3种：原原种的繁育系数，是指原原母种收蚁蛾区平均生产的原原种蛾数；原种的繁育系数，是指每克蚁量原原种所生产的28蛾框制原种张数；普通种的繁育系数，是指每克蚁量原种所生产的散卵或平附种的盒(张)数。

三、实验方法

1. 确定计划生产量

根据本单位签订供种合同书的任务，在此基础上增加3%预备量作为计划生产量。

2. 计算原蚕饲育蚁量

根据计划生产量和繁育系数，算出原蚕饲育蚁量。

3. 计算原种数量

根据原蚕饲育蚁量，再按每张原种收蚁量的3.5～4 g，算出所需原种数量，再加5%～10%的预备量，即为实际的原种数量。

4. 计算原原蚕蚁量数

根据原种数，按各品种的原种繁育系数估计出各品种应该饲养的原原蚕蚁量数。

5. 计算原原种蛾数

根据每克原原蚕蚁量所需的原原种催青蛾数(10～12蛾)，即可算出原原种需要的蛾数。再加上10%的预备量，就是实际所需的原原种蛾数。

6. 计算出饲育的母种蛾数

按饲育一蛾的繁育蛾数(25～32蛾)可得该蛾数。

7. 计算出母种的催青蛾数

按原原种收一蛾的催青蛾数(2～3蛾)可算出繁育一定量的普通种所需的原原母种的催青蛾数。

四、作业或思考题

计划生产871蚕种3万张普通种，需要原种、原原种、原原母种各多少？

实验十一

发蛾预定调节表的编制

一、实验目的

学习发蛾预定调节表的编制方法。

二、实验原理

现行家蚕茧育用的种是中国系统品种和日本系统品种的一代杂交种。家蚕良种繁育中要达到杂交彻底的目的，就必须使对交品种的雌雄蛾达到同日大致等量羽化。因为中国系统品种、日本系统品种的全程经过不同，所以将全程经过长的品种从出库、收蚁、上蔟、羽化往后推，确定出羽化日期；全程经过短的品种定在同一日羽化，再向前推算出上蔟、收蚁、出库，确定出该品种的出库日期。

三、材料

对交蚕品种的品种名、发育经过数据、饲育计划蚁量。

四、实验方法

1. *发蛾预定调节表的编制办法*

(1) 参考对交品种的发蛾习性、克蚁头数和生命率，决定对交品种的催青分批和蚁量比例。

(2) 根据对交品种的全期经过，先拟定全期经过长的品种的出库催青月日，填入表 3-3 内。

(3) 根据该品种的催青、幼虫期、蛹期经过日数，推算出收蚁、上蔟、发蛾月日，一一填入表 3-3 内。

(4) 将另一全期经过短的品种的发蛾月日与全期经过长的品种定为同一日，填入表 3-3 内。

(5) 根据发育经过短的品种的蛹期、幼虫期、催青经过日数，向前倒推算出上蔟、收蚁、催青月日，一一填入表 3-3 中。

表 3-3 发蛾调节预定表

批次	品种	蚁量	月日 / 发育																		
			预定																		
			实际																		
			预定																		
			实际																		

2. 在编制过程中需要注意的事项

(1) 对交品种催青分批时应考虑到品种的发蛾习性。一般中国系统品种发育齐，含多化性血统的夏秋用蚕品种发育更是齐快，应分批。

(2) 决定对交品种的蚁量比例时应考虑到克蚁头数和生命率。一般日本系统品种克蚁头数较少，生命率较低，因此，中国系统品种和日本系统品种的蚁量以 100∶110 为宜。

(3) 决定对交品种的出库日差时应考虑到季节的差别。春期气温逐日上升、迟出库的品种会生长发育快，易赶前；而秋期气温逐日下降，迟出库的品种会生长发育慢，易推迟。因此，必要时出库日差可增减 1 d。

五、作业或思考题

编制发蛾预定调节表。

实验十二

熟蚕结茧率的调查

一、实验目的

掌握熟蚕结茧率的调查方法。

二、材料及器具

1. 材料：一块已可采茧的蔟箔或蔟帘(本实验可结合养蚕及良种繁育综合实习进行)。
2. 器具：采茧用的小塑料筐 4 个。

三、实验方法

把供试的一块蔟箔(或蔟帘)上的蚕茧全部采下，并进行分类，调查上茧、双宫茧、薄皮茧、烂茧、蛆孔茧的颗数。同时，调查蔟中的不结茧蚕、病死蚕(区分其中的僵蚕和蝇蛆蚕)、裸蛹的头数。根据调查数据计算对上蔟头数的熟蚕结茧率。

$$\text{熟蚕结茧率}(\%)=\frac{\text{结茧头数}}{\text{各类总茧数}+\text{蔟中各类蚕总数}}\times 100$$

四、作业或思考题

将调查数据填入表 3-4 内，并计算对上蔟头数的熟蚕结茧率。

表 3-4　熟蚕结茧率调查表

茧的种类	粒数	蚕的种类	头数
上茧		不结茧蚕	
双宫茧		病死蚕	
薄皮茧		裸蛹	
烂茧		蝇蛆蚕	
蛆孔茧		僵蚕	

注：结茧头数应包括上茧、双宫茧×2、蛆孔茧、蝇蛆蚕、僵蚕，因为寄生蝇寄生和僵菌寄生与蚕的生命力无关

实验十三

种茧质量检验

一、实验目的

家蚕种茧质量直接关系到蚕种的产量和质量。所有种茧必须按照农业部《桑蚕一代杂交种》(NY 326—1997)、《桑蚕一代杂交种检验规程》(NY/T 327—1997)的规定,进行质量检验,合格后才能参与制种。通过本实验,要求掌握种茧品质调查方法,以便今后能组织进行种茧品质调查工作。

二、材料及器具

1. 材料:一个饲育区的种茧。
2. 器具:磅秤、天平、削茧刀等。

三、实验方法

种茧品质调查,是以饲育区为单位进行调查的。具体调查内容如下。

1. 调查时间

以上蔟开始,春季 7 足天,秋季 8 足天。若是发育快的品种,可提前 1 d 调查。

2. 收茧量调查

将被调查的饲育区除薄皮茧、烂茧外的全部种茧称重,称得该区总收茧量,根据该饲育区蚁量计算出克蚁收茧量。

3. 抽样茧

除双宫、薄皮、烂茧外,逐箔(或隔箔)随机抽取一些样茧,数量各箔大致相等,共抽取样茧约 5 kg。

4. 公斤茧粒数调查

将样茧充分混合后,摊平,取对角线,从中随机称取 1 kg 样茧,数出公斤(千克)茧粒数。

5. 健蛹率调查

在公斤茧粒数调查后随机抽取 200 粒茧,全部削开并检查每粒茧内的蛹体,将病死蚕、病死蛹、半脱皮蚕、半脱皮蛹、不化蛹蚕(毛脚)等死笼分别放置计数,凡伤蛹、僵蚕、僵蛹、蝇蛆都不算死笼。统计出死笼茧粒数,算出健蛹数,计算健蛹率。在调查死笼时,如有多层茧、破风茧、棉花茧时,要调查并计算其百分率,若超过 2%就要整区淘汰,因为它们有遗传性。

$$健蛹率(\%)=(健蛹数/调查茧粒数)\times 100$$

6. 茧质调查

在每区削好的 200 粒茧中,分别鉴别出雌、雄各 50 粒茧,再分别称出它们的全茧量、茧层量，计算其茧层率。

$$\text{茧层率}(\%)=(\text{雌雄平均茧层量}/\text{雌雄平均全茧量})\times 100$$

注意：以上所调查的项目中，如果公斤茧粒数、健蛹率有一项没达到部颁标准，就需再调查一次，算出平均数，看是否达到达到部颁标准，若还是未达到，该批种茧就必须淘汰。

四、作业或思考题

记录调查结果，填写表3-5。

表3-5　种茧调查成绩报告表

组别	品种	茧质						
		公斤茧粒数	全茧量/g	茧层量/g	茧层率/%	健蛹率/%	伤蛹率/%	蝇蛆率/%

实验十四

蛹体发育观察及发蛾调节

一、实验目的

了解蛹体色与蛹龄发育的关系，掌握发蛾调节方法和注意事项。

二、实验原理

蛹体发育受环境影响很大，在种茧保护期如果出现，对交品种发育开差大，上蔟日差与预定日差不一致时，就应在种茧期对蛹体发育进行观察并做好发蛾调节工作，否则就会发生倒雌蛾现象，极大影响蚕种产量。通过观察调节致使两对交品种同时等量发蛾，保证每批有新鲜雄蛾交配，减少二交，提高质量，增加产量。

三、材料

一对交品种的雌、雄蚕蛹。

四、实验方法

1. 蛹的发育观察

从对交品种每日上蔟的种茧中各抽样 50～100 粒，削茧后鉴别雌雄，分别置于种茧保护室中，每日上午、下午定时观察，根据蛹体复眼、触角、体色等的着色程度，对照比较蛹体发育情况，决定升降温度。蛹体色与发育进度大致如下：复眼开始着色，表明蛹龄经过 1/2 时间；复眼呈浓黑色，表明蛹龄经过 2/3 时间；触角浓黑色，表明再过 2～3 日就发蛾；蛹体变软，体色转为土色并出现皱纹，表明中国系统品种次日见蛾，日本系统品种隔一日出蛾。

注意事项：

(1) 在调查样茧的同时，也要对群体进行观察，做到样茧与群体相结合。

(2) 在调查品种间的发育比较时，要考虑各品种的特点。

中国系统品种：体色偏淡，容易看嫩。

日本系统品种：体色偏深，容易看老。

(3) 还应考虑品种间的蛹龄经过时间的差异。

日欧系统品种：蛹龄经过 17～19 d。

含多化血缘品种：蛹龄经过 13～15 d。

中国系统品种：蛹龄经过 16～18 d。

2. 发蛾调节

发蛾调节主要是以上蔟数量、日差为依据来调节。一般有温差调节和种茧冷藏调节两种。

(1) 温差调节(利用升降温度调节):在调节过程中,主要是根据蛹体发育观察结果,把发育快的品种适当降低保护温度,把发育慢的品种适当提高保护温度,以利达到同日、等量发蛾。具体如下:①上蔟到发蛾期间,为21～27℃,每升降1℃,可提前或延迟1 d发蛾,每升降2℃可提前或推迟2 d发蛾;②复眼着色到发蛾期间,温差2℃可调节一日,越后温差越大,越不易调节。因此,发现越早,越好调节,从上蔟起就开始调节最好。

(2) 冷藏调节:最好不要冷藏,因为,冷藏后往往会降低发蛾率,对雌蛾的产卵量有很大的影响,增多不产卵蛾,增加不受精卵。但对交品种间的日差与预计日差相差太大,估计在种茧期不可能调节到同日发蛾时,就只能用此法进行调节。即把发育过快的用冷藏种茧的方法进行抑制。不过,在采用此法时,一定要注意以下几方面。①冷藏时期:一是在化蛹后第2～3 d,复眼开始着色时,二是在发蛾前1～2 d。出入库在早晚进行,避开高温时间。②冷藏时间:雌蛹2～3 d,雄蛹4～5 d。③冷藏温度:2.5～7.5℃,以5℃最适当。④冷藏后应提早感温、感光(光线要足),促使羽化齐一。

(3) 发蛾调节的注意事项:①各批种茧要作出对照表,包括上蔟箔数和日差、采茧箔数、种茧量、雌雄箔数。②掌握对交品种发蛾习性:中国系统品种发蛾快而集中,1 d可发蛾35%～40%,5 d左右可发蛾完。因此,应做好雄蛾留尾工作,以部分雄蛾降温抑制,延迟发蛾。日本系统品种发蛾慢而不齐,1 d可发蛾25%～30%,7～8 d结束。因此,应做好雄蛾提头工作,取少数雄蛾加温,促使早发蛾。③调节时的目的温度与实际温度一定要相符。④高温调节时注意补湿。⑤种茧调节到制种调节贯彻始终。⑥随时观察并修订计划,防止调节过头。

五、作业或思考题

1. 为什么要掌握蛹体色与蛹龄之间的关系?
2. 如何做好种茧期的发蛾调节?

实验十五

母蛾微粒子的检查方法

一、实验目的

通过实验学会并掌握母蛾微粒子孢子的检查方法。

二、材料、器具及试剂

1. 材料:待检装盒母蛾。
2. 器具:显微镜(600 倍)、乳钵、乳棒、镊子、载玻片、盖玻片。
3. 试剂:2% KOH 溶液、盐酸。

三、实验方法

本实验采用常规母蛾检查方法进行母蛾微粒子孢子检查。具体操作程序如下。

(1) 拆盒:从底面拆开蛾盒,用镊子取蛾,一蛾一孔地将母蛾顺序放入乳钵孔内,每付乳钵下放上蛾盒编号。

(2) 磨蛾:每孔加约 1 mL 的 2% KOH 溶液,放 1 根乳棒。用乳棒对准蛾体胸腹部用力研磨,磨细为止。注意不要将研磨液溅入周围的孔内。

(3) 点板:将号票夹在点板的右下角,载玻片平放在上面。按蚕种号逐张逐蛾对号点板,点板时乳棒先在孔内搅一下,再点在载玻片上,液滴大小 0.6~0.7 cm 为好,一板全点完后盖上盖玻片即可镜检。

(4) 初检:初检时对每个标本仔细观察有无微粒子孢子,至少需检视 3~5 个镜面。初检结果记入检种单,发现孢子的卵圈,标红色"+"号,无毒卵圈标"-"号,空圈标"0"。

(5) 复检:根据初检结果进行复检。先将初检无病蛾圈按号点在小瓷盘中,然后混合点板复检,每个标本至少检视 5~10 个镜面,如发现微粒子孢子,则初检员须重新点板镜检。对初检已检出微粒子孢子的蛾圈,需单独点板复检。

(6) 微粒子病蛾率:根据检查结果,按下式计算出该批母蛾的微粒子病蛾率。

微粒子病蛾率(%)=病蛾数/镜检蛾数×100

(7) 洗涤:复检完毕后,用具要认真清洗。对有病蛾圈的乳钵、乳棒、载玻片、盖玻片等,需浸入浓盐酸中 15 min 消毒后再清洗,对无病蛾圈的乳钵、乳棒、载玻片、盖玻片等可直接用清水冲洗清洁。对检种用具、检种台、室内地面全部打扫整理清洁,检种室地面需消毒一次。

四、作业或思考题

根据镜检结果计算出病蛾率,并填写检验单(表 3-6)。

表 3-6　母蛾检验单

场名			蚕种批次		蚕种名			蚕种号码	
1	2	3	4	5	6	7	8	9	10
11	12	13	14	15	16	17	18	19	20
21	22	23	24	25	26	27	28	29	30
31	32	33	34	35	36	37	38	39	40
有病蛾数		无病蛾数		空蛾圈数		病蛾率			

实验十六

蚕种即时浸酸孵化法

一、实验目的

蚕种人工孵化法使越年卵在年内孵化、收蚁时间可以任其自由确定，这样促进了养蚕时期和养蚕模式的多样化。各蚕期生产的越年蚕种，凡需要继续饲养时，都可采用即时浸酸孵化法。通过本实验掌握即时浸酸孵化法的标准、方法及注意事项。

二、实验原理

滞育卵通过接触一定时间的低温（5℃）能解除滞育，也可通过盐酸处理解除滞育。即时浸酸孵化法，是指在产卵后的一定时间内，给越年卵以浸酸刺激处理，停止其滞育进程，使其继续发育至孵化的方法。目前生产上即时浸酸孵化法分别为加温即时浸酸和室温即时浸酸，施行刺激量标准如表 3-7 和表 3-8 所示。

表 3-7　加温即时浸酸标准

化性	施行时期产卵后 24℃保护经过时间/h	盐酸密度/(mg/cm³)	液温/℃	浸酸时间/min	
				中国系统品种	日本系统品种
二化	15～25	1.075	46	5	5.5

注：杂交种以母本为标准

表 3-8　室温即时浸酸标准

化性	施行时期产卵后 24℃保护经过时间/h	盐酸密度/(mg/cm³)	浸酸时间/min		
			液温 24℃	液温 27℃	液温 29℃
二化	10	1.11	60～70	40～70	40
	15		60～80	60～80	40～50
	20～25		60～100	60～80	40～50

三、材料、器具及试剂

1. 材料：产卵经过 20 h 左右的蚕种。

2. 器具：500 mL 烧杯、恒温水浴锅、浸酸用温度计和密度计、秒表、木钳子（或竹筷）、100 mL 量筒、10 mL 量筒、脱水槽（或用塑料盆、1000 mL 烧杯）等。

3. 试剂：盐酸、甲醛原液。

四、实验方法

即时浸酸实验分组进行，以每组 3 人为宜，每人浸酸 1 次。

1. 加温即时浸酸法

(1) 配制盐酸稀释液 400 mL。在室温(20℃左右)下可先配制成密度为 1.085 mg/cm^3 的稀释液加温至 46℃时密度约为 1.075 mg/cm^3。为防止浸酸中蚕卵从蚕连纸上脱落，在盐酸溶液中加入总液量 2%的甲醛原液(8 mL)。

$$稀释液总量中的原液(\%)=\frac{目的密度-1}{原液密度-1}\times 100$$

(2) 将配制好的盐酸放入烧杯中，再将烧杯放入已升温的恒温水浴中，待盐酸溶液温度达到 46℃时，再调整盐酸溶液的密度约为 1.075 mg/cm^3。在盐酸溶液温度达到比标准温度高 0.1～0.2℃时，即可开始浸酸。

(3) 用木削钳子夹住蚕种并浸入盐酸中，同时按下秒表计时。将蚕种在盐酸中轻轻移动，使蚕卵和盐酸液均匀接触。

(4) 蚕种浸入盐酸后，1 min 测温度 1 次。如发现液温比标准高或低 0.5℃，则应缩短或延长，5 s 浸渍时间。

(5) 浸渍时间一般为日本系统品种为 5.5 min，中国系统品种为 5 min。在浸渍目的时间到达前 5 s 左右提起蚕种，滤去盐酸后立即放入脱水槽(烧杯)中脱去浓酸。

(6) 然后将蚕种放入塑料桶，在流水中脱酸约 0.5 h，直至完全脱去酸味。

(7) 将蚕种在晾种室内晾挂干燥后，在合理的环境中催青，经 9～10 d 开始孵化。

2. 室温即时浸酸法

(1) 配制盐酸稀释液 400 mL。在室温下配制成密度为 1.11 mg/cm^3(浓度为 22%左右)的稀释液。为防止浸酸中蚕卵从蚕连纸上脱落，在盐酸溶液中加入总液量 2%的甲醛原液(8 mL)。

(2) 将配制好的盐酸放入烧杯中，即可开始浸酸。

(3) 用木削钳子夹住蚕种并浸入盐酸中，同时计时。将蚕种在盐酸中轻轻移动，使蚕卵和盐酸液均匀接触。

(4) 浸渍时间依据胚胎发育程度和当时室温，对照表 3-8 确定。在浸渍目的时间到达时提起蚕种，滤去盐酸后立即放入脱水槽(烧杯)中脱去浓酸。

(5) 然后将蚕种放入塑料桶，在流水中脱酸约 0.5 h，直至完全脱去酸味。

(6) 将蚕种在晾种室内晾挂干燥后，在合理的环境中催青，经 9～10 d 开始孵化。

五、作业或思考题

1. 准确调查逐日孵化蚕头数，计算逐日孵化率、总孵化率、实用孵化率。
2. 比较加温即时浸酸孵化法和不加温即时浸酸法的优缺点。

实验十七

蚕种浴消的方法

一、实验目的

通过实验，掌握框制种浴消的技术。通过参观，了解蚕种场的散卵蚕种浴消过程。

二、材料、器具及试剂

1. 材料：实验用框制蚕种或科研用框制蚕种 50 张左右。

2. 器具：消毒用镀锌铁皮套箱(内箱盛消毒药液、外箱盛热水)、浴种木板、排笔、大浴盆(脱药和浴洗用)、脱水机及温度计、时钟等。

3. 试剂：甲醛原液 2000 mL。

三、实验方法

1. 框制种浴消

(1) 按浴种计划整理好蚕种，20～30 张 1 扎，用绳子松松地十字捆扎好。在卵面消毒前先在清水中浸渍，使蚕连纸吸透水，再用脱水机脱水。

(2) 用 20℃左右的温水配好浓度 2%的甲醛消毒液，注入内箱中(注意不能太满，以防蚕种放入后药液溢出)。外箱水温以 23℃为宜。

(3) 将脱水后的蚕种顺次垂直排放在内箱，不要太挤，使药液能均匀接触卵面。

(4) 消毒标准是药液温度 20℃，浸渍时间 40 min。在此过程中，翻种 1 次，测温 2 次。

(5) 消毒后立即将蚕种放入清水中脱药，约需 30 min。

(6) 脱药后将蚕种逐张放在浴种木板上，用排笔带水浴洗正反面，清除卵面的脏物(如蛾尿、鳞毛等)，再用清水漂洗干净。

(7) 脱水，在晾种室悬挂或平摊于蚕箔中晾干。

2. 参观蚕种场散卵浴消

于 11 月下旬至 12 月上旬，蚕种生产单位浴消时安排参观蚕种的浴消程序。

四、作业或思考题

根据蚕种浴消实验和参观讨论浴消的意义及技术要点。

参 考 文 献

缪云根，顾国达. 2001. 蚕桑学实验指导. 杭州：浙江大学出版社：34～106

第四部分　家蚕遗传育种学实验

家蚕遗传育种学是研究家蚕重要经济性状的遗传变异规律及选育家蚕新品种的技术、方法的一门学科。该门课程既具有很强的理论性,同时又紧密联系实践,要求学生掌握家蚕遗传育种相关的实验技术。通过本课程的实验,使学生掌握家蚕品种实验室鉴定的基本方法和相关数据的调查与计算、家蚕抗病育种的原理和添毒实验的方法、家蚕若干重要经济性状的遗传分析技术、突变基因连锁分析的几种方法。从而培养学生分析和解决问题的能力。

实验一

家蚕品种经济性状的比较实验

一、实验目的

根据有关规定，鉴定、评价新选育蚕品种(组合)的丰产性、稳产性、适应性、抗逆性、茧丝质及其他重要特征特性，为蚕品种审定和推广提供科学、客观的依据。

二、实验原理

通过对比较实验所得数据的整理、统计、分析、归纳，可以为育种者确定育种目标和技术路线提供必要依据。实验的基本原理是通过设置对照种、设置重复区、严格做到条件一致，从而取得蚕品种的真实生产性能。

三、材料、器具及试剂

1. 材料：实验品种和对照品种各 1 对，每对品种正、反交各 1 张(每张 28 蛾圈)。

2. 器具：电子秤、计算器、记载表、养蚕匾、塑料折蔟。

四、实验方法

1. 蚕种催青

采用高温催青，催青前蚕卵自冷库取出，在 13～15℃的中间温度保护 1～2 d，使起点胚胎达丙$_2$时才加温催青。丙$_2$-戊$_2$胚胎，催青温度 22℃、相对湿度 75%，室内自然感光；戊$_3$-己$_4$胚胎，催青温度 25～26℃、相对湿度 80%，感光 18 h；转青期进行黑暗保护，温度 25～26℃、相对湿度 80%；收蚁当日早晨 5 时左右开始感光。

2. 实用孵化率

收蚁后，次日上午 10 时左右将蚕卵烘死，每一品种正交、反交各调查 7 蛾(一列)，用红墨水点数孵化蚕卵数(即收蚁当日与次日的孵化卵数)和未孵化蚕卵数，按下式计算出实用孵化率。

$$实用孵化率(\%)=\frac{两日孵化卵数(粒)}{调查总卵数(粒)}\times100(保留 2 位小数)$$

3. 稚蚕饲育

每对品种分别收蚁 1.5 g，饲育到 4 龄饷食一足天内数取 5 区蚕，每区 400 头，作为 4 龄起蚕基本蚕头数。

4. 壮蚕饲育

普通育，每日给桑 3 回。4 龄采用粗切叶或片叶，5 龄采用片叶，温度以(24.5±0.5)℃，相对湿度 70%左右。每日除沙一次,保持蚕座清洁与干燥。

5. 调查记载项目

蚁蚕习性、克蚁头数、龄期经过、习性观察、生命力调查。

6. 蚕茧调查

终熟后第 7 天采茧、采茧时应拣除蔟中病毙蚕并记载数量。收茧与采茧同时进行。先将蚕茧按普通茧、屑茧、同宫茧分类点数粒数,分别称准各类茧的重量,三类茧的合计重量则为该区的总收茧量。屑茧包括穿头茧、印烂茧、薄皮茧、绵茧、畸形茧等。与此同时,调查普通茧公斤茧粒数。

(1) 蔟中病毙减蚕头数:包括病死蚕、不结茧蚕、裸蛹、吐少量丝但不成茧形的烂死茧蚕。

(2) 普通茧质量百分率:按下式计算。

$$\text{普通茧质量百分率}(\%)=\frac{\text{普通茧质量(g)}}{\text{总收茧量(g)}}\times 100\text{(保留 2 位小数)}$$

(3) 茧形、茧色、缩皱。

茧形:分别以椭圆、束腰、浅束、榧子形等和整齐、不齐表示。

茧色:分别用白色、米色、竹色等和驳杂、洁净、欠洁净、滞浊等表示。

缩皱:分别用粗、中、细和均匀或不匀等表示。

(4) 茧质调查:每区随机取样约 60 颗普通光茧,切剖雌雄各 25 颗。

全茧量:先分别称雌茧与雄茧各 25 颗的重量,求得雌茧与雄茧的全茧量而后计算雌雄平均全茧量,保留 2 位小数。

茧层量:茧层是指有缫丝实用价值的茧壳部分,调查方法同全茧量,保留取 3 位小数。

茧层率:雌雄平均茧层率为雌雄平均茧层量占雌雄平均全茧量的百分比,保留 2 位小数。计算公式:

$$\text{雌雄平均茧层率}(\%)=\frac{\text{雌雄平均茧层量(g)}}{\text{雌雄平均全茧量(g)}}\times 100$$

(5) 死笼率。

屑茧死笼头数:切剖全部屑茧,观察调查死蛹数。

同宫茧死笼头数:切剖全部同宫茧,调查死蛹数。

普通茧死笼头数:逐粒轻摇每颗茧子,如有类似死笼茧的半化蛹、死蛹及死蚕等,应切开调查,并分别记载类型(如死蛹、死蚕、半化蛹、毛脚蚕等)。与品种健康性无关的硬化、蝇蛆、刀伤、出血蛹,不应作为死笼头数计列。

$$\text{死笼总头数}=\text{屑茧死笼头数}+\text{同宫茧死笼头数}+\text{普通茧死笼头数}$$

$$\text{死笼率}(\%)=\frac{\text{死笼总头数}}{\text{结茧头数}}\times 100\text{(保留 2 位小数)}$$

(6) 4 龄起蚕结茧率与虫蛹率:综合蚕期与蛹期成绩,按以下公式计算出 4 龄起蚕结茧率与虫蛹率,保留 2 位小数:

$$\text{4 龄起蚕结茧率}(\%)=\frac{\text{结茧蚕数}}{\text{结茧蚕数}+\text{4}\sim\text{5 龄病蚕数}+\text{蔟中病蚕数}}\times 100$$

$$\text{虫蛹率}(\%)=\text{4 龄起蚕结茧率}\times(1-\text{死笼率})$$

五、作业或思考题

请将你的调查结果进行汇总,并分析比较实验品种和对照品种的优劣。

实验二

家蚕突变基因的连锁分析与定位

一、实验目的

家蚕突变基因的连锁分析和染色体定位是家蚕遗传学研究的重要内容之一。对于新发现的或尚未定位的家蚕突变基因，研究者的首要任务是对突变基因进行连锁分析，确定了该基因的连锁群后，再通过两点或三点测验，将该突变基因定位于染色体相应位点上。本实验要求学生掌握家蚕突变基因连锁分析和基因定位方法。

二、实验原理

1. 家蚕突变基因的连锁分析

Tanaka(1913)发现了蚕的连锁遗传，进一步分析发现家蚕雌表现为完全连锁，这是家蚕连锁遗传的最大特点，也是进行家蚕突变基因连锁分析的重要理论依据。通过将突变基因分别与家蚕 28 个连锁群上的标记基因进行杂交，调查分析杂交后代的分离情况，确定其所属连锁群。除第一连锁群上的基因可根据正反杂交结果是否表现伴性遗传模式判定是否连锁外，其余连锁群通常采用以下方法。

(1) 相引时，将 F_1 雌与双隐性雄测交，调查 BC_1 代的表型分离比，如 BC_1 代仅有 2 种亲本型，且成 1∶1，则为连锁遗传；如有 4 种表型，且成 1∶1∶1∶1，则为独立遗传。

(2) 相斥时，由 F_1 自交得到 F_2，调查 F_2 代的分离情况，如 F_2 代仅有 3 种表型，无双隐性个体出现，则为连锁遗传；如 F_2 代出现 4 种表型，且成 9∶3∶3∶1，则为独立遗传。

2. 家蚕突变基因的定位

基因在染色体上呈线性排列，基因定位就是测定基因间的距离和排列顺序，它们之间的距离用交换值来表示，通过计算交换值确定它们之间的距离和排列顺序。基因定位最常用的方法是三点测验，即通过用三对等位基因的杂合体与三隐性亲本测交，同时确定三对基因在染色体上的位置。

三、材料及器具

1. 材料：由于测交群体的配制周期较长，前期亲本饲养、杂交和测交由任课老师完成，上课时为学生提供用于连锁分析和基因定位的材料组合。学生分组进行实验，4～6 人一组，每个小组的实验材料为：连锁分析组合为 1 个单蛾区的 5 龄 3 d 幼虫，基因定位组合为 3～5 蛾区 5 龄 3 d 幼虫。

连锁分析材料组合：$(L+/L+\times+sk/+sk)F_1♀\times+sk/+sk♂$。

基因定位材料组合：$++sk/++sk♀\times(++sk/++sk\times L\,Spc+/+++)F_1♂$。

注：上述材料组合中基因符号对应的突变体为：枝蚕(*sk*)、褐圆斑(*L*)、小斑点(*Spc*)。

2. 器具：表型调查记录表、铅笔、计算器等。

四、实验方法

1. 枝蚕(*sk*)的连锁分析

对($L+/L+\times+sk/+sk$)F_1♀×$+sk/+sk$♂测交组合后代的幼虫按照表型分类，分别计数，估算分离比，判定基因间的连锁关系。

2. 枝蚕(*sk*)的基因定位

调查$++sk/++sk$♀×($++sk/++sk\times L\,Spc+/+++$)$F_1$♂测交组合后代的性状分离情况，并按照表型分别计数，将调查结果记录在表4-1中。

表4-1 *sk*、*L*、*Spc* 的三点测验结果记录表

表现型	交换类型	个体数
++*sk*		
L Spc +		
+*Spc* +		
L+*sk*		
+++		
L Spc sk		
+*Spc sk*		
L++		
总数	—	

根据调查结果，计算基因间的交换值，计算公式如下。

$$\text{交换值}(\%)=\frac{\text{交换型个体数}}{\text{总个体数}}\times100$$

五、作业或思考题

1. 三点测验中为什么单交换值都要加上双交换值？
2. 根据调查结果，绘制 *sk*、*L*、*Spc* 3个基因的连锁图谱。

实验三

应用分子标记分析家蚕品系多态性及基因连锁关系

一、实验目的

应用分子标记对家蚕不同品系的基因组DNA进行多态性分析，筛选出品系间表现多态性的分子标记。利用两个不同品系间的多态性标记，对其杂交F_1雌与隐性雄的测交组合后代中不同表型个体进行检测，获得与突变基因连锁的分子标记，确定突变基因所在连锁群。本实验要求掌握应用分子标记分析家蚕品系多态性，以及利用分子标记分析基因所属连锁群的实验操作方法。

二、实验原理

分子标记是反映生物个体或群体间基因组DNA序列差异的遗传标记。利用分子标记对家蚕不同品系的基因组DNA进行PCR扩增和扩增产物电泳，可直观地将家蚕不同品系间的差异通过电泳条带反映出来。

利用家蚕雌完全连锁遗传规律，用杂交F_1雌与隐性亲本雄测交配制BC_1群体，用亲本间表现多态性的分子标记对BC_1群体不同表型的个体进行基因型分析，如果该标记与目的基因连锁，则BC_1中相同表型的个体将扩增出一致的带型，且一种带型与两亲本间表现隐性的带型一致，另一种带型与杂交F_1的带型一致。

三、材料、器具及试剂

1. 材料

(1) 不同家蚕品系的个体基因组DNA。

(2) 暗化型(*mln*)突变体与C108的基因组DNA，以及(*mln*×C108)F_1♀×*mln*♂群体中突变型和正常型的个体基因组DNA各10个。

(3) 5个SSR分子标记的引物。

2. 器具：移液器、吸头、PCR扩增仪、电泳仪、电泳槽、Bio-Rad凝胶成像分析系统等。

3. 试剂：$MgCl_2$、10×Buffer、dNTPs、r*Taq* DNA聚合酶、琼脂糖等。

四、实验方法

1. 不同家蚕品系间的多态性分析

用5个分子标记，分别对不同家蚕品系的个体基因组DNA模板进行PCR扩增，扩增产物用1.5%琼脂糖凝胶电泳，EB染色后用Bio-Rad凝胶成像分析系统拍照。通过分析电泳条带，进行多态性位点统计。

PCR反应条件为：

94℃ 4 min

94℃ 40 s ⎫
56℃ 1 min ⎬ 37个循环
72℃ 1 min ⎭

72℃ 10 min

12℃ forever

2. 暗化型(*mln*)突变体的连锁分析

如实验方法1，在暗化型(*mln*)和C108品系间进行多态性筛查，获得二者间有多态的分子标记。利用多态性分子标记在(*mln*×C108)F_1♀×*mln*♂群体的突变型和正常型个体中进行基因型分析，获得与暗化型(*mln*)连锁的分子标记，确定暗化型(*mln*)突变体所属连锁群。

五、作业或思考题

1. 利用分子标记技术进行基因连锁分析有哪些优点？
2. 如何判定某个分子标记是否与目的基因连锁？其理论依据是什么？

实验四

家蚕茧质性状广义遗传力估算

一、实验目的

茧质性状是家蚕的重要经济性状，一直是家蚕遗传育种研究的重要选择对象。茧质性状为数量性状，其表现有遗传因素，也有环境因素。数量遗传研究中引入了遗传力这一概念，遗传力是生物群体表现型变异中归属于遗传变异部分所占的比率，利用数量统计学的研究方法对遗传力进行估算，分析遗传因素和环境因素对表现型的影响。通过本实验，要求了解和掌握家蚕全茧量、茧层量等茧质性状遗传力估算的理论依据和方法。

二、实验原理

生物性状的表现型受基因与环境的共同作用，因此性状的表型值是基因型值和环境效应之和。生物的性状变异通常用方差来度量。在假定生物基因型与环境各自独立的前提下，将广义遗传力定义为遗传方差在表型方差中所占的比例。

本实验利用基因型一致的 P_1、P_2、F_1 不分离世代的表型方差作为环境方差来估算广义遗传力。由于 P_1、P_2、F_1 的基因型是一致的，因此其基因型方差理论上为零，则表型方差均是环境影响导致的，都等于环境方差。就一对基因而言，在 F_2 代中，1/4 个体为 P_1 基因型，1/4 个体为 P_2 基因型，1/2 个体为 F_1 基因型，则 $V_E = 1/4\ V_{P_1} + 1/2\ V_{F_1} + 1/4\ V_{P_2}$。广义遗传力的计算公式为：

$$H^2(\%) = \frac{V_G}{V_P} \times 100 = \frac{V_{F_2} - V_E}{V_{F_2}} \times 100$$

三、材料及器具

1. 材料：在相同环境下饲养 P_1、P_2、F_1 和 F_2，结茧后随机取各世代化蛹 5～6 d 的鲜茧供茧质性状调查。实验材料由任课老师提供，实验分组进行，每组 4～6 人，每组随机抽取各世代鲜茧 100 粒进行实验。

2. 器具：电子秤、蚕茧分离器、单面刀片、铅笔、计算器、调查记录表等。

四、实验方法

1. 各世代单粒茧的全茧量和茧层量调查

用单面刀片削茧，倒出蚕蛹并鉴别雌雄，用电子秤分别称量全茧量和茧层量，蚕皮计入蛹体重，各世代分别称量雌、雄各 30 粒，将称量结果记入调查记录表。

2. 各世代全茧量和茧层量方差的计算

根据各世代全茧量和茧层量的调查结果，用以下公式分别计算雌、雄全茧量和茧层量的方差。

平均值：$M=\frac{x_1+x_2+\cdots+x_n}{n}$（$x_1$、$x_2$、…、$x_n$ 表示具体调查数据，n 表示数据个数）

方差计算公式：$V=\frac{(x_1-M)^2+(x_2-M)^2+\cdots+(x_n-M)^2}{n}$

3. F_2 代全茧量和茧层量广义遗传力计算

根据得到的 P_1、P_2、F_1 和 F_2 各世代全茧量和茧层量的方差，计算 F_2 代全茧量和茧层量的广义遗传力。

五、作业或思考题

1. 试计算 F_2 代茧层率的广义遗传力。

2. 遗传力是数量遗传研究的重要遗传参数，通过估算遗传力，可反映亲代与子代间的什么关系？

实验五

家蚕抗病性(NPV)的遗传分析

一、实验目的

通过对家蚕抗病性(NPV)的遗传分析,掌握剂量对数和死亡率概率关系曲线 (LD-*P* 线)分析方法,根据群体内抗性个体与感性个体的分离状态,从而判断抗性由何种基因控制。

二、实验原理

以 LD_{50} 作为衡量各品种抵抗性强弱的尺度,采用机值分析方法(probit analysis),运用剂量对数和死亡率概率关系曲线 (LD-*P* 线),以亲代、F_1、F_2 及回交后代的 LD-*P* 曲线形状作为依据,进行抗病性的遗传分析。

三、材料、器具及试剂

1. 材料及其具体来源。

(1) 遗传材料的配制:选出有代表性的抗性品种和敏感性品种,单蛾纯化,再进行抗性鉴定,从中筛选出抗性差异最大的抵抗系 N46(R)和敏感系 C38(S)作为杂交亲本。配制成下列遗传材料。

R

S

S×R

R×S

(R×S)×R

R×(R×S)

(R×S)× S

S×(R×S)

(R×S)F_2

(S×R)F_2

(2) 桑叶:采自西南大学桑园。

2. 器具:显微镜、移液器、吸头、玻璃棒、细胞计数板、5 mL 离心管、离心管架、打孔器、一次性手套、统计表格、笔等。

3. 试剂及配制:NPV 病毒,接种 NPV 于 5 龄蚕,发病后割尾足取病液,高速离心提纯,用细胞计数器测定原液浓度,然后按 10 倍系列稀释成 5 个梯度。蒸馏水为空白对照。

四、实验方法

(1) 攻毒方法:采用定量经口添食法,以 4 龄起蚕为材料,包括清水对照共设 6 个浓度,每个浓度 2 个重复,每区 30 头。选取适熟无皱桑叶,用打孔器将桑叶打成直径 3 cm 圆块,然后用移液器定量注射病毒液在桑叶背面(每片桑叶 50 μL 多角体病毒液),用玻璃棒涂匀,稍干后喂蚕。每区 4 片,攻毒 24 h 后,再正常饲育。

(2) 统计方法:为了防止二次感染,调查时间应选在发病个体皮肤破裂、流脓之前。因此,在攻毒后第 3 天逐条进行镜检,计算发病率(反应率)。按每区添食的病毒量和头数,将病毒浓度换算成剂量。

(3) 根据《家蚕遗传育种学》表 16-1,将反应率换算为概率值。

(4) 绘制 LD-*P* 线。

五、作业或思考题

1. 抗性遗传分析模型有哪几种类型?各有什么特点?
2. 根据所得到 LD-*P* 线说明其遗传组成。

参考文献

陈克平,林昌麒,姚勤. 1996. 家蚕对核型多角体病的抗性及遗传规律的研究. 蚕业科学,22(3):160~164

代方银,童晓玲,胡海,等. 2009. 家蚕体形突变新缢蚕(*co-n*)的遗传分析与基因定位研究. 蚕业科学,35(1):13~17

代方银,童晓玲,马艳,等. 2009. 家蚕新突变楔形眼纹(*Wes*)的遗传与基因定位研究. 蚕业科学,35(2):236~240

加德纳 E J. 1987. 遗传学原理. 杨纪珂,汪安琦译. 北京:科学出版社

孟智启. 1982. 家蚕对核型多角体病的抗性遗传规律的研究. 蚕业科学,8(3):133~1383

向仲怀. 1994. 家蚕遗传育种学. 北京:中国农业出版社

向仲怀. 2005. 蚕丝生物学. 北京:中国林业出版社

中国科学院青藏高原综合科学考察队. 1992. 横断山区昆虫. 1 册. 北京:科学出版社:108

钟文勤,周庆强,孙崇潞. 1985. 内蒙古草场鼠害的基本特征及其生态对策. 兽类学报,5(4):241~249

朱勇,鲁成,陈萍,等. 1998. 家蚕对核型多角体病毒 (NPV)抗性的遗传学研究. 蚕业科学,20(2):100~103

Abell B C. Nucleic acid content of microsomes. Nature,1956(135):7~9

Dai F Y,Qiao L,Tong X L,et al. 2010. Mutations of an arylalkylamine-N-acetyl transferase,Bm-IAANAT,are responsible for silkworm melanism mutant. Journal of Biological Chemistry,285(25):19553~19560

Qiao L,Xiong G,Wang R X,et al. 2014. Mutation of a cuticular protein,*BmorCPR2*,alters larval body shape and adaptability in silkworm,*Bombyx mori*. Genetics,196:1103~1115

Tanaka Y. 1913. Gametic coupling and repulsion in the silkworm,*Bombyx mori*. The Journal of the College of Agriculture,Tohoku Imperial University,Sapporo,Japan,5(5):115~148

第五部分　家蚕病理学实验

家蚕病理学是特种经济动物饲养蚕学专业的一门必修课，该课程实验是家蚕病理学课程的一个重要组成部分和重要的学习环节。根据课程要求及学习对象的不同，实验分三个层次，即验证性实验、综合性实验和设计性实验，第一个层次是提供已准备好的实验材料，由学生学习和认识蚕病的病症、病变和病原，第二个层次提供基本的实验材料由学生自行操作并观察分析实验结果，第三个层次是提供实验任务由学生独立设计蚕病防治实验方案。通过实验课的学习进一步巩固和加深对家蚕病理学理论课程内容的理解，培养学生具有识别蚕病的种类和诊断蚕病的基本能力，掌握家蚕病理学实验的基本手段和基本技能，包括对病原微生物形态大小的测定和病原浓度的测定等，并具有能初步设计蚕病防治实验研究方案且能予以实施的能力。

实验一

家蚕血液型脓病的诊断

一、实验目的

认识家蚕血液型脓病病原多角体特征及其主要病症和主要组织器官的病理变化；掌握该病的识别及检验方法。

二、材料、器具及试剂

1. 材料：新鲜病蚕标本、浸渍病蚕标本。

2. 器具：显微镜、解剖镜、载玻片、盖玻片、酒精灯、二重皿，洗瓶、火柴、大镊子。

3. 试剂及配制：苏丹Ⅲ染色液（将苏丹Ⅲ饱和于95%的乙醇中，过滤备用）；乙醇·乙醚混合液[等量(V/V)的无水乙醇和乙醚混合]；75%乙醇[无水乙醇：蒸馏水（无菌水）＝19：5 (V/V)]。

三、实验方法

1. *血液型脓病的病症*

取血液型脓病病蚕活体标本进行视诊。初患病蚕病症不明显，病重蚕则表现出该病特有的典型病症：体色乳白，环节肿胀，狂躁爬行，体壁易破，流出乳白色脓汁而死，该病因发病时期不同，还出现不眠蚕、起节蚕、高节蚕、脓蚕、斑蚕。可取病蚕浸渍标本进行观察。

2. *血液型脓病的组织病变及病理检验*

血液型脓病病蚕组织病变主要有血液、气管皮膜细胞、脂肪组织、体壁真皮细胞等。

(1) 血液：重病蚕血液混浊成乳白色，先用75%的乙醇对蚕体表进行消毒，再用解剖剪剪去蚕尾角或腹脚，取血液1滴滴于清洁载玻片上，加上盖玻片后放在600倍的显微镜下进行镜检，可看到大小为2～6 μm、比较整齐的、边缘具有光辉的多面结晶体（即多角体）。多角体多为六角形或四角形，偶有三角形和大小不一的变异体，此多角体为本病的病原多角体，即家蚕核型多角体(BmNPB)。

(2) 脂肪组织：病蚕脂肪体细胞核被该病病毒寄生、增殖后多角体和细胞核及脂肪球游离于血液中，很易与多角体混淆，镜检时可采用以下两种方法进行鉴别。

脂肪染色剂苏丹Ⅲ染色：取少量病蚕血液制成血液涂片，阴干后，滴加少许苏丹Ⅲ染色液，5 min后水洗，加盖玻片进行镜检，在视野中脂肪球为橙色或橙红色的圆球，多角体则不着色。

乙醇·乙醚混合液溶解脂肪球：先制成血涂片阴干后，在涂片上加一滴乙醇·乙醚混合液，待蒸发干后加水一滴，盖上盖玻片进行镜检，视野中脂肪球被溶解消失，剩下的全是多角体。

(3) 真皮细胞:以普通解剖法剖取体壁真皮组织一小块于载玻片上,加水一滴后盖上盖片,在 600 倍显微镜下进行镜检,可清楚见到被病毒寄生的真皮细胞由于核内充满了多角体而显得特别膨大,最后细胞破裂,多角体释放进入血液,故该病病蚕的体壁易破裂。

(4) 气管皮膜细胞:同上法剖取支气管放在载玻片上,在 600 倍显微镜下能看到气管皮膜细胞核受病毒寄生后充满多角体显得特别膨大,最后细胞也破裂,观察最细、最尖端的支气管末梢。

四、作业或思考题

1. 绘制核型多角体形态图。
2. 为什么用苏丹Ⅲ染色液和乙醇·乙醚混合液可区别核型多角体和类似物。

实验二

家蚕中肠型脓病的诊断

一、实验目的

认识家蚕中肠型脓病的病原多角体特征及其主要病症和主要组织器官的病理变化；掌握该病的病理检验方法。

二、材料、器具及试剂

1. 材料：新鲜病蚕、病蚕中肠浸渍标本。

2. 器具：显微镜、解剖器、载玻片、盖玻片、酒精灯、二重皿、洗瓶、乳钵、火柴、大镊子。

3. 试剂及配制。

1 mol/L HCl：将 82 mL HCl（HCl 37%）用蒸馏水定容至 1000 mL。

三、实验方法

1. 中肠型脓病的病症

该病病蚕的病程长，群体发育显著不齐，大小开差大，体躯瘦小，常呆伏于蚕座四周或蚕沙中，大蚕感染本病时体色灰白，外观胸部半透明呈空胸状，表现起缩、下痢等症状，初病时排褐色粪，以后排绿色粪，病重时则排白色黏液。

2. 中肠型浓病的器官组织病变及病理检验

本病的器官组织病变主要是消化管。

（1）消化管：将病蚕用解剖器从背中线剖开，如无解剖器可用手指从第 3 腹节至第 4 腹节之间的环节处撕开，可见后部中肠有乳白色横纹，随病势增进，乳白色的病变部分向前扩展，最后可扩至全部中肠。用解剖剪取后部乳白色中肠一小块，放在载玻片上，加灭菌水少许，用盖玻片轻压或用解剖针压烂中肠，在 600 倍显微镜下能看到大小不齐的多角体。为鉴别多角体可采用以下两种方法进行处理。

a. 将病蚕中肠取出，把乳白色部分水洗磨碎，涂于载玻片上制成涂片，放在空气中阴干，在涂片上加 1 mol/L HCl 几滴，至全部湿润为度。几分钟后，水洗后盖上盖玻片镜检，类似颗粒被盐酸溶解消失，多角体不溶解。

b. 将上面的磨碎液涂于载玻片上制成涂片，放在空气中阴干，滴 1%的曙红液染色 5～10 min，水洗后盖上盖片镜检，多角体被染成红色。

（2）排泄物与肠液：病重蚕有乳白色黏液排出，用手分别挤压病蚕尾部与胸部，挤出排泄液和肠液。将此乳白色黏液滴于载玻片上，若过干或过浓时，可滴加少许无菌水调匀，盖上盖玻片后于 600 倍显微镜下镜检，能看到六角形、不正四角形及三角形的多角体。此多角体与血液型脓病多角体的主要区别是：此多角形直径为 0.5～10 μm，大小不整齐，形状不规则，有大量的四角形和三角形多角体。

四、作业或思考题

1. 如何从形态上区别质型多角体和核型多角体并图示。
2. 简要说明质型多角体与类似物的鉴别法。

实验三

家蚕病毒性软化病的诊断

一、实验目的

认识家蚕病毒性软化病的主要病症及主要组织器官的病理变化，掌握该病的病理检验方法。

二、材料、器具及试剂

1. 材料：活病蚕标本。

2. 器具：显微镜、解剖器、载玻片、盖玻片、二重皿、洗瓶、接种针、吸水纸、酒精灯、大镊子、火柴。

3. 试剂及配制：无水乙醇、冰醋酸、氯仿、吡罗红、甲基绿、pH4～4.5 磷酸缓冲液、pH7 的磷酸缓冲液、卡诺氏固定液（无水乙醇 6 mL＋氯仿 3 mL＋冰醋酸 1 mL）。

三、实验方法

1. 病毒性软化病的病症

感病蚕发育不齐、眠起不齐、个体间大小开差大。主要病症有起缩和空头两种，还有缩小、下痢和吐液等症状。起缩蚕在饷食后 1～2 d 内发病，食桑少甚至完全停止食桑；在群体中体色灰黄不转青，体壁多皱，有时吐液，排黄褐色稀粪或污液而死。空头症状是在各龄盛食期出现，食桑少，体色失去原有青白色，胸部稍膨大，半透明略带暗红色，渐次全身透明，排稀粪或污液，病蚕易向蚕箔四周爬散，死前吐液，死后尸体软化。

2. 病毒性软化病的病理检验方法

病毒性软化病的主要病变组织器官是消化管。

(1) 消化管：病蚕解剖后消化管不呈乳白色，内腔空虚，充满黄绿色半透明肠液。剪取中肠中部组织一小块进行镜检，肠壁细胞内无多角体，是区别于中肠型脓病的主要特点。

(2) 肠液与排泄液：挤压病蚕胸部与尾部，挤出肠液与排泄液，病蚕肠液多为褐色，少为无色，但无乳白色。取肠液与排泄液作成临时标本，在 600 倍显微镜下检查，肠液与排泄液内存在大量细菌，发病初期的双球菌较多，到后期除双球菌外还混有杆菌。

(3) 中肠上皮细胞：切取病蚕中部消化管，最好是腹部 4～6 环节处消化管 2～3 mm，用水洗净，然后在 pH7 的磷酸缓冲液中浸泡，再放在载玻片上用小镊子轻轻打压成菌片。用卡诺氏固定液滴于其上固定 1～2 min，轻轻水洗，然后用吡罗红及甲基绿溶液染 5～10 min，水洗后即可盖上盖玻片镜检，可见在圆筒形细胞的中央有染色的圆形细胞核，靠近核的细胞质处有吡罗红染成的 A 型球状体，以及靠近体腔一侧的细胞质内有 B 型球状体，B 比 A 大，均呈桃红色球形或椭圆形的包涵体。

四、作业或思考题

1. 简述病毒性软化病与中肠型脓病在消化管上病变的区别。

2. 画出 A、B 型球状体在细胞内着生位置图。

实验四

家蚕浓核病的诊断

一、实验目的

认识家蚕浓核病的主要病症及主要组织器官的病变;掌握该病的病理检验方法。

二、材料、器具及试剂

1. 材料:活病蚕标本。

2. 器具:显微镜、解剖器、载玻片、盖玻片、二重皿、洗瓶、接种针、吸水纸、酒精灯、大镊子、火柴。

3. 试剂:纯乙醇、冰醋酸、氯仿、甲基绿、pH7的磷酸缓冲液。

三、实验方法

1. 浓核病病蚕的病症

蚕群发育不齐,病蚕食桑减少或停止食桑,爬向蚕座四周不动,体软无力,尾部无粪粒或下痢,有时排褐色链珠状粪,死时吐水。表现有空头和起缩症状,空头蚕体色淡红发亮;起缩蚕体色污褐,皮肤皱缩,缩小而死。

2. 浓核病的病理检验方法

本病的组织器官病变主要是消化管。

(1) 消化管:病蚕解剖后消化管不白不肿,中肠瘦细,肠壁薄而透明,呈黄褐色;肠内空虚,几乎没有食下的桑叶碎片,而是充满黄褐色或黄绿色半透明的消化液。剪取中肠后部组织一小块进行镜检,肠壁细胞内无多角体。

(2) 肠液与排泄液:挤压病蚕胸部与尾部,挤出肠液与排泄液作成临时标本,可见肠液为黄褐色或黄绿色,排泄液为黄褐色或褐色,但无乳白色。将临时标本在600倍显微镜下检查,可见大量细菌但无多角体。

(3) 中肠上皮细胞:切取病蚕后部中肠2～3 mm,水洗后于pH7的磷酸缓冲液中浸泡,再放在载玻片上压成糜状,用卡诺氏固定液固定1～2 min;水洗后用焦宁-甲基绿染色5～10 min,水洗后盖上盖片在600倍显微镜下镜检,可见病蚕的圆筒形细胞核显著膨大,被染成蓝绿色,而正常蚕的圆筒形细胞核较小,被染成绿色,细胞质被染成红色。

四、作业或思考题

1. 简述浓核病病蚕消化管与中肠型脓病蚕消化管的区别。

2. 画出浓核病病变细胞染色后的形态图。

实验五

家蚕细菌性败血病的诊断

一、实验目的

认识常见败血病的病症；认识常见败血病的病原，掌握家蚕细菌性败血病病原菌的检验方法。

二、材料、器具及试剂

1. 材料：黑胸败血病及灵菌败血病病蚕；黑胸败血病及灵菌败血病菌种。

2. 器具：显微镜、擦镜纸、载玻片、盖玻片、酒精灯、火柴、接种针、吸水纸、洗瓶、二重皿、大镊子。

3. 试剂：香柏油、二甲苯、结晶紫染色液、碘液、曙红染色液、无菌水。

三、实验方法

（一）常见败血病的病症

细菌侵入蚕血液内引起的蚕病称为败血病，病蚕临死时停食、呆滞、稍吐水或排软粪，初死蚕胸部膨大，节间紧缩，略似菱形，有暂时尸僵现象，后逐渐体软、变色，变色后全身柔软扁瘪，腐败发臭，仅剩几丁质外皮，稍经振动即流出污液。常见败血病有黑胸败血病和灵菌败血病两种。

(1) 黑胸败血病病蚕：死后不久，首先在胸部背面或腹部1～3环节出现黑褐色尸斑，尸体很快扩展变黑，最后全身腐烂充满黑褐色污液，蛹、蛾死后均成黑色。

(2) 灵菌败血病病蚕：尸体变色较慢，有的在体壁上出现淡褐色的小圆形尸斑，当尸体组织开始解离时，体色呈红色，以后尸体全身呈红色为其特征。一经振动，流出红色污液。蛹、蛾死后均呈红色。

（二）败血病病原菌及其检验方法

1. 病原菌

(1) 黑胸败血菌：属芽孢杆菌，菌体大小为：3 μm×(1～1.5) μm，菌体两端钝圆，周身鞭毛，革兰氏阳性菌，在菌体一端形成椭圆形芽孢。琼脂培养基上呈灰白色，大多有皱褶的菌落。

(2) 灵菌：属小杆菌，大小为(0.6～1.0) μm×0.5 μm，周身鞭毛，不形成芽孢，革兰氏阴性菌。琼脂培养基上呈不透明较厚的圆形红色菌落。

2. 检验方法

(1) 普通检验：将黑胸败血和灵菌败血病蚕体表用75%乙醇消毒，滴一滴血液于消毒的载玻片上，注意血液的颜色，盖上盖玻片在显微镜下镜检活菌的形态。

（2）革兰氏染色：将上述两种败血病的纯菌种制成涂片，在空气中阴干，酒精灯上固定染色，染色步骤为：①结晶紫染色 1 min，水洗；②碘液染色 1 min，水洗；③载玻片斜置，用 95%乙醇冲洗 20 s，水洗，并用吸水纸吸于水；④曙红复染 1 min，水洗，吸水纸吸干；⑤镜检观察。

四、作业或思考题

绘制黑胸败血病及灵菌败血病病原菌形态图。

实验六

家蚕猝倒病的诊断

一、实验目的

认识猝倒病的病症、病原形态及特征；掌握猝倒病的检验方法。

二、材料、器具及试剂

1. 材料：猝倒病病蚕活标本及浸渍标本。

2. 器具：显微镜、解剖器、接种针、载玻片、盖玻片、洗瓶、二重皿、酒精灯、大镊子、火柴、吸水纸、擦镜纸。

3. 试剂：香柏油、二甲苯、孔雀绿、番红液、灭菌水、0.3%有效氯漂白粉液、2%有效甲醛液；孔雀石绿染色液（5 g 孔雀石绿用乳钵研磨细加 160 mL 蒸馏水充分溶解，过滤即可）；番红染色液（2 g 番红，加 100 mL 蒸馏水，充分溶解后过滤即可）。

三、实验方法

1. 猝倒病病蚕的病症

蚕吃下大量的猝倒菌及毒素后，经数十分钟乃至数小时内发病，蚕停止食桑，前半身昂起呈苦闷状，以后发生痉挛性颤动，体躯麻痹，侧卧而死。初死体色不变，胸部略膨大，尾部空虚向内卷缩，手触尸体有硬块。约 24 h 腹部 4～6 环节呈黑褐色，以后形成两头软，中间硬症状，尸体变黑腐烂，头部缩入呈钩嘴状。

2. 猝倒菌的形态及特征

猝倒菌是产生芽孢和菱形伴孢晶体的杆菌，菌体两端为圆形，大小为(1～1.5)μm×(4～6)μm，周身鞭毛，菌体多排成短链状，革兰氏阳性菌。

取培养两天的猝倒菌作成涂片 3 片，待干后，一片喷洒含有效氯 0.3%的漂白粉液，另一片喷 2%甲醛溶液，剩下一片喷清水作对照，经 30 min 在显微镜下观察结果。

3. 猝倒菌的检验方法

将刚死的猝倒病蚕，剥开中肠皮膜少许，用接种针蘸取胃液制成涂片，阴干、固定。用孔雀石绿加热染色 10 min，水洗后再用番红液染色 2～3 min 水洗，吸水纸吸干水，盖上盖玻片放在 600 倍以上的显微镜下镜检，观察猝倒菌营养体的形态。

再用接种针蘸取初死蚕胃液接种于细菌斜面培养基上，把培养基放在 24～26℃的温箱中培养 36 h 左右，取出制成涂片，阴干、固定。与上述相同的染色方法染色后于 1500 倍显微镜下镜检，观察猝倒菌的营养体、芽孢、菱形伴孢晶体的形态，并与初死蚕的胃液涂片进行比较。

四、作业或思考题

1. 简述漂白粉液对猝倒菌的消毒效果。
2. 比较初死蚕胃液制片和猝倒菌经过 36 h 培养后制片有何不同。
3. 绘图表示猝倒菌营养体、芽孢、伴孢晶体形态。

实验七

真菌病病原形态观察及病蚕的诊断

一、实验目的

认识僵病的病症；认识曲霉病的病症；观察白僵菌各发育阶段的形态；掌握载片培养技术。

二、材料、器具及试剂

1. 材料：白僵、黄僵、绿僵和曲霉病将死蚕；硬化病蚕尸体和长满菌丝、孢子的病蚕尸体；白僵菌种。

2. 器具：解剖剪、显微镜、载玻片、盖玻片、温箱、凹窝玻片、接种针、带橡皮头的小吸管、小木棍、酒精灯、火柴、二重皿、大镊子。

3. 试剂：1%甲醛溶液、香柏油、二甲苯、凡士林、灭菌水、马铃薯、豆芽培养汁液。

三、实验方法

（一）僵病蚕的病症

家蚕僵病由于病原菌种不同可分多种。临死时稍吐水、伸直、体软富有弹性。死后的尸体均有先软后硬现象，分生孢子长出前尸体有不同的颜色，待菌丝长出体外后，由于菌种的不同而长出各种颜色的分生孢子，使硬化的尸体变成白、淡黄、绿、黑不同的颜色，分别称为白僵病、黄僵病、绿僵病、黑僵病，现分别观察白僵、黄僵、绿僵、黑僵的病症。

1. 病斑

白僵蚕：有的病蚕体壁上出现不规则的褐色针状小病斑或在气门周围出现圆形褐色油浸状大病斑，有的病蚕不出现病斑。

黄僵蚕：在病蚕体表出现散发性的褐色至黑褐色细小油渍状病斑，在气门周围，胸腹足基部或尾部等处可能出现1～2个圆形或不正形褐色大病斑。

绿僵蚕：有时出现黑褐色不正形的轮状或云纹状大病斑。

2. 尸体体色

气生菌丝长出前的颜色：白僵蚕为乳白色；黄僵蚕为粉红色；绿僵蚕为乳白色。

3. 分生孢子颜色

白僵蚕为白色；黄僵蚕为淡黄色；绿僵蚕为绿色。

（二）曲霉病蚕的病症

蚁蚕感染后，呆滞，伏于蚕座下。死后体躯紧张，在孢子入侵部位出现缢束凹陷，经1 d后尸体上即能长出气生菌丝及分生孢子。大蚕发病时，蚕体上出现1～2个褐色大病斑。病斑质硬，位置不定，死前头部伸出吐液。死后病斑周围局部硬化，其他部位易腐烂变成黑褐色。

（三）蛹、蛾病症

蚕蛹发生僵病后形成僵蛹，茧又干又轻，像烘过的干茧。病蛹死前弹性显著减小，环节失去蠕动作用。死后胸部缩小，腹部皮肤皱缩，逐渐长出气生菌丝和分生孢子，但数量远不及蚕体上多，主要是由于茧内水分不足，温度低的原因。有的感病蛹还能羽化成蛾而改变成不同颜色的僵蛾，其尸体干瘪，翅足易于折断。

曲霉病蛹蛹体黑褐色，腹部松弛，丧失蠕动能力。死后，尸体渐次硬化，如蜡块状，接着体壁长出气生菌丝和分生孢子，其病蛾则在腹部长出气生菌丝和分生孢子。

（四）检查血液中的短菌丝

取将死病蚕，用75%乙醇进行蚕体消毒，然后再用解剖剪剪去尾角，滴1～2滴血液于清洁载玻片上，盖上盖玻片，置于600倍显微镜下镜检，可见血液中有浮游菌丝和各种形状的短菌丝，有的还有草酸钙、草酸镁、草酸铵的复盐结晶。

（1）白僵病：短菌丝为卵圆形或圆筒形，并形成菱形的草酸钙、草酸镁、草酸铵的复盐结晶。

（2）黄僵病：与白僵病相似。

（3）绿僵病：血液中形成大量短菌丝，其形状呈圆筒形或豆荚状且具数个隔膜。

（五）载玻片培养白僵菌

（1）取一洁净载玻片蘸取乙醇灼烧灭菌后，立即放入灭菌的培养皿中。

（2）取一灭菌的洁净载玻棒蘸取已熔化的真菌培养基少许，取出载玻片，立即涂在载玻片中央、再放入培养皿中。

（3）用灼烧灭菌的接种环蘸取少量白僵孢子，伸入培养皿中，均匀散布于载玻片的培养基上，放在25～28℃条件下培养，经过2～3 d即可观察。观察时将载玻片背面的水擦干，直接放在低倍镜下，可观察白僵菌的自然生长状态。若观察孢子着生等微细结构，可在样品上加一滴乳酚油，小心盖上盖玻片于高倍镜下观察。

四、作业或思考题

1. 简述白僵病及曲霉病的病症。
2. 绘制白、绿两种僵菌在血液中形成的短菌丝形态图。
3. 绘制白僵菌分生孢子、菌丝、分生孢子梗及短菌丝形态图。

实验八

家蚕微粒子病的诊断

一、实验目的

认识家蚕微粒子的形态特征及识别方法；认识家蚕微粒子病的病症及组织病变；掌握微粒子病的镜检技术。

二、材料、器具及试剂

1. 材料：1×10^7 粒/mL 的纯化家蚕微粒子孢子液、微粒子与僵病孢子混合液、微粒子与花粉粒混合液。

2. 器具：解剖器、显微镜、载玻片、检种研磨乳钵、研磨棒、检种板、酒精灯、大镊子、火柴、二重皿。

3. 试剂：2% NaOH、30%盐酸、番红染色液、三谷氏染色液、10% H_2O_2、0.1%亚甲蓝染色液、吉姆萨染色液。

三、实验方法

（一）家蚕微粒子的形状特征及识别方法

1. 形态特征

取 1×10^7粒/mL 的微粒子孢子液一滴于载玻片上，盖上盖玻片后于 600 倍显微镜观察，可以看到大小为(3.6～3.8)μm×(2.0～2.3)μm，折光性强，有淡绿色光辉的长卵圆形孢子。孢子表面光滑，中间隐约可见一根黑色的线状物。孢子活泼，多左右摆动，有时可见翻滚现象。

2. 识别方法

微粒子孢子的识别可根据其形态特征中的大小、折光性、线状物有无及孢子的动态进行识别。但识别中易与其他类似物混淆，常用下列方法可鉴别。

(1) 取微粒子孢子悬液制成涂片，加碱性番红染液染色 10 min，微孢子的原生质和核染成红色。

(2) 与僵病孢子的区别：取僵病孢子与微孢子混合液制成涂片。待干后观察其形态，观察后加入一滴 30% HCl，在 30℃温箱中处理 10～30 min，镜检可见其中微孢子消失，僵病孢子仍然存在。

(3) 与花粉粒的区别：取微孢子与花粉粒的悬液涂片，观察其形态，观察后加入三谷氏染色液染色，镜检可见微孢子不着色，花粉粒呈蓝色、脂肪球呈橙红色。

(4) 家蚕微粒子的死活鉴定。

a. 过氧化氢法：将家蚕微粒子用 10%过氧化氢(H_2O_2)处理，活孢子易放出极丝，处理 10 min

有一半左右的孢子放出极丝，处理 30 min，几乎所有的活孢子均放出极丝，如此时没有极丝放出的孢子则为死孢子。

b. 亚甲蓝染色法：用 0.1%亚甲蓝液对微粒子孢子进行染色，死孢子着色，活孢子不着色。

（二）家蚕微粒子病的病症及其组织病变

1. 家蚕微粒子病的病症

（1）蚕期病症：微粒子病是一种慢性传染病，病蚕发育开差大，迟眠迟起。多半蜕皮蚕、不蜕皮蚕、封口蚕、缩蚕及上蔟时的不结茧蚕。大蚕体表上有时可见细小黑褐色的胡椒状病斑，有的蚕体呈锈色。

（2）蛹期病症：蛹体上有黑斑，腹部松弛，严重时呈黑死蛹。

（3）蛾期病症：重病蛾表现有拳翅蛾、黑星蛾、焦尾蛾、秃蛾、大肚蛾、夹灰蛾等。

（4）卵期病症：病娥产卵少，卵形不正，有重叠卵，产附性不好，黏着力差，多为不受精卵和死卵。

2. 微粒子病的组织病变

微粒子除几丁质的外表皮、气管螺旋丝、前后消化管壁及细胞核等不寄生外，其他各组织的细胞皆能危害，本实验重点观察血液和丝腺。

（1）血液：取活蚕一头，用解剖剪剪去尾角滴一滴血在灭菌的载玻片上，盖上盖玻片。在 600 倍显微镜下观察血细胞，可在血细胞中发现微粒予孢子，重病蚕的血液中浮游着许多呈淡绿色光辉的椭圆形微粒子孢子。再用吉姆萨染色液染色 10～30 min，观察本色标本和染色标本。

（2）丝腺：重症微粒于病蚕，从背中线剪开，可见丝腺上有许多乳白色瘤状突起，挑取少许瘤状突起放在灭菌的载玻片上，盖上盖玻片后置于 600 倍显微镜下观察，可观察到许多具有淡绿色光辉的椭圆形微粒子孢子。

四、作业或思考题

1. 微粒子孢子与类似物及其死活如何鉴别？
2. 绘制微粒子孢子形态图。
3. 绘制被微粒子孢子寄生危害的血液、丝腺形态图。

实验九

多化性蚕蛆蝇病的诊断

一、实验目的

认识多化性蚕蛆蝇各阶段的形态特征，认识多化性蚕蛆蝇病蚕的症状，认识多化性蚕蛆蝇与麻蝇的区别。

二、材料及器具

1. 材料：多化性蚕蛆蝇各阶段（卵、幼虫、蛹、成虫）的浸渍标本，多化性蚕蛆蝇及麻蝇的干制标本。

2. 器具：解剖器、显微镜、载玻片、二重皿、灭菌水。

三、实验方法

1. 多化性蚕蛆蝇各阶段的形态特征

卵 长卵圆形，乳白色，上隆下扁，尖端稍尖，黏附于蚕体表。

幼虫(蛆) 由头部和12环节构成，圆锥形，淡黄色，头部有一对黑色角质口钩和两对突起感觉器，第2环节后端两侧有前部气门两对，第12环节呈切面状，有后部气门一对，第11环节腹面正中为深褐色肛门。

蛹 围蛹，圆筒形，初化蛹时为淡黄色，后变为深褐色，环节不明显，但仍可见口沟及后部气门的痕迹。

成虫 一般雄大雌小，由头、胸、腹3部分构成，胸部背面呈灰黄色，有黑色纵带状纹4条，外边两条较长，中间两条较短，雌蝇腹部末端钝圆，雄的稍尖。成虫外观由4环节组成，腹部背面第1～2节黑色，3～5节前半灰黄，后半黑色构成虎斑，4～5节后缘围生黑色粗长刚毛，肛尾叶呈三角形，橙黄色。

2. 多化性蚕蛆蝇病蚕、病蛹的病症

多化性蚕蛆蝇寄生危害蚕及蛹最明显的病症是幼蚕或蚕蛹的体侧形成大型的不规则黑褐色病斑，病斑初期上面附有蝇卵壳。一个蝇卵形成一个病斑，出现病斑的蚕，有时由于蛆体迅速成长，环节肿胀或弯曲，有的病蚕在上蔟前呈紫蓝色。取一头病蚕解剖病斑部位，观察蛆在蚕体内的寄生状态。

3. 多化性蚕蛆蝇与麻蝇的区别

(1) 触角形状。

(2) 胸部背面第1～2环节的纵带。

(3) 腹部背面1～5环节的形态和斑纹。

(4) 繁殖方式。

(5) 幼虫的生活方式。

四、作业或思考题

1. 简述多化性蚕蛆蝇在蚕体内寄生的状态。

2. 列表说明多化性蚕蛆蝇和麻蝇的主要区别。

实验十

球腹蒲螨的形态及病症观察

一、目的要求

认识球腹蒲螨的形态及球腹蒲螨病蚕、病蛹的病症；掌握球腹蒲螨玻片标本的制作技术。

二、材料、器具及试剂

1. 材料：球腹蒲螨病蚕、病蛹及球腹蒲螨玻片标本。

2. 器具：恒温箱、显微镜、载玻片、盖玻片、二重皿、酒精灯、烧杯、量筒、漏斗、小楷毛笔、加拿大胶瓶、火柴。

3. 试剂：阿拉伯树胶、水合氯醛、冰醋酸、葡萄糖浆、灭菌水。

三、实验方法

球腹蒲螨属卵胎生，一世代经过卵、幼螨、若螨、成螨 4 个变态发育阶段。卵、幼螨和若螨的发育阶段在母体内完成。刚产出的成螨为淡黄色，雌雄异体。本实验主要观察成螨。

1. 虱螨的形状

取球腹蒲螨的玻片标本，在显微镜下观察，识别雌、雄成螨和大肚雌螨的形态。

(1) 年轻成螨的外部形态：年轻成螨体形小，体长 0.1～0.25 mm，宽 0.082～0.092 mm，雄短于雌，淡黄色，雄螨呈椭圆形，雌螨呈纺锤形，头部上生有针状螯肢，雌雄成螨体躯由前体段和后体段构成。前体段由腭体段和前肢体段组成，后体段由后肢体段和末体段组成，生 4 对足，足末端有锐利的爪。

(2) 大肚雌螨的外部形态：年轻雌成螨寄生蚕体后，不断吸取蚕体血液中的养分，体内卵开始发育，末体段逐渐胀大呈球形，球形 1 mm 以上为大肚雌螨，有 4 对足。

2. 病症

蚕的病症：一般表现起缩、缩小、脱肛等症状。初病时，病蚕头部昂举、左右摆动麻痹痉挛、3 龄以上的大蚕尾部常被红褐色黏液污染。死后蚕尸体干枯变黑。

蚕蛹病症：虱螨最喜寄生化蛹前的嫩蛹，多寄生在蛹体腹面、节间膜等处，并出现较多的黑斑，不能羽化而死。

3. 球腹蒲螨玻片标本制作

取清洁载玻片放在桌上，将贝氏氯醛树胶液点滴在载玻片上，再用小楷毛笔取虱状螨置于此液中，盖上盖玻片，置 28℃恒温箱中，1～2 d 即可。

贝氏氯醛树胶的配制：灭菌水 26 mL，水合氯醛 16 g，阿拉伯树胶 15 g，葡萄糖浆 16 mL，冰醋酸 5 g。把阿拉伯树胶溶于水中，待稍冷后，再加其余药品，渐加热，以消毒细棉布用热漏斗过滤即成。

四、作业或思考题

1. 绘制雌、雄成螨及大肚雌螨形态图。
2. 简述球腹蒲螨病蚕、病蛹的病症。

实验十一

家蚕常见农药中毒症及其解毒效果观察

一、实验目的

认识常见农药中毒的症状；学习有机磷农药中毒的简易测定法；了解茶叶水和阿托品等药物对轻度农药中毒蚕的解毒效果。

二、材料、器具及试剂

1. 材料：桑叶、适龄蚕（5 龄蚕）。

2. 器具：烧杯、白瓷板、饲育箱、蚕筷、二重皿。

3. 试剂：杀虫双、敌敌畏、丙酮、β-乙酸萘酯、牢固兰盐、杀灭菊酯、阿托品、茶叶水、灭菌水。

甲液：β-乙酸萘酯 5 mL，溶于 1 mL 丙酮中，再加入蒸馏水至 25 mL。

乙液：牢固兰盐 0.2 g 加入 50 mL 蒸馏水即成。

三、实验方法

1. 农药中毒蚕的症状

（1）将有机磷农药杀虫双稀释成 800 倍，涂抹桑叶，给 25 头 5 龄蚕添食，观察幼蚕中毒过程的主要症状。

（2）将有机磷农药敌敌畏稀释成 1000 倍，涂抹桑叶，给 25 头 5 龄蚕添食，观察幼蚕中毒过程和主要症状。

（3）将杀灭菊酯稀释成 1500 倍液，涂抹桑叶，给 25 头 5 龄蚕添食，观察幼蚕中毒过程和主要症状。

2. 有机磷农药中毒简易测定法

测定原理：由于蚕血液中或头部的胆碱酯酶能将 β-乙酸萘酯分解，生成 β-萘酚，β-萘酚与牢固兰盐反应，生成 10 种紫红色的偶氮盐。当蚕被抑制胆碱酯酶的农药中毒后，胆碱酯酶活性受抑制，分解 β-乙酸萘酯生成萘酚的能力减弱，甚至消失，因而与牢固兰盐生成的紫红色偶氮盐就会减少。一般正常蚕血液反应呈红色，而中毒蚕血液仅成淡红色，其反应如下：

$$\underset{\beta\text{-乙酸萘酯}}{CH_3COOC_{10}H_7} + \underset{\text{水}}{H_2O} \xrightarrow{\text{胆碱酯酶}} \underset{\text{萘酚}}{C_{10}H_7OH} + \underset{\text{乙酸}}{CH_3COOH}$$

$$C_{10}H_7OH + \underset{\text{牢固兰盐}}{Ar{-}N{=}NX} \longrightarrow \underset{\text{偶氮盐（紫红色）}}{Ar{-}N{=}N{-}O{-}C_{10}H_7} + HX$$

(1) 蚕头研磨液显色测定法:分别取供检蚕和健康蚕数头,用滤纸吸去蚕头上的血液,分别放入白瓷板小穴中,加一滴甲液,研成匀浆,再加入适量甲液。用一块脱脂棉投入上述反应液中,将吸管插入脱脂棉上,吸出滤过液滴入另一小白瓷板穴中(约 4 滴),再加入乙液一滴经 5 min 后观察,比较显色情况。有机磷农药中毒蚕头部液呈淡褐色,正常蚕头液则显紫红色。

(2) 血液点滴显色法:分别取正常蚕和供检蚕血液滴入白瓷板小穴,加 3 滴甲液搅匀,经 10 min 再加入乙液一滴,再经 10 min 进行观察,显色情况与上相同。

3. 茶叶水、阿托品对轻度农药中毒蚕的解毒效果

(1) 茶叶水对轻度杀虫双农药中毒蚕的解毒效果:将稀释成 800 倍的杀虫双涂抹于叶上,给蚕添食,等蚕表现出中毒症状后,立即把蚕反复覆入茶叶水 1～2 min,最后取出脱离毒源,再与不用冷茶水处理的中毒蚕对比死亡率。

(2) 阿托品对轻度有机磷农药中毒蚕的解毒效果:将 5 龄蚕先添食阿托品液(一片加水 100 mL),然后添食微量敌敌畏(1500 倍)污染液,观察上述药液对中毒蚕的解毒效果。

四、作业或思考题

1. 简述有机磷、有机氮、拟除虫菊酯中毒症状。
2. 用乙酸萘酯-牢固兰盐法测定有机磷农药中毒显示的结果是什么? 机制何在?

实验十二

家蚕常见氟化物中毒症的诊断

一、实验目的

认识氟化物污染桑叶的症状，认识家蚕氟化物的中毒症状；掌握氟化物污染桑叶的测定法。

二、材料、器具及试剂

1. 材料：氟化物污染的桑叶、氟化物中毒蚕。

2. 器具：显微镜、坩埚、量筒、酒精灯、三脚架、石棉网、白瓷板、天平、精密酸度计、氟离子电极、饱和甘汞电极。

3. 试剂：氟化钠、浓硫酸、蒸馏水、硝酸、饱和硝酸钾液。

TISAB(1)：58 g NaCl、1.0 g 柠檬酸钠、50 mL 冰醋酸溶于 500 mL 水中，用 5 mol/L NaOH 调节至 pH5.2，稀释至 1 L。

TISAB(10)：58 g NaCl、10 g 柠檬酸钠、50 mL 冰醋酸溶于 500 mL 水中，用 5 mol/L NaOH 调至 pH5.2，稀释至 1 L。

三、实验方法

（一）氟化物污染叶的症状

在傍晚或阴天，在桑树上选取 1～2 根枝条，外套以塑料膜袋，内挂一小瓶，瓶内放一定量的氟化钠，再加入 10 mL 左右的浓硫酸，迅速将塑料袋扎紧，勿使漏气，则瓶内产生的氟化氢气体渐渐浸入桑叶，熏蒸 6 h 后，取下塑料袋，观察桑叶受害情况及症状。

（二）氟化物中毒蚕的中毒症状

小蚕中毒，群体发育不齐，体躯瘦小，体壁多皱，体色略呈锈色，胸部萎缩眠前节间产生黑色环斑。大蚕中毒则群体发育差异较小，但其节间膜隆起，形似竹节，且节间膜上出现由黑点连成的环状轮斑。病斑易破，流出淡黄色血液，尸体多呈黑褐色，不腐烂。

（三）氟化物污染叶的简易测定法

取怀疑为受害的桑叶，烘干，磨成粉末，称 0.5 g 放入坩埚内，加入少许石英砂及 1.5 mL 浓硫酸，立即盖上预先滴有 1～2 滴 1% NaCl 溶液的载玻片，使不漏气，再把坩埚置于酒精灯上加热，则有大量气泡产生，待载玻片上水滴逐渐变干，出现白色结晶，证明桑叶已受氟污染。

（四）氟离子选择电极法测桑叶中氟化物含量

(1) 原理：氟电极对 F^- 有很灵敏的响应，10^{-5}～10^{-1} mol/L F^- 浓度范围内响应电位(mV)和浓度的负对数之间呈直线关系。直线斜率遵守 Nernst 方程，即浓度每变化 10 倍时响应电位差约 59 mV(25℃)。氟离子电极选择性很好,除 OH^- 外,很多阴离子无干扰。凡阳离子与 F^- 能形成稳定络合物的阳离子(如 Fe^{3+}、Al^{3+})有干扰,但加入柠檬酸等络合剂能有效消除阳离子干扰。

(2) 采样:将氟污染桑叶烘干,磨成粉末,称 1.0 g 放入小烧杯中,加入 40 mL 0.1 mol/L NaOH 溶液,作用 40～60 min。

(3) 测定:将样品液用硝酸酸化,稀释至 50 mL,加入 50 mL TISAB(1)或 TISAB(10)混匀。插入氟电极和带有饱和 KNO_3 盐桥的甘汞电极,维持在 25℃,电磁搅拌测量样品溶液的响应电位(mV)。同时作空白对照与标准曲线,标准曲线制作取 0.1～100 mg/kg F^- (用 NaF)溶液测定响应电位(mV),然后绘制响应电位值(mV)与浓度的对应直线图,然后根据图求出桑叶样品中氟化物的含量。

四、作业或思考题

1. 简述氟化物中毒的桑叶及蚕的中毒症状。
2. 简述氟化物污染叶的简易测定原理及方法。
3. 简述氟离子选择电极法测桑叶中氟化物含量的原理及方法。

实验十三

家蚕常用消毒剂甲醛、漂白粉有效成分的测定

一、实验目的

掌握甲醛溶液、漂白粉有效成分的测定方法。

二、材料、器具及试剂

(1) 器具：天平、滴定装置、150 mL 锥形瓶、容量瓶(250 mL、500 mL、1000 mL)、玻璃棒、量筒、天平。

(2) 试剂及配制。

20% KI 液：200 g KI+800 mL 水。

0.5%淀粉液：5 g 淀粉+955 mL 蒸馏水。

1 mol/L NaOH 液：40 g NaOH 倒入 1000 mL 容量瓶中，加蒸馏水至刻度。

0.1 mol/L I_2 液：12.69 g 碘先溶于浓 KI 溶液中(20 g KI 溶于少量水中)，待碘全部溶解后倒入 1000 mL 容量瓶中，加蒸馏水定容至刻度。

1 mol/L HCl：取 82 mL HCl(γ1.2，含 HCl 37%)倒入 1000 mL 容量瓶中，加蒸馏水至刻度。

酒石酸锑钾液：称取酒石酸锑钾 23.6 g，逐渐加入热蒸馏水 500 mL，使其溶化。

6 mol/L HCl：取 493 mL HCl(γ1.2，含 HCl 37%)倒入 1000 mL 容量瓶中，加蒸馏水至刻度。

0.282 mol/L KI 液：称取 KI 23.406 g，溶于 500 mL 蒸馏水中，充分混合摇匀。

0.282 mol/L $Na_2S_2O_3$：69.99g $Na_2S_2O\cdot 5H_2O$ 倒入 1000 mL 容量瓶中，加蒸馏水至刻度。

三、实验方法

(一) 漂白粉有效氯的测定

1. 硫代硫酸钠法

(1) 原理：漂白粉在酸性溶液中与 KI 作用，有效氯取代 KI 中的碘，使碘游离出来，再以淀粉作为指示剂，用已知浓度的 $Na_2S_2O_3$ 来滴定。

$$Ca(OCl)_2+KI+2HCl \longrightarrow I_2+CaCl_2+2KCl+H_2O$$

$$I_2+2Na_2S_2O_9 \longrightarrow 2NaI+Na_2S_4O_6$$

(2) 方法：称取 1 g 漂白粉，放在锥形瓶内，先加少量蒸馏水调成糊状，而后加入 100 mL 蒸馏水(包括调成糊状的用水量)再搅拌，加 20% KI 溶液 15 mL、6mol/L HCl 10 mL，溶液呈酸性，淡棕褐色。接着用 0.282 mol/L $Na_2S_2O_3$ 溶液滴定至淡黄色时，加 1～2 mL 淀粉液，使

溶液呈蓝色，再继续滴定到终点无色，滴定 $Na_2S_2O_3$ 的体积，即为漂白粉有效氯的百分含量。计算公式为：

$$漂白粉的有效氯百分含量(\%)=\frac{用去0.282\ mol/L\ Na_2S_2O_3\ 的体积\times 0.01}{试样量(试样浓度\%\times 取样体积)}\times 100$$

2. 酒石酸锑钾液滴定法

先取漂白粉 1 g，放入小烧杯中，用 100 mL 蒸馏水（先倒入少量调成糊状，然后将水全部倒入）充分混合均匀。再将酒石酸锑钾液装入滴定管至零处，取出 KI 试纸 2～3 条，然后开始滴定。在酒石酸锑钾液慢慢滴入漂白粉液中时，用碘化钾淀粉试纸检测，最初试纸呈紫黑色，然后逐渐变淡，直到不变色为止。酒石酸锑钾液用去的体积就是漂白粉含有效氯的百分数。而已稀释的漂白粉液若需测其有效氯含量时，可取该液 50 mL 进行滴定，如用去滴定液 10 mL，则有效氯含量为 0.2%。

3. 碘化钾滴定法

先称取漂白粉样品 1 g，放入 400 mL 烧瓶中，加水少许，调成糊状，再加水 100 mL，并加入固体小苏打 2～3 g，0.5%的淀粉液 5 mL，搅匀。用 0.282 mol/L 的 KI 液滴定，至溶液刚显微蓝色为止。耗去碘化钾标准液的体积，即为该漂白粉含有效氯的百分数。

（二）甲醛溶液中甲醛含量的测定

原理：取甲醛溶液 3 mL，放在 100 mL 容量瓶内，稀释至刻度，吸取稀释液 5 mL 放入锥形瓶，加 0.1 mol/L I_2 液 40 mL，用 1 mol/L NaOH 还要多的 1 mol/L HCl，最后，用 0.1 mol/L $Na_2S_2O_3$ 滴定游离碘，近终点时，加入 0.5% 淀粉液 2～3 mL，继续滴至无色。加入少量 0.1 mol/L I_2 液的体积与滴去 0.1 mol/L $Na_2S_2O_3$ 溶液的体积之差即得甲醛溶液中甲醛含量的百分数。

$$甲醛溶液中的甲醛含量(\%)=\frac{[用去的碘液量(mL)-用去的\ Na_2S_2O_3\ 量(mL)]\times 0.0015}{试样量(试样中甲醛的浓度取样体积)}\times 100$$

四、作业或思考题

1. 你所测定的漂白粉有效氯是多少？3 种测定方法有什么差异？
2. 你所测定的甲醛溶液中有效甲醛是多少？

实验十四

家蚕病毒病病原的收集和保存

一、实验目的

了解收集和保存家蚕病毒病病原的常用方法。

二、材料、器具及试剂

1. 材料:血液型脓病病蚕、中肠型脓病病蚕、浓核病病蚕。

2. 器具:解剖器、乳钵、二重皿、消毒纱巾、离心管、离心机、烧杯、100 mL 容量瓶、酸度计、冰箱、脱脂棉。

3. 试剂:甘油、75%乙醇、蒸馏水。

三、实验方法

(一) 病原的收集

1. 核型多角体的收集

将血液型脓病的病蚕用75%乙醇进行体表消毒,剪去尾足或1~2个腹足。让脓汁自然流出到已消毒的二重皿中。少量的可作成血干,大量的可加灭菌水,以1500~2000 r/min的速度离心5~10 min,去掉上清液,留沉淀的多角体。这样反复2~3次,即可得较纯净的核型多角体。若收集大量核型多角体时,可将流出脓汁的尸体解剖开,去掉中肠、头部及绢丝腺,加入灭菌水,置于乳钵中研磨,磨后稠液用2~3层纱布过滤,过滤液的处理与上相同(即加灭菌水洗涤、离心,反复2~3次,直到洁白为止)即可收集大量核型多角体。

2. 质型多角体的收集

将中肠型脓病病蚕用75%乙醇进行体表消毒后,逐头解剖蚕体,取乳白色中肠,置于乳钵中,加灭菌水研磨。过滤,滤液处理同前法,即得质型多角体。

3. 浓核病病原的收集

将浓核病病蚕用75%乙醇进行体表消毒后,逐头解剖,先检查中肠是否为中肠型脓病,若是则不要。若是浓核病病蚕则取出中肠,置于乳钵中磨烂(不加灭菌水),涂于灭菌的二重皿中,待干燥后刮起即为浓核病病毒的组织干。由于收集的组织干中易混杂中肠型脓病的多角体,因此使用时必须进行纯化处理。

浓核病病毒的纯化法:取0.4 g浓核病中肠组织干,加3 mL 0.2mol/L Na_2CO_3溶液及少许石英砂,研磨成匀浆,再加蒸馏水至12 mL,2000 r/min离心20 min,取上清液。取上清液5 mL加15 mL 0.2 mol/L HAC处理30 min,然后加入15 mL 0.2 mol/L Na_2CO_3-$NaHCO_3$(pH10.83)缓冲液中和至pH7.0,再加灭菌水至50 mL后给幼蚕添食,幼蚕发病后即可得纯DNV,此法称

pH 纯化 DNV 的方法。

（二）病毒的保存

在收集的新鲜多角体悬液中，加入等量的甘油，放入 4℃左右的冰箱中进行保存，此法能耐久地保持病原活力。

（三）保存病原多角体的提纯

用 50%甘油保存的多角体给幼蚕添食接种，幼蚕有拒食现象，必须将上述材料进行离心沉淀，得到较纯净的去掉甘油的多角体。方法是：将用甘油保存的多角体放入离心管中再加入灭菌水，用 2000 r/min 的速度离心沉淀 10～15 min，取出离心管，弃去清液，加入灭菌水充分混合，继续离心沉淀，经 1～3 次，即可得到较纯的多角体悬液。

四、作业或思考题

1. 简述血液型脓病和浓核病病原的收集方法。
2. 简述浓核病病原的纯化法。

实验十五

家蚕病原浓度和大小的测定

一、实验目的

掌握病原浓度的测定及稀释法；掌握病原大小的测定方法。

二、材料及器具

1. 材料：纯化的家蚕微粒子(N. b)液。

2. 器具：显微镜、细胞计数板、接目测微尺、接物测微尺、载玻片、盖玻片、酒精灯、大镊子、火柴、擦镜纸、洗瓶、1 mL 和 2 mL 的移液管、100 mL 烧杯。

三、实验方法

(一)病原浓度的测定

1. 细胞计数板

它是一块比载玻片大而厚的玻片，中间有一面积 1 mm^2、深 0.1 mm 的计算室，内刻有小方格。各有 21 条平行线互相垂直交织成 400 个小方格或由 6 条平行互相垂直交织成 25 个中方格，即每一中方格由 16 个小方格组成。

$$每一小方格体积为：1\ mm^2 \times 0.1\ mm \div 400 = 1/4000\ mm^3$$

$$每一中方格体积为：1\ mm^2 \times 0.1\ mm \div 25 = 1/250\ mm^3$$

2. 病原浓度的测定

将 N. b 悬浮液经一定稀释后，振动使其均匀分散，立即吸取悬浮液于计数板两沟中，待两沟液满，然后将盖玻片轻轻由一边推向另一边，再用双手紧压盖玻片两端，使其与计数板完全紧贴。注意不能产生气泡，静置数分钟后先用低倍镜找到计算室，再调至高倍镜下计数，计数时随机调查 5 个中方格(80 个小方格)的 N. b 数，按下式算出每立方毫米或每立方厘米溶液中的 N. b 数。

$$每立方毫米\ N.b\ 数 = 每小格平均\ N.b\ 数 \times 4000$$

$$每毫升\ N.b\ 数 = 每小格平均\ N.b\ 数 \times 4000000$$

(二) 病原大小的测定

N. b 大小的测定，是利用测微生物大小的测微尺测量的。

1. 测微尺的构造

(1) 接目测微尺；它是一块圆形玻片，在玻片中央有一条 5 mm 长的等分线，共分 50 格或 100 格，使用时装入目镜内。

(2) 接物测微尺：它是一种特制玻片，在中央有一条长 1 mm 的等分线，共分 100 格，即每一分格长 0.01 mm(即 10 μm),使用时将接物测微尺置于载物台上。

2. *测微尺的使用方法*

将接物测微尺放在载物台上,再将接目测微尺装入接目镜内,先用低倍镜观察,看到接物尺的刻度后,再调用高倍镜看清刻度。转动目镜,使接目测微尺的刻度线与接物测微尺的刻度线平行。在两组平行线中,从左到右找到精确重叠的一对重合线,然后继续向右观察,找到第二对重合线,接着仔细数出两对重合线间接物测微尺和接目测微尺上的刻度。因接物测微尺上每小格等于 10 μm,故可通过下列公式算出接目测微尺上每一小格的实际长度。

$$\text{接目测微尺上每格长度}(\mu\text{m})=\frac{\text{两对重合线间接物测微尺上格数}\times 10\ \mu\text{m}}{\text{两对重合线间接目测微尺上格数}}$$

3. *微粒子孢子大小的测量*

取下接物测微尺,换上 N. b 临时标本片,转动接目测微尺,测量孢子长度和宽度,在同一玻片上测 5 个或 5 个以上的 N. b 孢子,求出平均值。

四、作业或思考题

1. 实测 N. b 孢子液的浓度为多少?
2. 实测 N. b 孢子大小是多少?

实验十六

消毒剂对病原微生物的消毒效果实验

一、实验目的

掌握消毒剂对病原微生物的消毒效果的设计方法和实验方法。

二、材料及器具

1. 材料：消毒剂，家蚕病原微生物 NPB、CPB、Bt、Bb、Af、N. b 6 种病原微生物。

2. 器具：培养箱、高压消毒锅、离心机、培养基、细胞计数板、显微镜、载玻片、盖玻片、酒精灯、大镊子、火柴、擦镜纸、洗瓶、1 mL 和 2 mL 的移液管、100 mL 烧杯等。

三、实验方法

(1) 病原形态变化的显微观察：取 NPB 病原溶液 1 小滴涂抹在载玻片上，稍风干后，滴上含 0.3%的有效氯漂白粉消毒液，盖上盖玻片，立即显微观察病原形态的变化。

(2) 根据实验室的条件，自行设计实验方案，并写出实验过程的关键环节和方法。

四、作业或思考题

选择一种消毒剂评价消毒效果，写出自己的实验设计方案(并列出参考文献 15～20 篇，其中英文文献 3～5 篇)。

第六部分　茧丝学实验

茧丝学是研究蚕茧和茧丝品质、蚕茧初加工、生丝制造及生丝检验的一门学科。它通过阐述蚕茧的品质、茧丝的品质性状及工艺特性、蚕茧检验、蚕茧干燥、煮茧缫丝及生丝检验基本理论和基本技术，揭示了蚕茧加工的一般规律和原理，其内容涉及农、工、贸几方面的内容，它是联系农业性的蚕桑生产和工业性的制丝工程的桥梁和纽带，是蚕学专业的一门专业必修课。

通过本课程的学习，使学生掌握茧和茧丝的品质性状及检定标准、蚕茧收烘理论及技能，掌握生丝制造和生丝检验的基础知识和基本技术，明确制丝工艺对原料茧品质的要求，为生产量多质优的原料茧，为栽桑养蚕、品种选育、蚕种制造提供依据和努力的方向。

茧丝学实验课程以实验实践教学为主，根据课程的性质、任务、要求及学习的对象，将课程内容分三个层次：基础实验、综合设计性实验和科技创新实验。前两个层次，只给出实验任务，由学生自行拟定实验方法和步骤。第三个层次，由学生自拟题目，自选仪器和药品，独立设计并完成实验。经过本课程的学习，学生应达到下列要求。

(1) 进一步巩固和加深对茧丝学基础知识的理解，提高综合运用所学知识和动手操作能力。

(2) 能根据需要选择参考书，查阅手册，通过独立思考，深入钻研有关问题，学会自己独立分析问题、解决问题，具有一定的科研创新能力。

(3) 能正确使用仪器设备，掌握测试原理，熟练进行专业测评。

(4) 能独立撰写实验报告，准确分析实验结果。

(5) 课前做好预习，熟悉实验内容，迅速准确地进行实验。

实验一

纺织纤维的鉴别

一、实验目的

熟悉茧丝、棉、麻、羊毛、化学纤维五大纺织纤维的外观形态。掌握用燃烧法简单鉴别各种纤维。

二、实验原理

（一）5种纤维的显微结构

1. 茧丝

一根茧丝由两根单纤维靠丝胶黏合而成，丝胶包裹丝素在最外层（图6-1）。

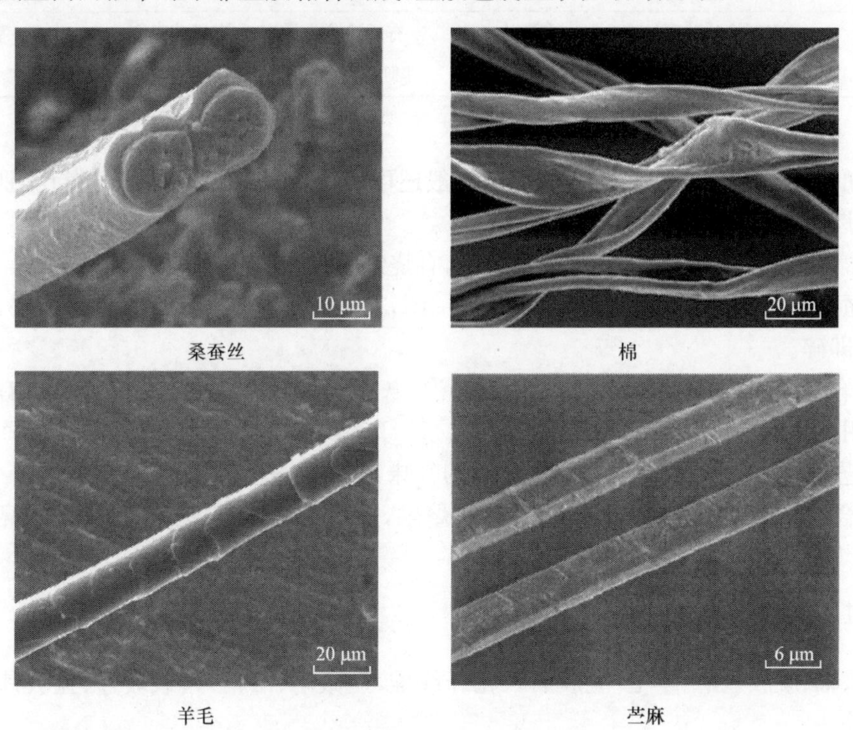

图6-1 部分纤维扫描电镜图

2. 棉

在显微镜下观察棉纤维是一种纤细略扁平的管状单细胞纤维，由于成熟度不同，可分为成熟纤维、半成熟纤维、未成熟纤维。随着成熟度的增加，其捻转数越多，中腔壁增厚，中腔越小。

3. 麻

麻纤维由于成熟度不同，其内腔大小也不一样，成熟纤维内腔发达，未成熟纤维内腔不发达。纤维细胞壁有许多纵横裂纹痕迹。

4. 羊毛

羊毛纤维由鳞片层、皮质层、髓质层组成，由于羊毛的种类不同，其鳞片有环形和非环形之分，髓质层也有有无之不同。

(1) 细毛：鳞片为环形，无髓质层。

(2) 两型毛：鳞片为非环形，呈松树皮状，有的无髓质层或仅有痕迹。

(3) 粗毛：与两型毛相比，髓质层更为发达，鳞片层如松树树皮状。

5. 化学纤维

化学纤维分人造纤维和合成纤维。在人造纤维中，如是用木材、棉、甘蔗渣等纤维素经化学处理和机械加工制成的纤维称为人造纤维素纤维；如是利用天然蛋白质、大豆、花生、酪素等经化学作用和机械加工制成的纤维，称为人造蛋白质纤维。合成纤维是利用石油、天然气等石油化工原料或煤经化学合成和机械加工制成的纤维，如锦纶、维纶等。其外观形态一般纵向平滑，横向呈圆形，也有异型丝。化纤的形态取决于纺丝喷嘴的形状。

综上所述，茧丝与其他纤维的基本外观特征如表 6-1 所示。

表 6-1　5 种纤维的基本外观特征

截面形态	茧丝	羊毛	棉	苎麻	涤纶
纵向	丝素纤维外被覆丝胶	有鳞片	有天然转曲	有横节竖纹	平滑
横向	双三角形	圆形	腰形，有中腔	腰形，中腔有裂缝	由纺丝喷嘴形态而定

(二) 燃烧法鉴别纺织纤维

纤维的鉴别方法，除外观形态鉴别外，一般还可用燃烧法和试剂显色法进行鉴别。现将简便易行的燃烧法简要介绍如下。

(1) 棉：棉纤维延烧很快，产生黄色火焰，有烧纸的气味，灰末细软，呈深灰色。

(2) 蚕丝：蚕丝燃烧时比较慢，烧时缩成一团，有烧头发的气味。燃烧后呈黑褐色小球，用手指轻压即碎。

(3) 羊毛：羊毛不延烧，烧时冒烟而且起泡，灰烬多，有烧头发的气味，而后成有光泽的黑色脆块，用指压即碎。

(4) 苎麻：麻延烧很快，黄色火焰，烧纸的气味，灰末细软呈深灰色。

(5) 合成纤维：涤纶点燃时纤维先蜷缩、熔融，而后再燃烧，火焰呈黄白色，很亮，无烟，不延烧。灰烬呈黑色硬块，但也能用手指压碎。

三、材料及器具

茧丝、棉、脱胶苎麻、羊毛(脱胶后)、化纤纤维，显微镜、酒精灯，载玻片、盖玻片、滴管、镊子、剪刀等。

四、实验方法

(1) 将 5 种纤维，在蒸馏水中洗涤除去灰尘后备用。

(2) 用镊子选取一根某种纤维，剪成 1 cm 左右，置于载玻片上，加一滴蒸馏水，盖上盖玻片，做成临时装片，放在显微镜下观察。观察时先低倍，后高倍，注意寻找和查看纤维特征。

(3) 选取某一倍数的视野绘制显微视野图。

(4) 将各种纤维分别在酒精灯上燃烧,观察各种纤维的燃烧特点。

五、结果记录与分析

画出几种纤维的显微视野图。

六、作业或思考题

显微镜法和燃烧法鉴别纺织纤维各有什么优缺点?

实验二

蚕茧的外观形质调查

一、实验目的

1. 用正确的蚕茧分类标准区分上茧、次茧、下茧。
2. 评定茧的色泽。
3. 评定茧层缩皱的粗细。
4. 调查茧幅整齐率等。

二、实验原理

（一）蚕茧的外观形质

蚕茧的外观形质主要包括茧的形状、茧的色泽、茧的缩皱、茧的厚薄与松紧及茧的通气性和通水性。蚕茧的外部形状，因蚕品种不同，差异很大，桑蚕茧通常有椭圆形、束腰形、球形、卵形和纺锤形等多种。

茧的色泽包括颜色与光泽。蚕茧的颜色也因蚕品种不同而不同，主要有白色、黄色两种，也有淡红、淡绿、米色等。一般说洁白茧的解舒较好，这是因为上蔟与烘茧过程中丝胶变性程度较小；而白带黄与白带绿的茧解舒较差，这是由于茧处理过程中丝胶变性较重造成的。茧的光泽主要与茧层表面结构对光线透过和反射能力有关。一般茧层厚，光线不易透过，反射比较紊乱，光泽较差；茧层薄的因光线容易透过，反射均匀，光泽较好。此外，在合理温湿度条件下营茧的蚕茧光泽较好，多湿条件下茧的光泽较暗。因此，评茧中将茧的色泽作为评判解舒的因素之一。

在茧层表面具有很多微细凹凸不平的皱纹，称为缩皱。表示缩皱粗细的方法，以一定面积内缩皱突出峰的个数表示。如同一面积内的个数少的表示缩皱粗，反之则细，因蚕品种不同，缩皱也有微小差异，同一品种如蔟中温湿度合理，一般缩皱呈细、匀、浅，茧色白，手触茧层富有弹性，解舒良好；反之，蔟中多湿，缩皱粗乱，疏密不匀，茧色次，手触茧层过于紧硬，解舒不良。蚕营茧时如处于过分干燥的环境，茧层干燥快，缩皱带松浮，俗称绵茧，缫丝时颣节多。

（二）蚕茧的分类标准

根据长期缫丝生产的实践，蚕茧可分为上车茧和下茧等类别。上车茧是指能缫制正品生丝的茧，它又包括大部分的上茧和小部分不到下茧标准的次茧。下茧是指有严重疵点，不能缫丝或很难缫正品丝的茧，下茧可作绢纺原料或制丝绵。蚕茧的分类标准如下。

1. 上车茧

可以缫正品生丝的茧，包括上茧和次茧。

(1) 上茧:茧形、茧色、茧层厚薄、缩皱正常无疵点的茧。

(2) 次茧:有疵点,但程度不到下茧标准的茧。

2. 下茧

有严重疵点,不能缫丝或很难缫正品生丝的茧。

(1) 双宫茧:茧内有两粒或两粒以上蚕蛹。

(2) 口茧:茧层有孔,包括蛾口茧、鼠口茧、削口茧和蛆孔茧等。

(3) 黄斑茧:又可分为尿黄、夹黄、靠黄、老黄、硬块黄等多种,具体标准如下。

尿黄　蚕尿深入茧层 1/3 以上,蚕尿污染处明显发软或松浮,总面积超过 0.5 cm^2。

夹黄　蚕尿污染茧层之中,表面可见的茧。

靠黄　污斑深入茧层 1/3 以上,或污斑总面积超过 1 cm^2。

老黄　茧色深黄,缩皱异常,黄色表面积占茧体面积 1/3 以上。

硬块黄　茧层有黄色硬块或胶结的茧。

(4) 柴印茧:茧层有严重印痕的蚕茧,分以下 4 种。

单条柴印　竖柴印的印痕深入茧层的 1/2 以上,横、斜柴印的印痕深入茧层 1/3 以上的茧。

多条柴印　两条及两条以上的印痕,其中一条深入茧层 1/3 以上,或印痕虽未超过 1/3,但茧已变形。

钉点柴印　钉点印痕深入茧层 1/2 以上;或虽未超过 1/2,但有两点及两点以上。

平板柴印　茧层表面局部平板无缩皱,总面积大于 0.5 cm^2。

(5) 油茧:茧层表面油斑总面积大于 0.2 cm^2。

(6) 薄头、薄腰茧:蚕茧的头部或腰部茧层薄,光线反射暗淡。

(7) 薄皮茧:茧层薄,茧层质量小于同批干茧平均茧层质量的 1/2。

(8) 异色茧:茧层呈深米色,深绿色、红僵和红斑等有色茧。

(9) 瘪茧:茧层一侧压瘪并沾有污物或蛹油,或两侧压瘪。

(10) 畸形茧:茧型严重变形,如多棱多角、尖头、扁平茧等。

(11) 绵茧:茧层松浮,缩皱不清,手触软绵。

(12) 特小茧:茧型特小,粒茧质量不到同批干茧平均粒茧质量的 1/2。

(13) 多疵点茧:茧层有不少于两种疵点的茧。

(14) 霉茧:茧层表面霉变总面积超过 0.2 cm^2,或由内部引起的表面茧层霉变。

(15) 内霉茧:茧层内层霉或蛹体霉的茧。

(16) 印头茧:蛹体腐烂,污汁印出,茧层表面可见。

(17) 烂茧:内印严重,污渍印出茧层,颜色较深,总面积超过 0.5 cm^2;或外沾严重,污渍深入茧层,总面积大于 1 cm^2 的茧。

(18) 其他下茧:不属于上述范围的下茧。

三、材料及器具

蚕茧、电子天平、卡尺。

四、实验方法

(1) 称取 0.5 kg 蚕茧,剥去茧衣,选出次茧和各类下茧,并数清各类茧粒数,称计各类茧的质量，将结果填入调查表中，计算下茧率、次茧率、上茧率、上车茧率和匀净度。要求工作台面黑色平整，光线照射均匀，照度为(500±20) lx。

(2) 肉眼观察该0.5 kg茧的茧色属于洁白且光泽正常，还是属茧色尚白但光泽呆滞。把评茧结果填入调查表内。

(3) 选择茧形大小、缩皱、粗细具有代表性的10粒茧，用开有1 cm^{2}小孔的纸片遮住茧的表面，用扩大镜数1 cm^{2}内缩皱个数(有多少个突出)，计算茧的缩皱平均个数，评定粗细程度。

(4) 随机抽取100粒茧，用卡尺量出茧幅(横幅)，用1 mm为1档，作出记录，计算平均茧幅、茧幅整齐率及茧幅最大开差。

五、结果记录与分析

将调查结果填入蚕茧外观形质调查表(表6-2)中，根据公式计算结果，完成蚕茧外观形质调查表。

表6-2　蚕茧外观形质调查表

<table>
<tr><td>调查项目</td><td colspan="7">调查结果</td></tr>
<tr><td rowspan="9">各类茧百分率/%</td><td colspan="2">0.5 kg茧粒数____粒</td><td colspan="2">次茧粒数____粒</td><td colspan="3">上茧粒数____粒</td></tr>
<tr><td colspan="2"></td><td colspan="2">次茧质量____g</td><td colspan="3">上茧质量____g</td></tr>
<tr><td colspan="7">下茧</td></tr>
<tr><td colspan="2">双宫____数</td><td colspan="2">印烂____粒</td><td colspan="3">薄皮____粒</td></tr>
<tr><td colspan="2">柴印____粒</td><td colspan="2">穿头____粒</td><td colspan="3">畸形____粒</td></tr>
<tr><td colspan="2">黄斑____粒</td><td colspan="2">绵茧____粒</td><td colspan="3">其他____粒</td></tr>
<tr><td colspan="7">总计____粒</td></tr>
<tr><td colspan="2">次茧率____%</td><td colspan="2">上茧率____%</td><td colspan="3">上车茧率____%</td></tr>
<tr><td colspan="2">下茧率____%</td><td colspan="2">下茧质量____g</td><td colspan="3">匀净度____%</td></tr>
<tr><td rowspan="2">色泽</td><td colspan="4">洁白、光泽正常</td><td colspan="3">尚白、光泽呆滞</td></tr>
<tr><td colspan="4"></td><td colspan="3"></td></tr>
<tr><td rowspan="2">缩皱粗细</td><td colspan="2">粗(15个以下/cm^2)</td><td colspan="3">中(16~24个/cm^2)</td><td colspan="2">细(25个以上/cm^2)</td></tr>
<tr><td colspan="2"></td><td colspan="3"></td><td colspan="2"></td></tr>
<tr><td rowspan="4">茧幅</td><td>mm</td><td>mm</td><td>mm</td><td>mm</td><td>mm</td><td>mm</td><td>mm</td></tr>
<tr><td>粒</td><td>粒</td><td>粒</td><td>粒</td><td>粒</td><td>粒</td><td>粒</td></tr>
<tr><td colspan="4">平均茧幅　　mm</td><td colspan="3">茧幅整齐率　　%</td></tr>
<tr><td colspan="7">茧幅最大开差　　mm</td></tr>
</table>

计算公式：

$$次(下)茧率(\%)=\frac{次(下)茧质量(g)}{500\ g}\times 100$$

$$上茧率(\%)=\frac{上茧质量(g)}{500\ g}\times 100$$

$$上车茧率(\%)=\frac{上茧质量(g)+次茧质量(g)}{500\ g}\times 100$$

$$匀净度(\%)=\frac{上茧质量(g)}{上茧质量(g)+次茧质量(g)}\times 100$$

$$平均茧幅(mm)=\frac{各粒茧幅的总和(mm)}{样茧粒数}$$

$$茧幅整齐率(\%)=\frac{最多一档茧幅粒数+上下各一档茧幅粒数}{样茧粒数}\times 100$$

$$茧幅最大开差(mm)=最大一档的茧幅-最小一档的茧幅$$

六、作业或思考题

蚕茧外观形质调查对于蚕品种选育有什么意义？

实验三

茧丝排列形式、茧层厚薄及茧层率调查

一、实验目的

1. 通过实验了解不同茧层丝环排列形式和同一茧层的不同部位丝环的大小。

2. 测定横营、斜营、直营等不同营茧形式茧层各部分的厚薄及粒内厚薄差，了解营茧形式对茧层结构的影响。

3. 了解蚕茧的组成，求出各部分所占的比例。

二、实验原理

(1) 蚕在吐丝结茧过程中，茧丝有规则地排列成“S”形和“∞”形，茧丝排列形式因蚕品种、蔟中温湿度等而有不同，一般地讲日本系统品种多“∞”字形，中国系统品种和欧洲系统品种多“S”形，蔟中高温多湿环境多“∞”字形。

(2) 茧丝排列形式不同直接影响茧的解舒和生丝的清洁、洁净成绩。

(3) 营茧形式不同对茧层各部分厚薄有着明显的影响，横营茧粒内厚薄差最小，斜营茧次之，直营茧厚薄差最大。

(4) 蚕茧由茧衣、茧层、蜕皮、蛹体 4 部分组成，由于蚕品种、蚕的性别、饲育条件、上蔟方法等不同，茧的各部分组成比例也有差异。茧层质量占全茧量的比例为茧层率，茧层率的高低与出丝率的多少有密切关系。

三、材料、器具及试剂

煮茧用具、样茧数粒、台秤、打孔器、剪刀、电子天平、测微仪、油灯或蜡烛。

四、实验方法

1. 茧丝排列形式观察

(1) 取煮熟茧一粒，索取正绪，将蚕茧熏黑，然后边拉绪丝，边观察茧丝离解的痕迹，即可了解茧丝的排列形式。

(2) 观察中、内层茧丝排列形式时，用拔针轻轻拨去或用检尺器缫去外层茧丝，理出正绪后，照上法进行观察，并注意茧端部、膨大部，腰部丝环大小的变化。

2. 茧层薄度的测定

(1) 随机抽取横营、斜营、直营样茧各 5 粒，分别按不同部位展开，如是束腰茧，分成束腰部、膨大部和头尾两端共 4 部分，如是无腰茧按端部及膨大部 3 个部分取样，并尽量使各部分茧层展平，用测微仪测定各部分厚度。切剖茧层时，注意蛹体头尾方向。

(2) 用打孔器打下茧的各部分样品 5 片，然后分别在天平上称重。求出各部位茧层的平

均质量。

3. 茧的各部分组成比例的测定(茧层率测定)

(1) 称取 250 g 光茧,数清茧粒数,求出每粒茧的平均质量。

(2) 随机抽取 20 粒样茧,其质量配成平均质量的 20 倍,有差异时在 250 g 样茧中调整。

(3) 切剖茧层,取出蛹体、蜕皮、分别称重(要求合计质量与总量相差不大于 0.05 g),如发现有病蚕严重污染茧层时,可用等粒等量茧调换,然后求出样茧各部分组成的比例。

五、结果记录与分析

1. 绘制外、中、内层茧丝排列形式简图。

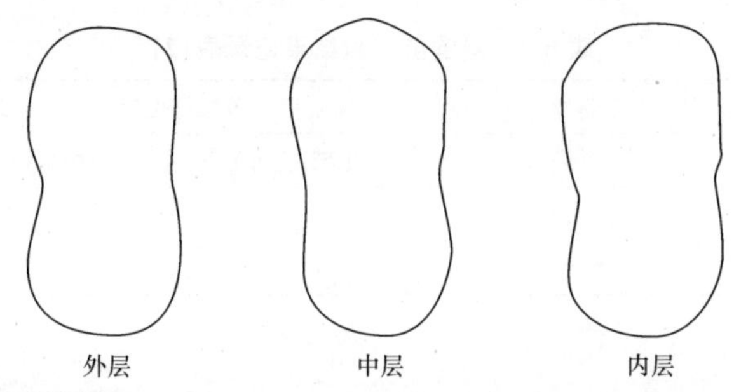

2. 茧层厚度的测量结果。

(1) 以同面积的质量表示。

① 横营茧(表 6-3)。

表 6-3　横营茧测量结果记录表(1)

项目	茧层部位			
	头部	中部(上方)	中部(下方)	尾部
5 粒茧平均质量/mg				
以头部作为 100 比				

② 斜营茧(表 6-4)。

表 6-4　斜营茧测量结果记录表(1)

项目	茧层部位			
	头部	中部(上方)	中部(下方)	尾部
5 粒茧平均质量/mg				
以头部作为 100 比				

③ 直营茧(表 6-5)。

表 6-5　直营茧测量结果记录表(1)

项目	茧层部位			
	头部	中部(上方)	中部(下方)	尾部
5 粒茧平均质量/mg				
以头部作为 100 比				

（2）用测微仪测定。

① 横营茧（表 6-6）。

表 6-6　横营茧测量结果记录表（2）

项目	茧层部位			
	头部	中部（上方）	中部（下方）	尾部
5 粒茧茧层平均厚度/mm				
以头部作为 100 比				

② 斜营茧（表 6-7）。

表 6-7　斜营茧测量结果记录表（2）

项目	茧层部位			
	头部	中部（上方）	中部（下方）	尾部
5 粒茧茧层平均厚度/mm				
以头部作为 100 比				

③ 直营茧（表 6-8）。

表 6-8　直营茧测量结果记录表（2）

项目	茧层部位			
	头部	中部（上方）	中部（下方）	尾部
5 粒茧茧层平均厚度/mm				
以头部作为 100 比				

3. 茧的各部位比例测定结果（表 6-9）：①250 g 光茧粒数____粒；②平均每粒茧质量____ g；③根据粒平均质量配备 20 粒样茧；④茧的各部位比例测定成绩。

表 6-9　茧的各部分比例测定结果

项目	20 粒样茧	茧层	蛹体	蜕皮
质量/g				
占总茧量/%				

注：茧层量＋蛹体量＋蜕皮量之和与 20 粒样茧质量相差在 0.05 g 范围内；如有毛脚、内染茧时要以等粒等质量茧调换；保留小数 2 位

实验四

茧层丝胶溶解率的测定

一、实验目的

通过实验认识影响茧层丝胶溶解率的因素，并能控制这些因素以达到合理的解舒，使制丝工艺更为合理。

二、实验原理

丝胶存在于茧丝的外围，具有一定的胶黏作用，吐丝中能粘连两根单丝成茧丝、粘连茧丝成茧层，缫丝中又能抱合茧丝成生丝。

丝胶能在水中溶解，茧丝经精炼后即除去大部分丝胶。影响丝胶溶失的主要因素有温度、压力、pH 及水中溶存的盐类等。

三、材料、器具及试剂

蚕茧茧层、试管、温度计、分析天平、烧杯、烘箱、滴管、酒精灯、电炉、计时器、玻璃棒、盐酸、氢氧化钠溶液、甲基橙指示剂、酚酞指示剂。

四、实验方法

（一）温度的影响

取蚕茧茧层约 5 g，先在 80℃温度下干燥 15 min，放在干燥箱内冷至室温后，即称量为无水恒量（至 0.001 g）。然后把称好的茧层放入 100 mL 蒸馏水中，用 20℃温度处理 30 min（如果自然温度高于 20℃，可改用 30℃）。把茧层自水中取出绞干，在 80～100℃的干燥箱内烘干 45～60 min 后，再在天平上称出它的无水质量。

在不同的温度下，即 30℃、40℃、50℃、60℃、70℃、80℃、90℃、100℃，做同样实验，把溶解的丝胶质量填入表 6-10 中。

表 6-10　温度与茧层丝胶溶解率

温度/℃ 茧层质量	20	30	40	50	60	70	80	90	100
处理前质量/g									
处理后质量/g									
丝胶溶解率/%									

（二）时间的影响

同样称取约 5 g 茧层，预先在 80℃下烘干至无水恒量并称重（至 0.001 g）。把茧层浸入

100 mL 的沸蒸馏水中，1 h 后取出，在 80～100℃烘箱内烘干 45～60 min 后，正确称取它的无水质量。重复实验，但浸渍的时间不同，即 2 h、3 h、5 h、10 h、15 h、20 h。把溶解的丝胶量以百分数表示，并将实验结果填入表 6-11 中。茧层在水中煮沸应加盖以防止水分蒸发。

表 6-11 时间与茧层丝胶溶解率

茧层质量 \ 时间/h	1	2	3	5	10	15	20
处理前质量/g							
处理后质量/g							
丝胶溶解率/%							

（三）pH 的影响

量取蒸馏水 100 mL，滴入盐酸数滴，使甲基橙变为红色(蒸馏水中在未滴入盐酸前，应先滴入甲基橙 2～3 滴)，此时的 pH 为 3～4。称取无水茧层约 5 g，浸入以上配制的水中，煮沸 1 h 后，把茧层取出烘干后，称出它的无水质量。并将所得结果与时间的影响浸渍结果相比较，说明为什么会产生这样的差别？

重复实验，浸入同体积、同温度、同时间的中性水中和含有数滴 NaOH 溶液的 100 mL 水中(使酚酞恰好变为红色)，记录结果，填入表 6-12 中。

表 6-12 pH 与茧层丝胶溶解率

茧层质量 \ pH	酸性	中性	碱性
处理前质量/g			
处理后质量/g			
丝胶溶解率/%			

（四）盐类的影响

丝胶的溶解率与水中溶存的盐类有关。少量中性盐有助于丝胶的溶解，酸性盐阻碍它的溶解，碳金属的碳酸盐、重碳酸盐或硅酸盐(水解后呈弱碱性)能促进丝胶的溶解。

称取约 5 g 无水茧层(精确到 0.001 g)，然后浸入盛有 200 mL 的 1% NaCl 溶液的烧杯中，用电炉或酒精灯加热煮沸 1 h，取出绞干后放入 80℃烘箱内烘干 45 min 后，称记无水质量。

做同样的两个实验，但把茧层浸入盛有 200 mL 1% $Al_2(SO_4)_3$ 溶液中和 200 mL 1% Na_2CO_3 溶液中，煮沸 1 h 后，取出烘干，称取它的减少质量，记录结果，填入表 6-13 中。

表 6-13 盐类与茧层丝胶溶解率

茧层质量 \ 盐类	1% NaCl	1% $Al_2(SO_4)_3$	1% Na_2CO_3
处理前质量/g			
处理后质量/g			
丝胶溶解率/%			

五、结果记录与分析

将实验结果分别填入表 6-10～表 6-13 中，并计算丝胶溶解率。

丝胶溶解率(%)=[(处理前质量－处理后质量)/处理前质量]×100

1. 温度的影响

根据实验结果,在什么温度范围内,丝胶的溶解率最大?

2. 时间的影响

根据实验结果,需经多少时间在沸水中浸渍,才能把茧层中的丝胶大部分脱去?

3. pH 的影响

从实验结果来分析茧层丝胶的溶解率与 pH 的关系,并说明煮茧、缫丝为什么要保持一定的 pH。

4. 盐的影响

由实验结果可知,水中溶存的盐类对茧层丝胶的溶解有一定的影响,哪种盐的存在能促进蚕茧的解舒,哪种盐则阻碍蚕茧的顺序离解?

六、作业或思考题

试述哪些因素影响茧层丝胶的溶解,为什么?

实验五

茧层含胶率测定

一、实验目的

测定茧层中丝胶的含量。

二、实验原理

茧层中丝胶的含量因原料茧的品种、养蚕季节、饲育方法及茧的层次不同而有差异。由于丝胶易溶于水，在后续的蚕丝加工过程中容易流失，因此其含量的高低直接影响丝厂的效益。

本实验利用丝胶蛋白易溶于水的特性，将茧层中的丝胶在热的碱性溶液中去除，从而得到丝胶在茧层中的含量。生产和科研中一般用胭脂红-苦味酸溶液来检验丝胶是否脱干净。其原理是苦味酸将丝素染成金黄色，而胭脂红将丝胶染成红色。当丝胶脱干净时，只剩下丝素的金黄色，否则为红色。其配制方法是：胭脂红 1 g，溶于 10 mL 浓度为 25%的氨水中，再加蒸馏水 20 mL，搅拌混合，加热。然后再加入 15 mL 饱和苦味酸溶液，再加水至 100 mL，并以 1mol/L HCl 溶液调整 pH 至弱碱性(pH 为 8.0～9.0)。

三、材料、器具及试剂

天平、烧杯、玻璃棒、干燥箱、表面玻璃皿、中性皂、碳酸钠、茧层、蒸馏水。

四、实验方法

1. *溶液的配制*

(1) 肥皂溶液：取相当于无水茧层质量 25%的中性皂，溶于无水茧层质量 50 倍的蒸馏水即成。

(2) 碳酸钠溶液：取相当于无水茧层质量 2%的碳酸钠溶于无水茧层质量 30 倍的蒸馏水中即成。

2. *实验材料的准备*

将蚕茧茧层剖开，倒出蛹体和蜕皮，选取内层无污染的茧层备用。

3. *实验方法*

(1) 在天平上称取无水茧层 5 g(精确至 0.001 g)投入已配制好的肥皂溶液中充分煮沸，待茧层彻底煮溃后取出，再放入同样浓度的另一肥皂溶液中煮沸 40 min。

(2) 把经过两次沸煮的茧层捞出浸入已配好的碳酸钠溶液中浸泡 5 min，捞出、绞干。

(3) 将绞干的茧层，先用微温蒸馏水洗涤 3 次，然后用冷蒸馏水洗涤 2 次，充分除去附着的肥皂。

(4) 将茧层捞出绞干后，再投入稀乙酸的微酸性水中浸渍 20 min，务使残留的丝胶和中性皂脱尽。

(5) 测定丝胶是否脱尽，可取样丝少许，浸在胭脂红苦味酸试剂中 3～5 min，然后取出洗涤，如丝色呈光亮的黄色即为丝胶脱净，否则还需要继续进行处理。

(6) 将脱尽丝胶的丝素挤干，置于烘箱内，110℃的温度烘至无水恒量，称重。煮前干量与煮后干量之差，即为丝胶的质量。

五、结果记录与分析

记录原始数据并计算含胶率。

$$含胶率(\%)=\frac{煮前干量(g)-煮后干量(g)}{煮前干量(g)}\times 100$$

六、作业或思考题

脱胶过后为什么要用稀乙酸浸泡？

实验六

丝胶Ⅰ和丝胶Ⅱ的观察

一、实验目的

通过实验分离和观察丝胶Ⅰ和丝胶Ⅱ。

二、实验原理

丝胶是一种球形蛋白,因其含有大量的丝氨酸并且性状与动物胶类似,故称丝胶。它的存在与生丝的抱合、伸长、强力等有很大关联。关于丝胶的组成众说纷纭。金子英雄于1931年用盐析法分离得到易溶性丝胶A和难溶性丝胶B;等电点法也分离得到与上述类似的两种丝胶。1941年,清水正德控制溶解时间分离得到最易溶解的丝胶Ⅰ,溶解速度居中的丝胶Ⅱ和最难溶解的丝胶Ⅲ。1975年,小松计一又在此基础上提出了"4种丝胶论",4种丝胶从Ⅰ到Ⅳ成层状依次分布,包裹在丝素上,最外层为丝胶Ⅰ,最靠近丝素的为含量最少的极难溶丝胶Ⅳ。4种丝胶的比率大体为丝胶Ⅰ∶丝胶Ⅱ∶(丝胶Ⅲ+丝胶Ⅳ)=4∶4∶2,其中丝胶Ⅳ约为3%。因此,丝胶中大量存在的是丝胶Ⅰ和丝胶Ⅱ。

三、材料、器具及试剂

蚕茧、显微镜、载玻片、盖玻片、硫酸铵、乙醇、烧杯等。

四、实验方法

(1) 取鲜茧剥去茧衣,除去蚕蛹及蛹皮,用清水洗净,放在蒸发皿中,加入蒸馏水煮沸,煮至溶液变色为止,将溶液过滤即得丝胶溶液。

(2) 取丝胶溶液6 mL,加入乙醇2 mL,待凝固沉淀。取一滴沉淀放于载玻片上,盖上盖玻片,在显微镜下观察呈纤维状的即为丝胶Ⅰ。

(3) 取丝胶溶液4 mL,加入$(NH_4)_2SO_4$饱和溶液2 mL,待凝固沉淀后,取一滴沉淀液于载玻片上,盖上盖玻片,在显微镜下观察呈雪白色微粒状的即为丝胶Ⅱ。

五、结果记录与分析

观察并画出两种丝胶的形态图。

六、作业或思考题

查阅文献,分析说明用乙醇和硫酸铵沉淀析出丝胶Ⅰ和丝胶Ⅱ的原理分别是什么?

实验七

茧丝颣节的观察

一、实验目的

通过实验，识别和观察茧丝颣节。

二、实验原理

在茧丝表面上看到的形态异常部分，如茧丝的某一部分呈现疵点或块状，以及出现裂丝和分离细纤维等畸形现象，这些丝纤维外表的病疵称为茧丝颣节。颣节在缫丝过程中使茧丝切断，影响生丝品质，对丝绸的染色等后加工的影响也较大。茧丝的颣节主要有块状颣、环颣、小糠颣、毛羽颣和微茸颣等。这些颣节大多是由于蚕茧本身所产生的，认识和掌握性状各异的畸形茧丝，对于从技术上指导和改进蚕的育种、饲养及制丝工艺等环节，具有重要的实用意义。

1. 块状颣

块状颣有两种，一种是丝胶部分堆积膨大呈瘤状或排列成颗粒状，而丝素纤维轴的状态仍然正常。另一种是由于蚕在吐丝过程中受环境激烈变化的影响，使吐丝动作突然停止牵引所致。块状颣其丝素分子不是定向排列，并易在块状的一端突然变细，其强力弱而容易切断。

2. 环颣

又称小圈，它的形状成小环或"∞"形，这是胶着部分未离解开所致，凡茧丝较松浮，或茧层中茧丝胶着点的面积大小不均匀时容易发生。

3. 毛羽颣

又称细毛颣或"发毛"，茧丝的一部分与主干丝分裂，其粗细达纤维的 1/3 左右。浮出如毛羽状的颣节。这是由于蚕的两条丝腺发育不一致，其中一条较细长，在吐丝延伸时断裂而形成。

4. 小糠颣

又称微尘颣，在茧丝的表面有形状如细糠的微粒，由丝胶微粒聚集在丝条表面而成。

5. 微茸颣

又称分离细纤维或茸毛颣，是以卷曲状的微细纤维为主的丝屑小块(图 6-2)。

三、材料、器具及试剂

1. 器具：显微镜、载玻片、烧杯、滴管、滴瓶、玻璃棒、镊子、剪刀、吸水纸等。

2. 材料及试剂：蚕茧、NaOH 溶液、生物染色剂溶液。

四、实验方法

抽取 3 粒蚕茧(不同蚕品种)，将其茧层剖剥成外、中、内 3 层，并在各层中取出极薄的

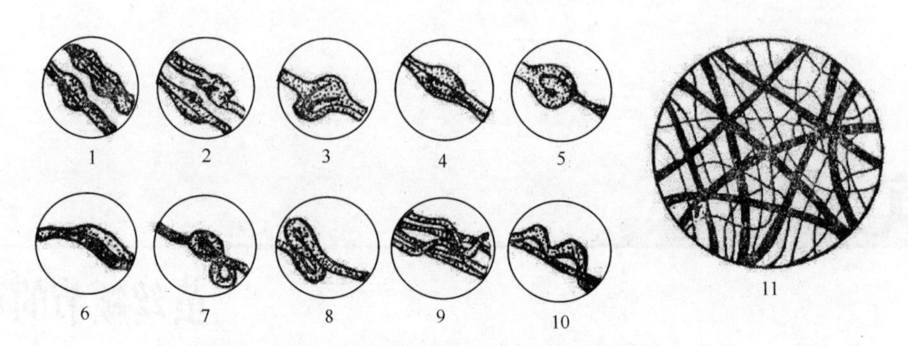

图 6-2　茧丝的颣节

1～6. 块状颣；7～8. 环颣；9. 毛羽颣；10. 小糠颣；11. 微茸颣

1 片，置于载玻片上，用滴管在茧层上滴入 2% NaOH 溶液 1～2 滴，并用玻璃棒整理使茧层充分湿润。静置 10 min 后，用蒸馏水冲洗茧层上的 NaOH 溶液，然后再用滴管在茧层上滴 1～2 滴生物染色剂溶液，静置数分钟后，再用蒸馏水冲洗去茧层表面的染色液，并用吸水纸吸干茧层上的水分，即成供镜检用样片。

将镜检用样片置于显微镜检验台上，观察茧丝的形状，将发现的畸形茧丝形状如环颣、微茸颣的分布、个数、大小，记录于表 6-14 中，同时绘制视野图。

表 6-14　畸形茧丝调查表

茧层	一			二			三			合计
	1	2	3	1	2	3	1	2	3	
外层										
中层										
内层										

五、结果记录与分析

1. 将实验结果填在表 6-14 中，根据实验结果，比较蚕品种间和同蚕品种内茧外、中、内层间的差别。

2. 画出两种镜检到的茧丝颣节视野图，或用拍照显微镜对其拍照。

六、作业或思考题

茧丝颣节是如何产生的？如何防止？

实验八

蚕茧的检验(评茧)

一、实验目的

通过实际操作正确把握评茧标准,掌握正确的评茧操作方法。

二、实验原理

现行的鲜茧评级标准,是以茧层无水恒量(简称干壳量)分级,以上车茧率、色泽、匀净度、茧层含水率和好蛹率等进行补正。

(1) 干壳量是指从蚕农出售的鲜上茧中随机抽取样茧,再从中抽取 50 g 鲜上光茧,切剖后将鲜茧壳烘至无水恒量即为该笔样茧的干壳量。干量分级规定以 0.2 g 干壳量为一个茧级,满 0.1 g 按 0.2 g 计算,不满 0.1 g 则尾数舍去。例如,9.1 g 按 9.2 g 计算,9.09 g 则按 9.0 g 计算。干壳量基本级是指上车茧率在 100%时的干壳量茧级。

干壳量基本等级分级标准见表 6-15(GB/T19113—2003)。

表 6-15 干壳量基本级分级表

茧级	干壳量/g	茧级	干壳量/g
特 3	≥11.6	10	≥9.2
特 2	≥11.4	11	≥9.0
特 1	≥11.2	12	≥8.8
1	≥11.0	13	≥8.6
2	≥10.8	14	≥8.4
3	≥10.6	15	≥8.2
4	≥10.4	16	≥8.0
5	≥10.2	17	≥7.8
6	≥10.0	18	≥7.6
7	≥9.8	19	≥7.4
8	≥9.6	20	≥7.2
9	≥9.4		

注:表中所列干壳量分级数值均为下限值,20 级以下为级外品

(2) 补正定级。根据色泽、匀净度、上车茧率、茧层含水率、好蛹率的检验结果进行补正定级。补正规定见表 6-16~表 6-20。

表 6-16　色泽补正规定

主要特征	评定	补正规定
茧层的外表洁白，光泽正常，茧衣蓬松	好	升 1 级
茧层的外表、光泽及茧衣蓬松度一般	一般	不升不降
茧层的外表灰白或米黄，光泽呆滞，茧衣萎瘪	差	降 1 级

表 6-17　匀净度补正规定

匀净度/%	补正规定	匀净度/%	补正规定
≥85.0	升 1 级	57.5≤匀净度≤60.0	降 5 级
70.0≤匀净度≤85.5	不升不降	55.0≤匀净度≤57.5	降 6 级
67.5≤匀净度≤70.0	降 1 级	52.5≤匀净度≤55.0	降 7 级
65.0≤匀净度≤67.5	降 2 级	50.0≤匀净度≤52.5	降 8 级
62.5≤匀净度≤65.0	降 3 级	匀净度＜50.0	作次茧处理
60.0≤匀净度≤62.5	降 4 级		

表 6-18　上车茧率补正规定

上车茧率/%	补正规定	上车茧率/%	补正规定
100.0	升 1 级	80.0≤上车茧率≤85.0	降 3 级
95.0≤上车茧率≤100.0	不升不降	75.0≤上车茧率≤80.0	降 4 级
90.0≤上车茧率≤95.0	降 1 级	70.0≤上车茧率≤75.0	降 5 级
85.0≤上车茧率≤90.0	降 2 级	上车茧率＜70.0	作次茧处理

表 6-19　茧层含水率补正规定

茧层含水率/%	补正规定	茧层含水率/%	补正规定
≤13.0	升 1 级	20.0≤茧层含水率＜23.0	降 2 级
13.0＜茧层含水率＜17.0	不升不降	23.0≤茧层含水率＜26.0	降 3 级
17.0≤茧层含水率＜20.0	降 1 级		

注：茧层含水率≥26.0%作次茧处理

表 6-20　好蛹率补正规定

好蛹率/%	补正规定	好蛹率/%	补正规定
≥95.0	升 1 级	70.0≤好蛹率＜80.0	降 2 级
90.0≤好蛹率＜95.0	不升不降	60.0≤好蛹率＜70.0	降 3 级
80.0≤好蛹率＜90.0	降 1 级		

注：好蛹率＜60.0%作次茧处理

三、材料及器具

评茧仪、台秤、蚕茧。

四、实验方法

1. 第一步(主评)

观察蚕茧,视化蛹程度(毛脚茧量)后抽大样,评定色泽,抽取样茧 1 kg。

2. 第二步(助评)

(1) 将样茧轻轻拌匀分成两区,由评茧员任意选定一区,在选定区中称准样茧 250 g。

(2) 数清 250 g 样茧粒数后选出上茧、下茧和次茧(双宫一粒作两粒),称量,计算匀净度和上车茧率。

3. 第三步

(1) 在上车茧中,采取定粒定量法称准 50 g 鲜茧,数准粒数。

(2) 剖开茧层,倒出蛹及蜕皮,检验好蛹粒数;剔除茧壳中的污物,称量 50 g 鲜茧壳量。

(3) 复数,检查茧壳后,将鲜光茧壳放入烘盘。

(4) 计算好蛹率。

4. 第四步

(1) 复查鲜样茧壳,按照先后次序进行预烘和决烘。

(2) 将茧壳烘至无水恒量后,看准读数,报出干壳量。

(3) 根据干壳量定基本级,根据补正核定茧级。

五、结果记录与分析

按评茧标准和操作流程,评定一笔鲜茧。

六、作业或思考题

分析现行评茧标准及方法的优缺点,你能提出更好的评茧方法吗?

实验九

蚕茧干燥程度检验

一、实验目的

蚕茧干燥的目的是杀死蚕蛹及寄生蝇蛆，防止出蛾、出蛆、霉变，以便长期贮藏，同时使丝胶适当变性，补正茧质，以提高生丝品质。但便于贮藏与以利缫丝是蚕茧干燥过程中矛盾的两个方面，因此要求能把这两者有机地统一起来，既不因便于贮藏而宁老勿嫩，又不能以利缫丝而宁嫩勿老，要掌握适干程度，在确保贮藏的前提下，尽一切可能保护茧质，以符合缫丝工业的需要。

掌握通过蛹体检验确定蚕茧干燥程度的方法。

二、实验原理

蚕茧在干燥过程中蛹体的形态也随着干燥程度的不同发生变化。半干茧的干燥成数与蛹体形态如表 6-21 所示。

表 6-21　半干茧干燥成数与蛹体形态

干燥成熟	蛹体形态
1	杀蛹，尾部略有收缩，翅未变形
2	尾部收缩明显，两翅收缩，隐约可见
3	两翅凹形明显，但翅梢未瘪，腹部无凹形
4	两翅深凹，翅梢已瘪，腹部初起凹形
5	腹部凹形明显，头胸部饱满而凸起，两翅未起边线
6	胸部深凹，两翅初起边线，呈瓢形
7	嘴翅连通边线，头胸部收缩明显，腹部尚软而滑动
8	腹部初检厚浆，轻捻腹部不易滑动
9	头部断浆，指揿腹部微有软性
10	揿捏蛹体松脆，留油无腻性

对于适干茧，鼻闻微香，摇茧声音清脆；剖茧捻蛹轻松易碎，略带重油（有油不腻），部分成小片状为适干；鼻闻浓香，摇茧声音尖脆；剖茧捻蛹成粉，略带油为偏老；摇茧声音重浊，剖茧捻蛹成大片，带腻性为偏嫩（图 6-3）。

三、材料及器具

鲜茧、烘箱、剪茧刀片。

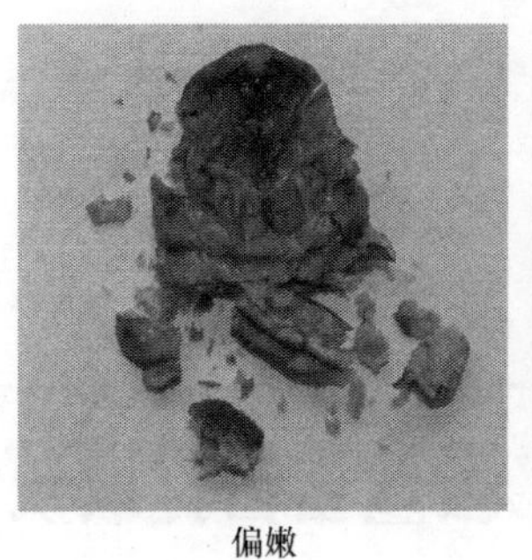
偏嫩

适干

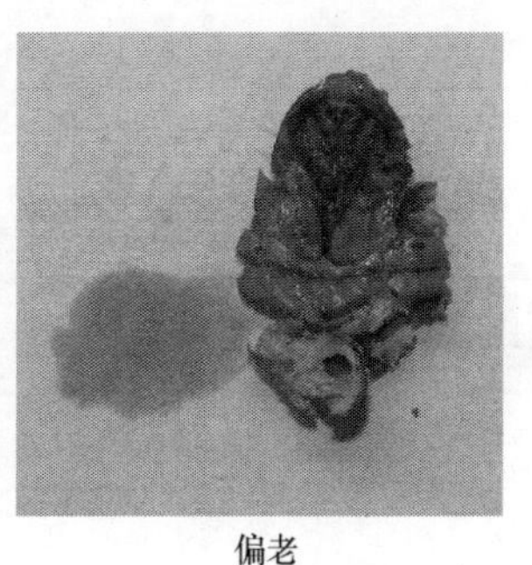
偏老

图 6-3　适干茧捻蛹图

四、实验方法

1. 半干茧蛹体检验

出灶前，在有代表性的茧格或茧网中抽取适当数量的样茧，切剖茧层，取出蛹体，检验蛹体形状。如蛹体腹部刚起凹形、翅梢已瘪的约有四成干左右；如蛹体尾部收缩，腹部深凹形的，约为六成干左右；如蛹体腹部稍有软性，揿捏稍有厚浆的，约为八成干左右。根据上述标准评定半干茧干燥成数。

2. 适干茧蛹体检验

出灶前，在有代表性的茧格或茧网中取适当数量的样茧，切削茧层，取出蛹体。如用手捻蛹体，蛹体断浆成片，重油而不腻的为适干，腻手的为偏嫩，根据上述标准评定适干茧的干燥程度。

3. 庄口适干均匀程度检验

抽取出灶后 48 h 到 20 d 内的适干茧 100 粒，剪开茧层后倒出蛹体，根据适干检验标准，将适干、偏老偏嫩、过老、过嫩蛹分开，数出各类蛹粒数，对照庄口适干程度标准，确定庄口适干均匀情况。

五、结果记录与分析

根据调查结果，填写表 6-22，然后讨论蚕茧的干燥程度。

表 6-22　蚕茧干燥程度调查表

检验项目	抽样粒数/粒	各种干燥程度的茧粒数	检验结果
半干			
适干			
适干均匀			

六、作业或思考题

蛹体检验法有什么优势和劣势？

实验十

蚕丝蛋白提取及分析

一、实验目的

通过实验了解丝胶蛋白和丝素蛋白的提取方法，掌握SDS-PAGE电泳法的基本操作及分析方法。

二、实验原理

丝胶蛋白是由中部丝腺细胞合成分泌的，覆盖在丝素蛋白上的多种蛋白质的总称。丝胶与丝素的结合标志着茧丝的形成。丝胶是家蚕吐丝结茧时的一种胶状蛋白，由于其含有大量的丝氨酸残基而得名。丝胶占茧层质量的20%～30%，丝素占茧层质量的70%～80%，丝素和丝胶构成了蚕丝的主体。

作为一类重要的天然蛋白，丝素和丝胶的蛋白结构一直是人们乐于探究的重要内容，但由于其分子质量大，结构复杂，易水解和自组装，因此对其结构的认知有一定难度。到目前也没有一种非常精准的方法体系来阐释。SDS-PAGE电泳是测定蛋白质分子质量的一种基本方法，操作简便，结果可信，常被用来分析蚕丝蛋白。

三、材料、器具及试剂

1. 器具：普通剪刀、锥形瓶（100 mL）、试管（10个）、褐色干燥器、培养箱、透析管、巴氏移液器、电泳装置。

2. 试剂：乙醇、乙醚、电泳药品。

3. 材料：蚕茧、5龄活蚕。

四、实验方法

1. *后部丝腺提取丝素蛋白*

解剖5龄活蚕，取后部丝腺，浸渍在蒸馏水中轻轻振荡，5 min后用镊子夹出外皮，得到丝素蛋白溶液备用。

2. *从茧层中提取丝胶样品*

切开茧层，取出蛹体和蜕皮，用剪刀将茧层剪成5 mm的角状小片。将茧片装入锥形瓶中脱脂。在乙醇中浸泡15 min，浸泡完成后除去乙醇，再在乙醚中浸泡15 min。除去乙醚，在褐色干燥器中干燥过夜。

试管中放入0.2 g茧片，加入40倍体积，即8 mL的透析缓冲液，37℃下，在培养箱中缓慢搅拌保温8～24 h。保温时间到后，2000 r/min离心2～3 min，吸取上清液。

3. β-巯基乙醇还原

每 100 μL 试样加入 1 μL β-巯基乙醇，37℃放置过夜。可以设置对照组不加 β-巯基乙醇。

样品上样前应离心过滤，加上样缓冲液沸煮，8000 r/min 离心 10 min，取 10 μL 上清上样（上样蛋白量 3～5 μg）。

4. SDS-PAGE

浓缩胶浓度 5%，梯度胶浓度 8%～15%。恒流电泳，浓缩胶时 10 mA，分离胶时 20 mA。

五、结果记录与分析

电泳完成后，考马斯亮蓝染色，脱色后拍照。对照 Maker，查看电泳条带分布，推算丝素蛋白和丝胶蛋白的分子质量。

六、作业或思考题

用 SDS-PAGE 分析丝素蛋白的优势在哪里？存在哪些不足？

实验十一

煮茧

一、实验目的

本实验的实验目的是通过煮茧，证实茧质优劣与煮茧的关系，分析实验中发现的问题，从而进一步明确煮茧对原料茧品质的要求，同时学会煮茧技术，也为茧丝纤度的调查实验打下基础。

二、实验原理

煮茧一般分为以下 5 个过程。

1. 高温置换

高温置换是指茧腔内的空气和茧腔外的水蒸气发生置换。先将煮茧锅盛一定量的水，待水加热煮沸后再将茧笼（已装入茧）投入，观察所发生的现象，时间为 1～2 min。

2. 低温吸水

经过置换作用后的蚕茧，接触低温汤后立即起冷缩作用，茧外压力大于茧内压力，使茧腔外围的水被压进茧内的过程称为低温吸水。预先将小钢盆内的吸水汤温度控制在 55～65℃，然后移近电炉旁，再将已结束置换作用（汤面无气泡时）的茧笼快速移入低温汤盆内，观察现象，时间为 2～3 min。

3. 热汤吐水煮熟

蚕茧从低温汤又接触到高温汤后，茧腔内的气泡迅速受热膨胀而压出茧腔内的水，称为热汤吐水煮熟。低温吸水结束后将茧笼仍移入进行置换作用的沸水（100℃）中进行吐水作用，观察现象，时间为 2～3 min。

4. 调整

调整是利用不断降低温度的热水使茧腔内、外水温呈外低内高，进一步使丝胶膨润软和，达到内外层适熟的目的。吐水结束后，将煮茧锅内的水温逐渐降低（可不断加入稍低温度的水），水温由 97℃逐渐下降至 80℃，时间需 4～6 min。

5. 保护

保护是指将蚕茧放在低温汤中，使茧外层丝胶适当凝固。当蚕茧煮熟后，将茧笼移入70～75℃的温汤中，待 1～2 min 后，再将茧从茧笼中取出放入烧杯中，汤温保持在 65℃左右。

三、材料及器具

1. 材料：不同原料茧，每种 2～4 粒。
2. 器具：煮茧笼、煮茧锅、小钢盆、烧杯、电磁炉、温度计等。

四、实验方法

(1) 不同的原料茧两种,各取 2～4 粒,将其放入煮茧笼中,按照表 6-23 的参数进行第一次煮茧。观察煮茧过程中的现象。

表 6-23　煮茧温度与时间设计表

项目	参考		茧别	自行设计		茧别	自行设计	
	温度/℃	时间/min		温度/℃	时间/min		温度/℃	时间/min
高温置换	100	1～2						
低温吸水	55～65	2～3						
热汤吐水煮熟	100	2～3						
调整	97～80	4～6						
保护	70～75	12						
桶汤	65	—						

(2) 根据第一次煮茧结果自行设计参数,按自行设计参数进行煮茧。

五、结果记录与分析

查看第二次煮茧结果,讨论是否达成预期的茧质目标。对煮茧参数进行修订,最终针对样茧确定最佳煮茧参数。

六、作业或思考题

根据自己的煮茧实践,谈谈煮茧对茧质的要求。

实验十二

茧丝纤度的调查和计算

一、实验目的

纤度检验又称条份检验，是了解生丝的粗细及其分布情况，为纤度的工艺设计提供依据。实验过程中可采用一粒缫的方法调查和计算纤度。检验时，用切断检验摇成的丝锭，在纤度机上摇取规定回数的小丝(又称纤度丝)进行检验，检验项目有平均纤度、公量平均纤度、纤度偏差、纤度最大偏差等。

通过一粒缫的调查和计算，了解该原料茧的茧丝质量、茧丝长、茧丝平均纤度及其偏差、开差、切断等情况，按照缫丝的要求确定定粒配茧，并考虑如何在蚕品种选育、饲养、蔟中管理上改进提高，以符合缫丝工业对原料茧质的要求。

二、实验原理

一粒缫就是对一粒茧进行缫丝，进而分析一粒茧的茧丝纤度及分布情况。一粒缫需用检尺器进行缫丝。检尺器是测量纤维长丝长度的有效工具，当木质架呈正六边形撑开时，纤维长丝绕其一圈(称为一回)长度为 1.125 m，因此只需记录回数就可轻松得到纤维长度，根据其质量便可计算样品纤度。

三、材料及器具

1. 器具：检尺器、烧杯、标签纸、温度计、索绪帚、电子天平、干燥箱。
2. 材料：将样茧按茧质分成几类，每类茧各取 1～2 粒。

四、实验方法

样茧→编号→煮茧→将煮熟茧放在烧杯中(汤温保持 50～55℃)理出丝头→用检尺器进行一粒缫(正式缫丝前一定要校正检尺器到零回，转速保持每分钟 100 转左右)→整理(将每 100 回丝整理成小圈后系扎在标签纸上，绪丝、蛹衬也系上)，并记好切断次数及零回数→烘丝(105℃或者 140℃烘半小时，回潮 10～20 min)→称丝→计算成绩(按茧丝纤度调查表中内容逐项计算)。

五、结果记录与分析

记录原始数据(表 6-24)，根据公式计算样茧的茧丝量、茧丝长、茧丝平均纤度、茧丝纤度平均偏差、最大开差、初终纤度率和千米切断数或解舒率，结果填入表 6-25。

表 6-24　茧丝纤度调查表(原始数据)

编号	每百回丝重/零回重/mg															零回数/回	绪丝量/mg	蛹丝量/mg	切断次数/次
	1	2	3	4	5	6	7	8	9	10	11	12	13	14	15				
1																			
2																			
3																			
4																			
5																			

表 6-25　茧丝纤度调查表(计算成绩)

编号	每百回茧丝纤度/D															合计	茧丝总长/m	平均纤度/D	粒内均方差/D	开差/D	千米切断数/次	初终纤度率/%	定粒配茧
	1	2	3	4	5	6	7	8	9	10	11	12	13	14	15								
1																							
2																							
3																							
4																							
5																							

1. 茧丝量(mg 或 g)＝每百回茧丝质量的总和
2. 茧丝长(m)＝总回数(包括零回)×1.125
3. 计算每百回茧丝纤度

$$\text{百回纤度(D)}=\frac{\text{百回重(mg)}}{\text{百回数(回)}}\times 8=\text{百回重(mg)}\times 0.08$$

$$\text{零回纤度}(D)=\frac{\text{零回重(mg)}}{\text{零回数(回)}}\times 8$$

4. $\text{一粒茧丝平均纤度(D)}=\frac{\text{茧丝总质量(mg)}}{\text{总加数(回)}}\times 8$
5. 最大开差(D)＝最粗百回纤度－最细百回纤度
6. $\text{粒内均方差}=\sqrt{\frac{\sum(\text{各百回纤度}-\text{平均纤度})^2}{\text{百回数}}}$
7. $\text{千米切断数(次)}=\frac{\text{切断次数}\times 1000}{\text{总丝长(m)}}$
8. $\text{解舒率(\%)}=\frac{1}{1+\text{切断次数}}\times 100$
9. $\text{初终纤度率(\%)}=\frac{\text{最末百回茧纤丝度}}{\text{第一百回茧纤丝度}}\times 100$

六、作业或思考题

根据一粒缫茧调查结果的成绩,分析样茧的优缺点,并提出改进方法。

实验十三

生丝的强伸力测定

一、实验目的

通过实验，了解生丝的力学性能。

二、实验原理

强力也称拉力，是对一定数量的生丝，逐渐增加牵引力，至生丝被拉断时所需之力。强力可分为绝对强力和相对强度。绝对强力是指一根茧丝或生丝在一定条件下被拉伸到断裂时所承受的最大负荷，单位为牛顿(N)或厘牛(cN)。因为不同的纤度其强力相差很大，因此生产实践中多用相对强度来表示。茧丝或生丝在一定条件下被拉伸到断裂时所承受的最大负荷与其纤度之比就是该纤维的断裂强度，单位为 cN/dtex。

生丝受到拉力牵引后，会逐渐伸长，当拉力继续增加，生丝被拉伸到一定长度，发生断裂时的最大伸长称为伸长度。伸长度以生丝延伸的长度对受验生丝牵引部位长度的百分率表示。

生丝的强力及伸长度，均高于一般的动植物纤维，与丝织加工过程及成品的坚牢耐用程度的关系极为密切，故而越来越受到重视，是重要的生丝质量指标。生丝在空气中容易吸湿，外界的温湿度条件对其力学性能影响很大，因此在测试时一定要注意测试条件。

三、材料及器具

生丝、强力机或力学试验机(拉力范围 0～50 kg)、电子天平(量程 200 g、精度 0.001 g)。

四、实验方法

(1) 抽取切断检验时摇成的丝锭 10 只；筒装丝取 10 筒，其中 4 筒面层，3 筒中层(约在 250 g 处)、3 筒内层(约在 120 g 处)。在 24 D(26.7 dtex)及以下的规格，每只锭摇取一绞(每绞小丝为 400 回)试样，共摇小丝 10 绞。其他规格参照 GB/T 1798—2008 执行。

将摇成的小丝在温度(20±2)℃，相对湿度(65±5)%条件下平衡 12h 以上，使其含湿量在标准范围内，称其质量，并折算成 D 或 dtex，做好记录。

(2) 将试样丝均分、平直、理顺，放入上、下夹持器，夹持松紧适当，防止试样拉伸时在钳口滑移和切断。隔距长度 100 mm，拉伸速度 150 mm/min。设定好参数后开始拉伸实验直至生丝断裂。记录断裂时的最大强力及最大伸长率作为样丝的断裂强力及断裂伸长率。

五、结果记录与分析

根据实验数据计算样丝的断裂强度和断裂伸长率。

$$\text{断裂强度(cN/dtex)}=\frac{\text{断裂强力(cN)}}{\text{生丝纤度(dtex)}}$$

六、作业或思考题

为什么受验样丝在测定前要先进行恒温恒湿的平衡?

实验十四

生丝的抱合力测定

一、实验目的

组成生丝的各根茧丝相互间的绞着力称为抱合力。抱合力的测定就是测定组成生丝的茧丝间相互抱合胶着的牢固程度。一般来说，抱合力低的生丝，丝条组织不牢固，易生裂纹，经不起高速织机的摩擦，拉力差，断头多，工效降低，成本增加，而且产品的使用价值也降低。

通过实验，进一步加深了解生丝机械性能及其实用意义。

二、实验原理

生丝抱合力检验用抱合力机，其原理就是反复摩擦看丝条的开裂情况。

三、材料及器具

抱合力检验机（主要由张力装置、摩擦器、调速器、回转计数器及样丝挂绕装置等组成），生丝丝绽等。

四、实验方法

(1) 抽取切断检验时摇成的丝绽 5 只，每只取样一次。样丝测试前应在标准温度下进行充分平衡。

(2) 翻开上摩擦片，将样丝一端绕于固定钮上，丝条于左右排钩间往复挂绕。当丝条挂好后，盖好上摩擦片，扳开活动排钩位置固定键，使活动排钩可以活动，丝条承受张力，并将回转计数器置于零位。

(3) 按动电钮，开始摩擦，摩擦速度约为 130 次/min。一般在摩擦 45 次左右时，作第一次检视，以后按实际掌握，一般继续摩擦 10 次后再检验，但检视的间隔次数不宜太多，直至有半数(10 根)以上的样丝，每根产生 6 mm 以上的分裂时，测定可终止。此时回转计数器上的数字，即为该样丝的抱合次数（抱合力）。此外，如在测定途中，丝条发生切断，应将样丝废弃后再从原丝锭取样重测。

五、结果记录与分析

将 5 只样丝的抱合力次数相加，除以 5，取整数，即得该生丝的抱合次数（抱合力），其计算式如下。

$$\text{抱合力(次)}=\frac{\text{受验样丝抱合力总次数}}{\text{受验样丝条数}}$$

六、作业或思考题

1. 理解生丝抱合力的概念和丝胶的作用。
2. 根据自己掌握的知识，简述生产中哪些因素会影响生丝抱合力。

实验十五

生丝的黑板检验

一、实验目的

通过实验了解生丝黑板检验的操作流程及意义。

二、实验原理

黑板检验主要检验生丝的均匀度变化，清洁和洁净成绩。均匀检验是在暗室中，利用透光反射原理，当黑板丝片在同一光线的照射下，显示出各种不同程度的深浅条斑，即反映出丝条的粗细变化。因此，根据黑板上丝片的有无条斑、条斑的多少、条斑的阔度和深浅程度就可以判定生丝均匀度的优劣。清洁检验主要检验丝片上的大、中颣个数及其种类。大、中颣在络丝过程中会使切断增多，在织绸过程中因不耐梭子的摩擦而容易断头，而且在织物上会产生显著斑点和染色不匀，有损织物的外观和牢度。因此，目前对清洁检验非常重视，是生丝质量定级的主要项目之一。洁净检验是检验丝片上小颣的数量、类型及其分布状态，又称净度检验。生丝洁净差，织造过程中不耐钢筘、梭子的来回摩擦，易发毛甚至切断，同时织成的织物易产生斑点和染色不均匀，是目前生产中影响生丝品质的关键环节。

三、材料及器具

黑板机(转速为 100 r/min 左右)、黑板、丝锭 5 只(正式检验需 25 只丝锭)。

检验室:设有灯光装置的暗室，照度为 20 lx 左右。

标准物:均匀度标准样照，清洁标准样照和洁净标准样照。

四、实验方法

(一) 黑板检验

(1) 丝条用黑板机按纤度规格要求的排列线数绕于黑板上。每块黑板一次排列 10 片丝，每片宽 127 mm，每个丝锭摇取两片黑板丝片，共 10 片丝。正式检验时，一批丝规定摇取 5 块黑板(即 50 片黑板丝片)。

(2) 将黑板放在检验室的黑板架上，开启灯光后，在距离黑板 2.10 m 处，将黑板丝片逐一与均匀标准照片对照，分别记录不同均匀度变化的条数。变化阔度超过 20 mm 的作两条计算。均匀一度变化:丝条均匀变化程度超过标准片 V_0，不超过 V_1 者;均匀二度变化:丝条均匀变化程度超过标准片 V_1，不超过 V_2 者;均匀三度变化:丝条均匀变化程度超过标准片 V_2 者。

(3) 确定均匀变化程度的方法:①确定基准浓度，将整块黑板大多数丝片的浓度定为基准浓度；②丝片匀粗匀细变化超过均匀一度变化时，按其变化程度作一条记录；③丝片均匀粗细逐渐变化，按其最大变化程度作一条记录；④无基准浓度的丝片，可选择接近基准浓度部分作为该片基准，如变化程度相等时，可按其幅度阔的作为该片基准。上述基准与整块对照，如变化程度超过均匀一度变化时，该基准作二度变化一条记录。变化部分应与整块黑板基准比较确定，变化程度不足一度变化的不计数。

(4) 计算成绩：在进行检验时，每块黑板丝片各类丝条斑的变化条数需逐一记录于均匀检验单上，然后计算均匀成绩。

(二) 清洁检验

(1) 样品采用均匀检验的同一黑板，受验丝片数量与均匀检验相同。

(2) 将受验样丝黑板逐块放在均匀检验室的黑板架上，开启横式回光灯，检视位置距黑板面 0.5 m 处。

(3) 检验须遍及黑板的两面，依次检查每片丝上的清洁疵点，参照清洁疵点标准照片判定疵点种类，分类计数，记录在工作单上。

(4) 凡遇有模棱两可的糙疵，以其最接近的一种作为该种糙疵。清洁糙疵共分 3 类，即主要疵点(又称特大糙疵)、次要疵点和普通疵点。详见清洁疵点分类表(表 6-26)。

表 6-26　清洁疵点分类

疵点名称		疵点定义	长度/mm
主要疵点		长度或直径超过次要疵点的最低限度 10 倍以上者	
次要疵点	废丝	附于丝条上的松散丝团	
	大糙	丝条部分膨大或长度稍短而特别膨大者	
	黏附糙	茧丝折转，黏附丝条部分变粗呈锥形者	7 以上
	大长结	结端长或长度稍短而结法拙劣者	10 以上
	重螺旋	有一根或数根茧丝松弛缠绕于丝条周围，形成膨大螺旋形，其直径超过丝条一倍以上者	100 左右
普通疵点	小糙	丝条部分膨大或 2 mm 以下而特别膨大者	2～7
	长结	结端稍长有一根或数根茧丝松弛缠绕于丝条周围成螺	3～10
	螺旋	旋形，其直径未超过丝条本身一倍者	100 左右
	环	环形的圈子	20 以上
	裂丝	丝条分裂	20 以上

(三) 洁净检验

(1) 洁净检验的样丝为均匀检验的同一块黑板丝，数量与均匀检验相同。

(2) 将受验黑板搁置在黑板架上，站离黑板 0.5 m 处进行检验。

(3) 任取黑板的一面，逐一检查评分。

(4) 根据该片一面存在糙疵的数量、形状和分布情况，对照标准照片进行评分。洁净疵点及扣分规定见表 6-27。

表 6-27　洁净疵点扣分规定

<table>
<tr><th>分数</th><th>糙疵数/个</th><th>糙疵类型</th><th>说明</th><th>分布</th></tr>
<tr><td>100
95
90</td><td>12
20
35</td><td>一类型
(100分)
样照</td><td>1. 夹杂有第三类型糙疵以1个折3个计
(1) 轻螺旋长度以20 mm以上为起点
(2) 环裂长度以10 mm以上为起点
(3) 雪糙长度为2 mm以下者
(4) 结端长度为2 mm以下者
2. 夹杂有第二类型糙疵时,个数超过半数扣5分,不到半数不另扣分</td><td rowspan="3">1. 糙疵集中在1/2丝片扣5分
2. 糙疵集中在1/4丝片扣10分
3. 小糠分布在1/2丝片扣10分
4. 小糠分布在1/4丝片扣5分
5. 小糠不足1/4丝片者,不作扣分处理,但评分时可适当结合</td></tr>
<tr><td>85
80
75
70
60</td><td>50
70
100
130
210</td><td>二类型
(80分)
样照</td><td>1. 环形基本上为第一类型糙疵加5分
2. 夹杂有第三类型糙疵时,个数超过半数扣5分,不到半数不另扣分</td></tr>
<tr><td>50
30
10</td><td>310
450
640</td><td>三类型
(50分)
样照</td><td>1. 形状为第一类型时加10分
2. 形状为第二类型时加5分</td></tr>
</table>

五、结果记录与分析

1. 均匀度计算公式如下。

$$均匀一度变化(条)=\frac{受验样丝均匀一度变化条数}{受验样丝片数}\times 50$$

$$均匀二度变化(条)=\frac{受验样丝均匀二度变化条数}{受验样丝片数}\times 50$$

$$均匀三度变化(条)=\frac{受验样丝均匀三度变化条数}{受验样丝片数}\times 50$$

2. 清洁扣分标准:对工作单位所记录的各种糙疵数目分类扣分,受验50片者,主要疵点每个扣2分,次要疵点每个扣0.8分,普通疵点每个扣0.2分。受验丝片100片者,疵点扣分减半。从100分中减去各类清洁疵点的扣分总数,即得该批丝的清洁成绩,以分表示,取小数点后1位。

3. 洁净评分范围:最低为10分,最高为100分。在50分以下者,每10分为一档。在50分以上者,以5分为一档。其平均值为该批丝的洁净成绩。

六、作业或思考题

1. 理解均匀检验的含义,简述生丝均匀检验与生丝纤度检验有何不同?
2. 了解清洁疵点的类型和特征。
3. 了解主要疵点、次要疵点和普通疵点的特征和区别。
4. 简述洁净检验与清洁检验的区别。

实验十六

丝绵的制作及鉴别

一、实验目的

了解手工丝绵的制作方法。

二、实验原理

缫丝厂的副产品一般有长吐、滞头、丝绵和蛹油等数种，长吐和滞头是绢纺厂的优质原料。丝绵质轻、柔软、富有弹性、保暖性强，是冬季御寒的良好材料，常被加工成丝绵被。

目前市场上的蚕丝被品类繁多，主要有桑蚕丝绵被、柞蚕丝绵被和化纤或棉纤维假冒的丝绵被，消费者在购买的时候一定要谨慎，最好能掌握一些简单的鉴别方法。常用的鉴别方法是燃烧法和溶解法。燃烧是一种化学反应，不同物质的燃烧现象不同，因此可以鉴别纤维，详情可以参阅本书第六部分实验一。

除燃烧法外，生活中也可用溶解法来快速鉴别蚕丝被。84 消毒液的主要成分是次氯酸钠（NaClO）。次氯酸钠是一种强碱弱酸盐，在碱性条件下更稳定，商品溶液 pH 为 12。使用过程中，空气中的二氧化碳与其反应生成次氯酸。次氯酸虽是弱酸，但具有极强的氧化性能。由于蚕丝耐碱性极差，因此蚕丝可以在 84 消毒液中被溶解，而化纤和棉纤维不能被其溶解。由于柞蚕丝也可被溶解，因此此法不能鉴别区分桑蚕丝绵和柞蚕丝绵。

三、材料、器具及试剂

竹制大弓与小弓、盆子、装茧布袋、煮锅、猪油、苏打或石碱、各类下茧（双宫茧、蛾口茧、蛆孔茧、油污茧、血茧等）；桑蚕丝绵、棉花、化纤、84 消毒液、试管等。

四、实验方法

（一）丝绵的制作

（1）把蚕茧浸入冷水中，待浸泡数小时后，充分除去污汁，然后压干。

（2）锅内水沸后，把茧子装入布袋放入锅内，如采用双宫茧每公斤加苏打 60 g，或石碱 90 g；削（蛾）口茧则加苏打 80 g，或石碱 120 g，并加少许猪油在内，压盖（勿使茧浮出水面）沸煮 50 min。中途全翻身一次，使煮熟均匀。

（3）检查煮熟程度时在布袋中央取出几粒茧子放在清水中漂洗。如有硬块则尚未煮熟，如无弹性易穿头则说明已过熟，应以茧层无硬块又不易穿头为最好。

（4）将煮熟茧反复清洗，除去茧内污水，直至茧层白色为止。

（5）制绵时，先在茧层上挖一小孔，套在手指上翻转茧层，除去蛹体和杂质，然后套在竹制的小弓上，单茧套10只左右，双宫茧套7～8只制成一张小绵。

(6) 将制成的小绵放在水中用两手扩大后，套在竹制的大弓上，3～4层即成一张大绵，然后晒干，包扎即为成品。

(二) 真假丝绵的鉴别

从棉花、化纤、丝绵等纤维样品中取一小块纤维，分别放入不同试管中。然后加入84消毒液，振荡数分钟，能溶解的为丝绵，不能溶解的是化纤或棉纤维。

五、作业或思考题

1. 加苏打和石碱的作用是什么？有何影响？
2. 柞蚕丝绵能在84消毒液中溶解吗？查阅资料并分析说明。

实验十七

设计性实验——制丝废水处理

一、实验目的

通过自己查阅资料来设计制丝废水处理的方案并验证，以此了解制丝废水处理的必要性和一般方法。

二、实验原理

制丝废水主要包括缫丝废水和煮茧废水。它有两个比较明显的特征，一是废水量大，二是含有大量有机物(丝胶)。因此，制丝废水的循环利用对于缫丝企业的节能减排具有重要的意义。此外，丝胶蛋白是一种很重要的天然蛋白，如能提取出来则可增加缫丝企业收入。

目前制丝废水的处理方法有很多种，从丝胶是否提取利用的角度大体可分为两类：一类通过发酵等手段将废水中的有机物丝胶分解掉，另一类是通过沉降、过滤等手段将丝胶初提出来。

三、材料、器具及试剂

制丝废水。实验所需的仪器设备可选用实验室现有的各类仪器设备。

四、实验方法

(1) 将学生分组，结合课堂讲解并查阅资料，每个小组提出一个实验方案。
(2) 集中讨论实验方案的可行性，并确定实验方案。
(3) 按照实验方案进行实验，对实验方案进行验证并查看实验效果。
(4) 根据制丝废水处理效果及实用性等方面对各自的实验方案进行综合评价。

五、作业或思考题

综合评价各自的实验方案并提出改进措施。

实验十八

设计性实验——静电纺桑蚕丝

一、实验目的

掌握静电纺丝的工作原理和一般操作方法。

二、实验原理

通过静电纺丝技术制备纳米纤维材料是近十几年来世界材料科学技术领域最重要的课题之一。静电纺丝以其制造装置简单、纺丝成本低廉、可纺物质种类繁多、工艺可控等优点，已成为有效制备纳米纤维材料的主要途径之一。

通过静电纺丝法制得的丝素纳米纤维材料具有比表面积大，生物相容性好，孔隙率高等优点，并能较好地模拟细胞外基质的结构，已经被广泛应用于皮肤、血管、骨、神经等组织工程领域。

静电纺丝是一种特殊的纤维制造工艺，高分子聚合物溶液或熔体在强电场作用下，针头处的液滴会由球形变为圆锥形（泰勒锥），并从圆锥尖端延展得到纤维细丝。这种方式可以生产出纳米级直径的聚合物细丝。聚合物本身的可纺性、分子质量、溶液浓度、溶剂等制约着静电纺丝的成败。静电纺丝的参数选择如电压、接收距离、挤出速度、针头内径等也会影响纤维的成型和直径（图 6-4）。

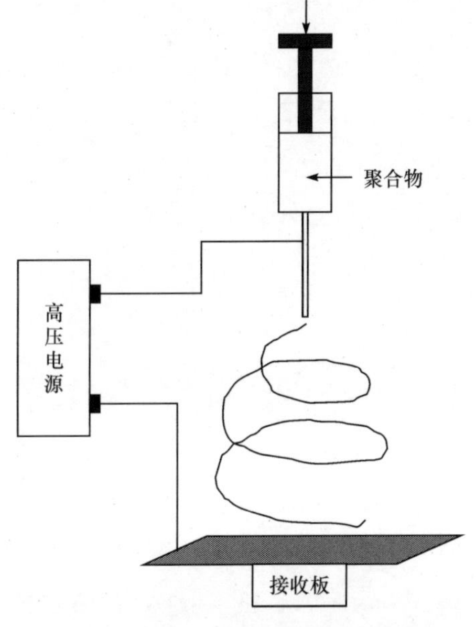

图 6-4　静电纺丝原理示意图

三、材料、器具及试剂

静电纺丝仪，溶剂(如甲酸)。

再生丝素：将蚕茧充分脱胶之后溶于高浓度中性盐(如溴化锂)中，待充分溶解后透析脱盐得到稀的再生丝素溶液。为方便实验可将其冻干，实验时再溶于适当的溶剂中。

四、实验方法

(1) 将学生分组，结合课堂讲解并查阅资料，每一个小组提出一个实验方案。如选择不同的溶剂、不同浓度、不同的接收方式等。

(2) 集中讨论实验方案的可行性，并确定实验方案。

(3) 按照实验方案进行实验，对实验方案进行验证并查看其是否可纺。借助显微镜对纺制完成的纳米纤维丝进行观察并综合评价。

五、作业或思考题

综合评价各自的实验方案并分析。

参考文献

蚕桑丝绸学院丝绸调研组. 2001. 蚕丝学实验指导(自编教材). 重庆：西南农业大学
东政明. 1987. 蚕丝生物学实验实习书. 京都：财团法人农笠会
缪云根，顾国达. 2001. 蚕桑学实验指导. 杭州：浙江大学出版社
徐水，胡征宇. 2014. 茧丝学. 北京：高等教育出版社
GB/T 1798—2008. 生丝试验方法. 北京：中国标准出版社
GB/T 19113—2003. 桑蚕鲜茧分级(干壳量法). 北京：中国标准出版社

第七部分　蚕桑资源综合利用实验

栽桑养蚕在我国具有超过 5000 年的悠久历史，也曾经是我国的功勋产业，为国民经济发展提供了重要的支持作用。目前，全国仍有 20 多个省区从事蚕桑生产相关工作，桑园面积超过 80 万 hm^2，年产蚕茧 70 万 t，特别在我国西部地区，栽桑养蚕还是农民收入的重要来源。蚕丝业的主要产品是蚕茧、生丝和丝绸，除主产品以外，还有大量的物质资源，这些资源的合理利用是提高蚕桑行业附加值和增加农民收入的重要途径，也是现代蚕桑行业发展的新途径。关于蚕桑资源的综合利用，国内外很早就有相关研究，古医书《本草纲目》中对桑的药用价值有详尽的描述。随着科学的进步和技术的提升，利用蚕桑资源研制的医药品、保健品、化工产品成功的案例很多，如蚕沙提取叶绿素、蚕蛹提取不饱和脂肪酸、蚕蛹生产保健性食用菌等。

本部分选取了近年来蚕桑综合利用比较热门的研究成果进行精炼和改进，设计了叶绿素及其铜钠盐的制取、果胶提取、蛹(蛾)油的提取、蛹(蛾)油的精制、蛹蛋白提取、蛹蛋白的精制、蚕蛹皮几丁质的提取、脱乙酰几丁质的制取及质量分析 8 个实验项目，旨在引导学生学习的积极性，激发学生的创新精神，为培养全面、系统、多角度的蚕桑行业人才提供有力的帮助。

实验一

叶绿素及其铜钠盐的制取

一、实验目的

1. 掌握从蚕粪中提取叶绿素的方法。

2. 掌握以叶绿素制取其铜钠盐的原理及技术要点。

二、实验原理

蚕粪中含有约1%来源于桑叶的叶绿素。由于叶绿素是一种羧酸——叶绿酸同甲醇、叶绿醇形成的复杂酯，难溶于水而易溶于乙醇、丙酮、汽油、乙醚等有机溶剂，因此通常以乙醇来提取蚕粪中的叶绿素，另外，当叶绿素与碱发生皂化反应后，却可溶于水。

$$\underset{\text{叶绿素a}}{C_{55}H_{72}O_5N_2Mg}+2NaOH\longrightarrow \underset{\text{叶绿素酸钠}}{C_{32}ON_4(COONa)_2Mg}+\underset{\text{叶绿素醇}}{C_{20}H_{39}OH}+\underset{\text{甲醇}}{CH_3OH}$$

所以，可以利用此性质，使叶绿素与同时被抽提出的脂溶性杂质分离。叶绿素的化学性质很不稳定，易受强光、高热的破坏。但叶绿素在酸性环境下，其中心 Mg^{2+} 可被另外一些金属离子，如 Cu^{2+}、Fe^{2+} 等替换，生成较为稳定的铜代(或铁代)叶绿素：

$$phMg^{2+}H\longrightarrow ph—H+Mg(\text{脱镁叶绿素})$$

$$ph—H+Cu\longrightarrow phCu(\text{铜代叶绿素})+2H^+(ph:\text{叶绿素分子})$$

铜代叶绿素再进行皂化，即成叶绿素铜钠。由于它更为稳定，水溶性亦好，因此应用范围比叶绿素更广泛，是工业上重要的天然绿色素。

三、材料、器具及试剂

1. 材料：蚕粪要求含水量低于10%，叶绿素含量达1%左右，无腐烂变质现象。可将收集的蚕粪去残桑，用水快速漂洗2～3次，风干或60℃烘干，置于棕色磨口瓶或牛皮纸袋中，密封，在10℃以下保存备用。

2. 器具：研钵、10 mL移液管、胶头吸管、50 mL容量瓶、分液漏斗、100 mL锥形瓶、漏斗、恒温水浴锅、恒温烘箱、电子天平。

3. 试剂：95%乙醇、石油醚(36～60℃)、2 mol/L HCl、1% $CuSO_4$ 溶液、5% NaOH乙醇溶液(称5 g NaOH用80%～90%的乙醇溶解并定容至100 mL)。

四、实验方法

(一) 叶绿素提取

(1) 软化：准确称2 g风干蚕粪于研钵中，用胶头吸管滴撒0.6～0.8 mL在60℃下预热的蒸馏水，放置至蚕粪开始软化。

(2) 粉碎：把已软化的蚕粪充分研碎。

(3) 浸提：将 18 mL 95%的乙醇和 2 mL 乙醚分 2～3 次加入研钵中，把蚕粪洗入烧杯里，在 50℃下搅拌浸提 20～30 min，将上清液倾出过滤，余渣再用乙醇、乙醚混合液(8：2)10 mL 在同等条件下浸提 10～15 min 过滤，收集滤液。最后，将残渣用 95%乙醇 10 mL 分 2～3 次洗至流出液基本无色，合并所有滤液、洗涤液，用 95%乙醇定容至 50 mL。

(4) 皂化除杂：吸取 10 mL 叶绿素提取液入分液漏斗中，加入 5% NaOH 乙醇溶液 3 mL 左右，振荡摇匀。片刻后，加入 10 mL 石油醚，振荡 5 min，再加入 3～5 mL 蒸馏水，轻轻摇匀，静置。待分层后，除去黄色乙醚层，再用石油醚 20 mL 左右分数次振荡洗涤叶绿素皂化液，至醚层色泽转为无色(或石油醚固有色)，表明杂质已除净为止。每次洗涤完毕，静置分层，除净醚层。

注意：由于每次实验所用蚕粪中叶绿素含量的差异，会导致提取液中叶绿素浓度的波动，故此处所加碱量仅是一个参考数据。在皂化液与石油醚分层后，可根据醚层的色泽来判断皂化完全与否；若呈金黄色则证明皂化完全，呈绿色或共绿色均表明皂化不完全，须提高加碱量。

(二) 制取叶绿素铜钠

1. 置铜

(1) 将分液漏斗中的叶绿色素皂化液置入 100 mL 锥形瓶内，用 2mol/L HCl 调节溶液 pH 为 2～3。

(2) 按 $CuSO_4$ 溶液：皂化液＝1：20(体积比)的比例加入 $CuSO_4$。

(3) 在 50℃保温搅拌 20～30 min。

(4) 过滤，滤渣用少量 95%乙醇洗 2～3 次。

2. 精制

(1) 所得滤液合并后，加 1 倍体积的蒸馏水稀释，使叶绿素铜酸沉淀。

(2) 过滤，用蒸馏水洗涤滤渣至流出液的 pH 呈中性或接近中性，并且流出液不能使 NaOH 溶液混浊(表明无游离 Cu^{2+} 存在)为止。

(3) 将叶绿素铜酸在 50℃下烘干称重。

3. 皂化成盐

(1) 按叶绿素铜酸：NaOH＝5：1 的质量比，将叶绿素铜酸加入 5% NaOH 乙醇溶液中或用 2～3 mL 乙醇溶解叶绿素铜酸，再按上述质量比加入一定体积的 5% NaOH 乙醇液。

(2) 在锥形瓶中 50℃保温 30 min，使之完全皂化。

(3) 倾去上清液，用 5 mL 50%乙醇溶解沉淀。

(4) 过滤，除去不溶物，滤渣用少许蒸馏水洗涤 2～3 次，合并滤液。

4. 干燥

(1) 将滤液在 70℃下真空干燥至含水量＜8%。

(2) 用研钵研碎，即成叶绿素铜钠盐粉剂。称重，记下质量 m(g)。

(三) 叶绿素铜钠纯度检测

(1) 将已知质量的叶绿素铜钠用甲醇溶解并定容至 100 mL。

(2) 取 1 mL 稀释至吸光度为 0.2～0.7，以纯甲醇为参比液，测定 $\lambda=405$ nm 处吸光值 E_1，再测定 $\lambda=630$ nm 处的吸光值 E_2。重复 3 次，取平均值。

五、结果与讨论

1. 计算：

$$\text{叶绿素铜钠得率}(\%)=\frac{m\times\text{定容体积}}{2\times\text{取用体积}}\times 100$$

$$\text{消光比值}=\frac{E_1}{E_2}=\frac{E_{405}}{E_{630}}$$

2. 皂化过程中，加碱量偏多或偏少，有何影响？
3. 为什么在制取叶绿素铜钠或提叶绿素的过程中均有加热要求，但用的温度却较低？
4. 在制取叶绿素铜钠的整个过程中有哪几个除杂步骤，所除杂质分别是什么？

实验二

果胶提取

一、实验目的

掌握果胶提取的原理及技术。

二、实验原理

果胶是一种平均分子质量在5万～15万的聚多糖物质，其分子的主体骨架为D-半乳糖醛酸。这些半乳糖醛酸上的羧基可能部分(或全部)甲酯化。根据酯化率的不同，被分为低甲氧基果胶(甲酯化率<50%)和高甲氧基果胶(甲酯化率>50%)两种。果胶通常易溶于水而难溶于有机溶剂，如乙醇乙醚等，但当其分子上未被甲酯化的羧基被多价离子如Ca^{2+}中和时，则可生成难溶于水的盐类。

蚕粪中含有约15%以上的果胶，但是甲酯化率小于15%，大量羧基与Ca^{2+}结合，故难溶于水。提取时，需先用酸溶液处理，脱掉与果胶分子结合的钙，使果胶易于溶出：

$$\text{果胶}(\text{—COO})_2\text{Ca} \longrightarrow 2\ \text{果胶}(\text{—CCOH}) + \text{Ca}^{2+}$$

然后，利用果胶不溶于乙醇的性质，用乙醇使提取液中的果胶沉淀出来，从而达到使之与杂质分离的目的。

由于果胶酶和较强的酸碱处理条件均会导致果胶发生脱酯或降解反应，从而降低果胶得率，因此，用于果胶提取的蚕粪必须在储存过程中防止腐败引起的降解，并在提取前进行杀酶处理；同时，提取过程中还要防止高温、强酸、强碱的破坏。

三、材料、器具及试剂

1. 材料：最好是脱叶绿素后的蚕粪，经50～60℃挥干有机溶剂。然后用蒸汽加热至95～98℃，经历10 min破坏果胶酶活性，趁热加入清水搅拌5 min，压去汁液，再用清水反复漂洗3～5次以除去大部分可溶性糖和糖苷，以及可溶性色素等杂质。最后，将干净的蚕粪粉末在85～95℃下烘至半干，后在75℃下烘干(含水量≤10%)，用塑料袋防潮，在10℃左右冷藏备用。

2. 器具：离心机、漏斗、100 mL烧杯、恒温水浴锅、真空浓缩锅、烘箱、电子天平、纱布、滤纸。

3. 试剂：95%乙醇、0.3%草酸-草酸铵溶液、活性炭(或硅藻土)。

四、实验方法

1. 果胶提取

准确称取准备好的蚕粪粉末5 g于100 mL烧杯中，加入用草酸-草酸铵溶液调pH为2～3

的水溶液 20 mL，在 90℃下搅拌 30 min，再于 80℃下搅拌 30 min，用双层或 4 层纱布趁热滤去蚕粪粉末，收集滤液。

2. 脱色除杂

按每 100 mL 溶液加入 0.03～0.05 g 计，加活性炭入滤液中，在 60℃下搅拌 20～30 min，使果胶脱色脱味，趁热用纱布滤去活性炭，若溶液中仍有杂质，则用滤纸过滤（或在 5000r/min 下离心 20 min），收集滤液（或上清液）。

3. 浓缩

将净化的果胶在真空度 660 mmHg（1 mmHg＝1.333 22×10^2 Pa），T＝70℃的条件下，浓缩至原来体积的 1/3～1/2。

4. 沉淀

按 1∶1 的体积比，将 95％乙醇缓缓加入浓缩液中，搅拌均匀，静置 1 h 左右，待沉淀完全，用滤纸滤出沉淀果胶，然后用 pH＝5 的 50％～60％乙醇 10 mL 分 3～4 次洗涤沉淀，除去色素、草酸等杂质。最后，用 95％的乙醇，按 2～3 mL/次冲洗沉淀 5～6 次，脱去大部分水。

注意：脱水时，应待每次冲洗液滤净，再洗第二次，以加强脱水效果。沉淀洗涤用的乙醇应加以提纯后再利用，以降低成本。

5. 干燥

将滤渣在滤纸上摊晾 20 min 左右，待乙醇挥发待净，再移入 65℃的烘箱内烘干，最后，磨细，过 100 目筛，密封包装，即得成品果胶。

五、结果讨论

1. 称出所得果胶的质量，计算每千克原料的果胶提取量。

2. 果胶提取液可否不浓缩，直接进行乙醇脱水沉淀，为什么？在沉淀时，可否采取其他的沉淀剂，举例说明原理。

实验三

蛹(蛾)油的提取

一、实验目的

掌握萃取法提取蛹油的原理和方法。

二、实验原理

1. 萃取原理

主要是利用油脂不溶于水,而易溶于苯、航空汽油等有机溶剂的特性,采用沸点低于60℃,对油脂溶解度较大,溶解专一性较高,毒性较小的有机溶剂作为脂肪溶剂;通过扩散作用,使蛹(蛾)体内的脂肪溶解于溶剂中,形成油脂溶剂混合溶液。然后,利用油脂沸点高于溶剂的特点,将混合液中的溶剂在低于油沸点的温度蒸发除去,即得蛹(蛾)油。由于此时蛹(蛾)油中尚含有少量游离脂肪酸、类脂、色素等杂质成分存在,因此称为粗蛹(蛾)油。本实验用的溶剂为沸点为30~60℃的石油醚。工业上常用正已烷或120号汽油。

2. 索氏提取器应用原理

实验室中用于提取蛹(蛾)油的仪器为索氏提取器,它是通过虹吸器的抽吸作用,将浸提出的油脂送入收集器,然后,通过蒸发,将收集器里混合液中的溶剂分离出来,通过冷凝管,再次投入浸提。这样,提取剂在加热中循环回流,蛹(蛾)体经常接触新溶剂,可在不大量增加溶剂的条件下有效地提取出蛹体内的脂肪。

三、材料、器具及试剂

1. 材料:蚕蛹应无腐烂变质蛹存在,并除尽了残存丝缕。机械性杂质(如泥沙)混杂较多的原料可过20目筛,取筛净的蛹在100~105℃下烘至水分低于8%~10%(即手捏成粉,但搓不成线的干度),研成细末,置干燥器中备用。

2. 器具:索氏抽提器、恒温水浴锅、电子天平、坩埚钳、恒温烘箱、干燥器、脱脂滤纸(直径10~17 cm)。

3. 试剂:沸点为30~60℃的石油醚。

四、实验方法

(一) 浸提前准备

(1) 将脱脂滤纸在100℃下烘2~3 h,置干燥器中备用。

(2) 准确称取10 g左右的蛹粉(记下其质量为m_1),倒在滤纸上,滤纸四周上卷成锥形瓶状的口袋,再将袋口用线扎紧。

(3) 放入烘箱在 105℃下烘 3～4 h,放干燥器中冷却,称重记为 m_2。

(4) 将滤纸袋小心平整地装入索氏抽提器的提取筒内。扎滤纸袋口的线留一小段于提取筒外,便于取出。

(二) 浸提

(1) 用脂肪收集瓶量取占其容积 2/3～3/4 的浸提剂(30～60℃的石油醚)。

(2) 将其中的一部分徐徐加入提取筒内,使滤纸袋完全被溶剂所浸透,此时提取筒内的溶剂量应位于其容积 1/2 左右处。

(3) 装好索氏抽提器,务使之牢固地固定在铁架台上,并且脂肪收集瓶中溶剂液面宜低于水浴锅的加热水面。保持水浴温度在 50～60℃,使溶剂每 20 min 虹吸一次,连续抽提 4～8 h,中途若溶剂损失太多,可从冷凝管上端补加几次。

(三) 回收溶剂

(1) 浸提完毕(以最后一次虹吸完成计),从提取筒内抽出滤纸袋。

(2) 重新安好提取筒,继续加热,利用提取筒收集溶剂,每次虹吸发生前,将筒取下,把溶剂倾入溶剂回收瓶内,至脂肪收集瓶中溶剂油脂混合液尚余 3～4 mL 时,停止回收。

(3) 脂肪瓶置于 60～70℃水浴上驱除残留溶剂,即得粗蛹油。

(四) 脱脂蛹粉后处理

(1) 将提取后的滤纸袋放入烧杯,置于 60～70℃水浴上挥干溶剂。

(2) 置 105℃烘至恒重。

(3) 冷却,称重为 m_3。

(4) 从滤纸袋内取出蛹粉,置干燥器中备用。

五、结果与讨论

1. 蛹出油率(%)$=\dfrac{m_2-m_3}{m_1}\times 100$

2. 为何滤纸袋须先经水浴挥干溶剂,再用烘箱烘干?

实验四

蛹(蛾)油的精制

一、实验目的

学习和掌握碱处理法精制蛹(蛾)油的原理和方法。

二、实验原理

粗蛹油中含有大量杂质,一般需经脱酸、脱胶、脱色、脱臭等精制工序,方能进一步应用于食品、化工、医药等领域。精制方法根据精炼时期用酸还是用碱可分为两大类,即酸处理法和碱处理法。本实验用后一种方法精制蛹油。

所谓碱处理法,实际是机械法、水合法、碱精炼法、漂白法和脱臭法这几大精制方法的综合运用,即用少量稀盐水加热处理蛹油(或蛾油),使油中混杂的胶体态蛋白质和黏液质沉淀,然后通过离心机离心,脱去油中的胶质和机械性杂质。脱胶后的油再通过碱质[一般为 NaOH,也可用 $NaCO_3$、$Ca(OH)_2$]与油脂中的脂肪酸反应生成肥皂,从而滤去肥皂,就脱除了油中的游离脂肪、部分色素、蛋白质,黏胶质也附在肥皂上一便脱除,最后,利用酸性白土的吸附作用,进一步脱去油中的臭味和色素,并利用过热蒸汽吹过油面基本脱去油中易挥发的臭味成分。

三、材料、器具及试剂

1. 材料:粗蛹油。

2. 器具:离心机、喷雾器、恒温水浴锅、分液漏斗、10 mL 移液管、50 mL 烧杯、减压蒸馏装置、电子天平、滤纸和纱布。

3. 试剂:10% NaCl 溶液、5% NaOH 溶液、酸性白土。

四、实验方法

(一) 脱胶

(1) 用移液管吸取 10 mL 粗蛹油于 50 mL 烧杯内,用喷雾器喷撒 0.2~0.4 mL 70℃左右的盐水,边喷边搅拌。

(2) 在 70℃水浴中保温 10 min 后,用分液漏斗除去下层盐水,然后用清水洗涤所余蛹油 2~3 次,每次用水量 0.3~0.5 mL,弃去水层。

(3) 洗净蛹油用离心机在 5000 r/min 下离心 15 min,除去固体杂质,得脱胶油。

观察:蛹油脱胶前后透明度、黏度的变化。

透明度比较法:脱胶前后的蛹油各 5 mL,分别置于直径相同(1cm 左右)的玻璃管中,然后,以目视法对光比较两管油的透明状况。

黏度比较法:取洗净烘干的长 15 cm 左右的玻璃管,用直尺量出 10 cm 长,并标出起止线,将玻璃管管口笔直向上,用滴管吸一滴油(事先在滴管上标出吸取量,或用皮头刻度吸管),置起始线上,测定油滴流过 10 cm 长所需时间(秒),根据黏度越大,流速越慢的原理,可以比较出蛹油的黏度。

(二) 脱酸

(1) 脱胶油置于 50 mL 烧杯中,加入 5% NaOH 溶液 1.5～2 mL/10 mL,搅匀。置水浴锅中,在 40～50℃下加热 20～30 min,使游离脂肪酸与 NaOH 生成肥皂,并沉淀。

(2) 用离心机在 5000 r/min 下离心 10 min,弃去管底皂化物,或将油静置 1～2 h,使肥皂沉淀完全,然后用纱布过滤。得到的清油注入漏斗,用 40～60℃热水按 1 mL/次洗涤 2～3 次,弃去水层。

观察:脱酸前后蛹油 pH 的变化。

(三) 脱色

脱酸蛹油置于 50 mL 的烧杯中,水浴加热至 80℃,按 0.3～0.5 g/10 mL 油的比例加入酸性白土,搅拌 0.5～1 h,离心或过滤除去酸性白土。

观察:脱色前后蛹油色泽的变化和臭味变化。

(四) 脱臭

用减压蒸馏装置往蛹油中通入过热蒸汽,处理 8～10 h,观察处理前后蛹油臭味变化。

臭味观察方法:取 1～2 滴蛹油于手掌中,抹开嗅其气味,或摩擦片刻嗅其气味。

五、结果与讨论

1. 计算:净油收得率$=\frac{10-V}{10}\times 100\%$

式中,V 为净油量(mL),指脱臭后得到的蛹油的体积。

2. 讨论精制对蛹油理化性质、感管性质及营养的影响。

实验五

蛹蛋白提取

一、实验目的

设计蛹蛋白提取的实验方案并进行验证。

二、实验原理

蛹蛋白的提取实际上就是蛹中酪蛋白部分的提取。酪蛋白是一种以磷酸为辅基的结合性蛋白。因为它呈酸性，故难溶于水而易溶于稀碱溶液。所以提取蛹蛋白一般以稀碱作为浸提剂。对不同的碱类及处理浓度、时间、温度、原料细度等因素进行探索，可以找到较好的提取方法。提取出来的蛋白质可以用考马斯亮蓝染色，进行快速定量。

三、材料、器具及试剂

1. 材料：脱脂蚕蛹(60 目、80 目、120 目)。

2. 器具：722 型分光光度计、离心机、电子天平、研钵、不同目数的分样筛、锥形瓶、试管、量筒、移液器、恒温水浴锅、烘箱。

3. 试剂：①10%、2.5%、1%、0.5%、0.25%的 NaOH 溶液。②3.5%、2.5%、1%、0.5%、0.25%的 KOH 溶液。③4.5%、2.5%、1%、0.5%、0.25%的 $Ca(OH)_2$ 溶液。④考马斯亮蓝溶液：称 100 mg 考马斯亮蓝溶于 50 mL 90%乙醇中，加入 85%磷酸溶液 100 mL，定容至 1 L，25℃以下存放，放置期不可超过一个月。⑤蛋白质标准溶液：称 100 mg 牛血清蛋白，溶于 100 mL 蒸馏水中，即为 1000 μg/mL 的蛋白质标准溶液。

四、实验要求

1. 设计出用稀碱提取蛹蛋白的实验方案。

2. 验证自己设计方案的可行性。

实验六

蛹蛋白的精制

一、实验目的

掌握蛹蛋白的精制原理与技术。

二、实验原理

蛋白质在等电点下溶解度最低，并且不同的蛋白质往往拥有不同的等电点。因此，在蛋白质分离时，常采用将蛋白质溶液的 pH 调到某种蛋白质等电点，使之沉淀而达到分离目的的方法，即所谓的等电点沉淀法。在蛹蛋白生产中将提取液 pH 调到 4～5，即酪蛋白的等电点，来沉淀蛋白的，因而获得的蛋白质就以酪蛋为主，因其来源于蛹，故又称蛹酪素。分离所得的蛹蛋白，因具有异常腥味，使其在食用或作饲料方面受到限制，由于这些异常腥味大致由以挥发性、水溶性的低级脂肪酸组成的酸性成分，和以二甲胺、仲丁胺为主的碱性成分，以及蚕蛹中的一种水溶性腥臭腺体和一些脂溶性腥臭物质组成，因此可以通过水反复洗涤除去水溶性臭味，活性炭吸附部分臭味物质，最后用乙醇萃取除去脂溶性臭味的方法对蛋白质进行精制，以提高其质量和扩展应用范围。

三、材料、器具及试剂

1. 材料：蛹蛋白抽提液。
2. 器具：电炉、离心机、恒温水浴锅、100 mL 烧杯、烘箱、电子天平。
3. 试剂：95%乙醇、活性炭、0.1 mol/L HCl、0.1 mol/L NaOH。

四、实验方法

(1) 沉淀：将蛹蛋白抽提液用 0.1 mol/L HCl 调 pH 到等电点(即 4.5 左右)，搅拌均匀，静置 1 h，使蛋白沉淀。然后用 5000 r/min 离心 20 min，除去上层清液。底层蛋白泥用 pH 为 5 的水按体积比 1∶1 加入，搅拌均匀，再次离心弃去水层，反复 2 次。

(2) 再溶解：将洗后的蛹蛋白用 pH＝10 的水，按体积比 1∶5 加入，使之溶解成蛋白液，按体积比 1%～2%加入活性炭，在 70℃搅拌 30 min 后，过滤，除去活性炭。

(3) 再沉淀：滤液用 0.1 mol/L HCl 再调至等电点，使蛋白沉淀。离心除去水层，并用 pH6的水反复洗涤 2～3 次。

(4) 乙醇萃取：蛋白沉淀加入 5 倍其体积的 95%乙醇，搅拌 10～15 min，过滤，除去乙醇，并用 1 mL/次乙醇冲洗沉淀 2～3 次。

(5) 干燥：在常温下将蛋白中乙醇挥干，再在 60～70℃下真空干燥 2 h，取出磨细，过 100 目筛，即成精制蛹蛋白粉。

五、结果与讨论

1. 比较精制前后蛹蛋白品质的变化。
2. 讨论蛹蛋白水洗时，为何不用 pH7 的水洗涤？

实验七

蚕蛹皮几丁质的提取

一、实验目的

1. 进一步了解几丁质的性质及用途。
2. 掌握从蚕蛹皮中提取几丁质的原理和方法。

二、实验原理

几丁质又名壳多糖、甲壳质、甲壳素，化学名为聚-α-乙酰胺-α-脱氧-D-吡喃葡糖，以β-1，4-糖苷键连接而成，是一种线型高分子多糖，它的最重要衍生物是壳聚糖(chitosan，CTS)。几丁质广泛存在于低等植物菌类、藻类的细胞膜，甲壳动物虾(含几丁质15%～30%，碳酸钙30%～40%)、蟹(含几丁质15%～20%，碳酸钙约75%)，昆虫的外壳(蛆壳的几丁质含量高达95%)及高等植物的细胞中，在蚕的蛹皮、蚕皮中均大量存在，由于蛹皮、蚕皮中石灰质含量较少，故以蛹皮、蚕皮为原料提甲壳质，比用虾、蟹的外壳得率多1倍以上。

蚕蛹中几丁质占蚕蛹干重的3.7%，蛹皮、蚕皮中的几丁质，与同不溶于水的无机盐(主要$CaCO_3$)及蛋白质结合的形式存在。因此，在提取几丁质的过程，实际上就是使几丁质与上述杂质分离的过程。在通常条件下，几丁质不能被生物降解，不溶于水，稀酸、稀碱、乙醇及乙醚等有机溶剂中，因此，在提取时就利用这个特性，以稀酸分解石灰质($CaCO_3$)等无机盐，用稀碱溶出蛋白。最后，用有机溶剂抽提出色素，即可得到白色半透明的几丁质固体。

几丁质虽不溶于前述的溶剂，但可溶于浓无机酸中形成黏稠液体。与此同时，分子主链也发生降解。当几丁质液体以大量水稀释时，几丁质又沉淀下来。这一性质常用于使几丁质微晶化。

分离纯化的几丁质具有广泛的用途，具体有以下几方面。

(1) 在医药工业上：由于几丁质是类似纤维状的高分子化合物，因此它和生物体有良好的亲和作用，在生物体内可以被分解吸收。用它制作手术缝线，伤好后线与肉长在一起，可免去拆线之苦；用它做的人造皮肤，植入受创伤口可长出新的不带疤痕的表皮；用几丁质制成的微型胶囊，放入药剂，植入人体内，很容易结合成一体，使药物缓慢地释放，起到长期治疗的效果。

(2) 在造纸工业上：用几丁质表面处理剂处理后的纸张，强度、光洁度、耐磨性都大为提高，可以制作质量要求高的仪表、图片、画报等用纸。

(3) 在环境保护方面：几丁质是一种天然高分子化合物，用它作为污物的凝聚剂，与污泥或污水中的某些大分子形成沉淀，这样既可净化污水，又可回收金属，变废为宝。

(4) 在日化工业上：几丁质可作为化妆品和护发素的添加剂，增强保护皮肤、固定发型的作用，还可抗静电防止尘埃附着。

(5) 在食品工业上：由于几丁质能降低胆固醇、三酰甘油，因此，几丁质或其脂肪酸络盐可以作为脂肪清除剂添加到食品中，一方面减少人体对脂类物质的吸收，促进脂类物质排出体外;另一方面因结合了食品中的脂肪而降低了食品的热量,同时又能满足人们对脂肪口感的要求,因此被推荐为减肥食品。作为食品添加剂加入面条或面包之中,可以增加其韧性和松软度,食用后可降解机体的胆固醇。

(6) 在农业上:用几丁质处理的植物种子,可提高其发芽率,增加抗病虫害的能力,提高产量。

(7) 在水果加工中:几丁质溶剂可使水果保鲜度延长数月。

(8) 在化学工业上:几丁质可用作黏合剂、上光剂、填充剂、乳化剂等。

三、材料、器具及试剂

1. 材料:将提过蛋白后的蛹残渣,用清水洗至中性,在 60℃下烘干备用。或羽化后的蛹皮。

2. 器具:烘箱、电炉、培养皿、研钵、玻璃棒、200 mL 烧杯、电子天平。

3. 试剂:2 mol/L HCl、10% NaOH、无水乙醇、浓 HCl。

四、实验方法

1. 脱石灰质

准确称取 2 g 蛹皮,置 200 mL 烧杯中,加入 2 mol/L HCl(酸量以必须将蛹皮浸透,并全部淹没蛹皮为度),用培养皿盖住烧杯口,在常温下处理 5 h。滤除酸液,再加入 2 mol/L HCl 浸泡过夜。再滤除酸液,用蒸馏水反复洗涤蛹皮至中性。

注意:在用 HCl 浸泡蛹皮时,应经常振荡、搅拌,以加快石灰质的溶出。

2. 脱蛋白

脱去石灰质的蛹皮用 10% NaOH 溶液(蛹皮完全浸没其中)煮沸 1～1.5 h 或浸泡 3～4 h,除去蛹皮的蛋白质及脂肪,同时也可除去部分色素。然后过滤除去碱液,用蒸馏水反复冲洗蛹皮至中性。在 3000 r/min 下离心 10～15 min,除去皮渣中的大部分水,最后,用滤纸压干水分。

注意:煮沸时,应用玻璃棒以 10 次/min 左右的速度搅拌,以确保蛋白迅速脱除干净。

3. 脱色素

用无水乙醇浸泡皮渣至色泽转白,然后,过滤回收乙醇,在滤纸上另用无水乙醇徐徐反复淋洗至皮渣无色。

4. 干燥

将滤纸展开,使皮渣中的乙醇基本挥发干净,然后,在 60℃烘 2 h 左右即得几丁质固体,称重,记为 m。

5. 溶解性分析

称 0.2 g 几丁质固体,加 2 mL 水泡发 5～6 h,滤去水,用滤纸压干,置于研钵中,加入 2 mL浓 HCl,在通风橱内,研磨 20～30 min,观察溶解情况。然后,将黏稠的清液倾入装有 100 mL 的蒸馏水的烧杯内,观察现象。

五、结果与讨论

1. 计算:几丁质得率(%)$=\frac{m}{\text{实验蛹皮重}}\times 100$

2. 讨论蛹皮几丁质的溶解特性。

实验八

脱乙酰几丁质的制取及质量分析

一、实验目的

1. 掌握以几丁质为原料制备脱乙酰几丁质的原理和方法，以及脱乙酰几丁质的溶解特性。

2. 了解测定脱乙酰几丁质溶液黏度的意义和方法。

二、实验原理

1. 制备脱乙酰几丁质的原理

在浓碱作用下，几丁质分子上的乙酰基会被慢慢脱掉，生成脱乙酰几丁质，此种物质不溶于水和碱性溶液，但可溶于1%～2%的乙酸溶液中，形成黏度很大的玻璃状物质。

2. 脱乙酰几丁质黏度测定

脱乙酰几丁质的黏度是其重要的质量指标，不同黏度的产品有不同的用途。根据黏度的大小，脱乙酰几丁质产品分为3类。

(1) 高黏度型：即1 g脱乙酰几丁质溶于1%的乙酸中所得溶液的黏度在1000厘泊（1厘泊$=10^{-3}$ Pa·s）以上。

(2) 中等黏度型：即用上述方法所得的溶液黏度在100～200厘泊。

(3) 低黏度型：2 g脱乙酰几丁质溶于2%的乙酸中，所得溶液黏度为25～30厘泊。

在本实验中，溶液的黏度用恩氏黏度仪测定。其原理是测定液体在一定温度、容积条件下，从恩氏黏度计流出的时间(T)，此值与蒸馏水在20℃时流出的时间(T_{H20})之间的比值，即为恩氏黏度(E)：

$$E=\frac{T}{T_{H20}}$$

恩氏黏度与黏度的国际单位泊(η)间的换算公式为：

$$\eta=0.0129\left(4.027\times E-\frac{3.518}{E}\right)d\ (d\text{ 为试样密度})$$

三、材料、器具及试剂

1. 材料：几丁质（密封置干燥器中保存，防止微生物降解引起的损失）。

2. 器具：电炉、离心机、烘箱、200 mL烧杯、25 mL量筒、恩氏黏度仪、液体密度天平、25 mL容量瓶、电子天平。

3. 试剂：40% NaOH、1%和2%的乙酸、95%乙醇。

四、实验方法

（一）脱乙酰几丁质的制备

(1) 脱乙酰：称 3 g 几丁质入 200 mL 烧杯中，加入 60 mL 40% NaOH 加热煮沸 3～4 h，中途不断搅拌，使几丁质上的乙酰基慢慢脱去。

(2) 洗涤：脱乙酰完毕，小心倾去碱液，用水反复洗涤脱乙酰几丁质，至洗出液基本呈中性。过滤，除去水分，再用 95%乙醇按 5 mL/次的量洗涤沉渣 4～5 次。

(3) 干燥：取出滤纸摊开，挥干乙醇，使脱乙酰几丁质在 60℃下烘 2 h 左右，即得脱乙酰几丁质，又称脱乙酰壳多糖。

（二）质量检验

1. 溶解性

称 0.1 g 脱乙酰几丁质放入一个烧杯里，加 10 mL 2%的乙酸，振荡观察，溶解速度和溶解程度。

2. 黏度分析

(1) 清洗：以乙醇洗净内锅内壁及流出嘴，然后用干净的软布拭净，按原样安装好。

(2) 标准水值测定：用木塞塞住流出管，然后将蒸馏水 240 mL 注入内锅，调整调节螺丝，使内锅中 3 只水准钉尖，刚好露出水面，最后盖好内锅盖，下放 200 mL 接收瓶。抽出木塞，并同时开动秒表。当接收瓶中试样正好达 200 mL 标线时(不计泡沫)，停住秒表，记录时间，反复测 2～3 次，取其平均值。

注意：测定时，水温应在 20℃。

(3) 试样黏度测定：如标准水值测定进行。所不同者，在于试样注入内锅后，需在外锅也注入水，打开温控仪开头，加热至 50℃，搅拌试样 5 min，再进行测定。

(4) 试样密度测定：将测定黏度的试样回收，用液体密度天平称出其密度 d。

五、结果与讨论

1. 计算所得产品的恩氏黏度，并换算成国际单位。据此分析它属于哪一类脱乙酰几丁质。

2. 分析产品的溶解性能，若不能全部溶解，原因何在？

参考文献

管帮福，殷益明. 1998. 桑茶的药用和研制. 蚕桑茶叶通讯，3：33～34
黄自然. 1986. 蚕桑综合利用. 北京：中国农业科技出版社
吉爱国，汲萍. 1997. 丝心蛋白的研究及在医药等方面的应用. 生命的化学，17(1)：36～38
李镇涛，花旭斌，朱秋平，等. 2000. 桑叶汁饮料的开发. 食品科技，1：44～45
林元吉. 1993. 桑蚕茧丝副产物综合利用. 成都：四川科学技术出版社
盛家镛，朱盛国，薛宏基. 1990. 蚕蛹蛋白的开发与利用. 丝绸，(6)：11～14
王天宇. 1988. 蚕丝副产物的综合利用. 重庆：重庆大学出版社
姚锡镇，廖森泰，肖更生. 2001. 蚕业资源综合开发利用产业化探讨. 蚕业科学，27(4)：297～302
余志刚. 1999. 桑叶保健茶的生产技术. 食品科技，5：43
张袁松，周泽扬. 1999. 丝素的多功能开发与应用. 蚕学通讯，(4)：54～56

第八部分　实　　习

养蚕及良种繁育学实习

养蚕及良种繁育综合实习是根据养蚕及良种繁育学、家蚕遗传育种学课程理论性、实践性、应用性、综合性都很强的特点而设置的，是蚕学专业必不可少的实践教学环节。学生在课堂学习养蚕及良种繁育学、家蚕遗传育种学等专业课程基本理论的基础上，以技术工人身份到教学实习基地参加养蚕、良种繁育和科学研究工作，不仅要达到巩固基础理论和培养实际操作技能，培养出色蚕业科技人才的目的，还要提高学生发现问题、分析问题、解决问题的能力。同时，培养学生表达能力、组织能力、管理能力、协调能力等综合能力，增强责任意识和团队协作精神，为今后从事蚕业科研和生产奠定坚实的基础。

一、实习目的和要求

（一）实习目的

通过实习，要达到以下6个目的。

（1）完成教学任务，巩固基础理论和提高实际操作技能。

（2）完成生产和科研任务。

（3）提高学生的综合能力。综合能力包括：业务能力，分为基础理论、操作技能；组织能力；管理能力；观察、发现、分析、归纳、总结、解决问题的能力；表达能力。

（4）培养学生吃苦耐劳精神和强健体魄。

（5）培养学生团结协作的集体主义精神。

（6）增强学生的责任意识和形成责任感。

（二）实习要求

本次实习时间长，任务重。在实习中要求如下。

（1）明确实习目的，端正实习态度、严格要求自己，积极主动。

（2）必须脚踏实地，吃苦耐劳，认真操作。

（3）坚持技术操作规程和防病卫生制度。

（4）实习中要体现出大学生的修养，讲文明礼貌，互相尊重。

（5）实习中必须仔细观察，准确记载，勤思考，必须写实习日志。

二、实习主要内容

（一）参观、座谈了解实习基地基本情况

（1）实习基地的历史、现状、生产（或研究）规模、今年生产（或研究）任务及布局。

（2）实习基地的建筑设计与各种设备。

（3）实习基地的组织机构及生产（或研究）管理制度。

（4）实习基地提高蚕茧产量和质量的主要措施。

(5) 实习基地对实习学生的管理制度。

(二) 蚕前消毒

养蚕前搞好环境卫生及蚕室蚕具的清洗消毒，可以确保养蚕生产安全，保证蚕茧、蚕种产量和质量。学生通过实习掌握消毒前的准备、消毒的方法及注意事项。

1. 消毒前的准备

为了提高消毒效果，蚕室、蚕具的清洁消毒工作一定要按照顺序进行，否则消毒效果差，消毒会不彻底。

(1) 打扫和清洗：在消毒前必须将蚕室内外、屋顶、四壁全面掸扫，清理蚕期的一切废弃物，铲除蚕室周围杂草，疏通阴沟，排出污水。把清理出来的废蔟、蚕沙、垃圾、杂草等集中堆积发酵，制作肥料。室内可拆卸的门窗、板壁、炕床(房)材料及各种蚕具，在清水中(最好是流水)充分浸泡和洗刷，洗后放在阳光下曝晒。蚕室内上下四周用清水冲洗、墙壁用石灰浆刷白，泥地刮去一层表土，换上新土。屋外育要拆除棚架、覆盖物后充分曝晒。芦帘、塑料薄膜等物洗净。土坑里的蚕沙、废蔟等全部清除，并铲除土坑内的表土。

(2) 蚕室面积、容积计算：药剂消毒可分液体和气体两种。凡用液体消毒须计算蚕室的面积，气体消毒的则计算蚕室容积。蚕具进行药液消毒的要计算正反两面的面积，以便正确计算出所需的消毒药量。

2. 消毒方法及注意事项

目前蚕桑生产上常用的消毒方法有物理消毒和化学消毒两大类。

(1) 物理消毒法：①日光消毒，即通常用于蚕箔、蚕网等蚕具的辅助消毒。日晒时蚕具必须平摊，常翻动，多次曝晒，提高消毒效果；②煮沸消毒，即将小件蚕具放在水中煮沸，如将小蚕网、蚕筷等零星蚕具洗净后放入锅内，浸埋于水中，煮沸半小时即可取出晒干备用；③蒸汽消毒，消毒时在蒸气消毒灶锅内盛满水，蚕具洗净后搬入灶内竖放，严封灶门后升温，待灶内温度达 100℃时，经半小时以上，待温度降到 60℃以下，开灶取出蚕具，放在经过清洗消毒后的晒场上晒干，以防蚕具再次被病原污染。

(2) 化学消毒法：化学消毒法使用的药剂因加工剂型不同有粉剂、水剂、烟剂等。蚕室、蚕具消毒常用气体和液体两类。药剂消毒，必须针对不同的病原、消毒场所、器具等，选用适宜的消毒药剂及有效的消毒方法。消毒时必须注意药液浓度的标准，以及所需的时间和温度。

a. 漂白粉消毒：漂白粉为白色粉末，有氯气的刺激臭味。其主要成分是 $Ca(OCl)_2$。目前一般市售漂白粉的有效氯含量为 25%～30%。蚕室、蚕具消毒时，用含有效氯 1%的漂白粉溶液，对脓病病毒多角体、浓核病病毒、僵病菌、曲霉菌、细菌芽孢及毒素、微粒子孢子等病原体均有强烈的杀灭作用。

消毒液量的计算及配制。蚕室、蚕具消毒用漂白粉溶液的浓度为含有效氯 1%，喷射 225 mL/m^2。根据蚕室面积的大小，计算所需要漂白粉稀释液量。可按下列公式计算：

$$漂白粉稀释液量=每平方米喷布量\times蚕室总面积$$

$$加水倍数=\frac{原有浓度(\%)}{目的浓度(\%)}$$

如用有效氯 30%的漂白粉，配制含 1%有效氯目的浓度时，则 1 kg 漂白粉应加 30 kg 水。根据所需药液量和加水倍数，可算出所需漂白粉量。

$$所需漂白粉量=\frac{漂白粉总液量}{加水倍数}$$

配制时将称好的漂白粉量，放入缸内，先用少量清水调成糊状，然后加足水量，充分搅拌，加盖静止 2～3 h，取其澄清液使用。

蚕室、蚕具消毒可用喷雾器喷射，雾点要细匀，处处要喷到，石灰墙壁及泥地吸水力强，药量要适当增加。操作时更要认真，喷药后关闭门窗保持湿润半小时。

b. 甲醛消毒：甲醛是无色透明的液体，市售的福尔马林含甲醛 36%～40%。甲醛对血液型脓病、病毒性软化病、僵病、曲霉病、细菌病及微粒子病等的病原体均有强烈的杀菌作用，对中肠型脓病病原体的消毒效果较差。但如果在配好的福尔马林消毒液中加入 0.5%的新鲜石灰粉，便可提高对中肠型脓病病原体的消毒效果。

甲醛溶液消毒一般配成含甲醛 2%～3%的浓度，用药量为 225 mL/m²。药液的配制可按以下公式计算：

$$\text{所需消毒液量}=\text{蚕室、蚕具点面积}\times 225$$

$$\text{加水倍数}=\frac{\text{甲醛}(\%)-\text{消毒液浓度}(\%)}{\text{消毒液浓度}(\%)}$$

$$\text{所需甲醛}(\text{kg})=\frac{\text{所需消毒液量}(\text{kg})}{\text{加水倍数}+1}$$

$$\text{加水量}(\text{kg})=\text{所需甲醛}(\text{kg})\times\text{加水倍数}$$

甲醛溶液一般适宜能密闭的蚕室、催青室、上蔟室等。不能密闭的房间不宜采用。消毒一般在养蚕前 7 d 进行，将配好的药液用喷雾器均匀地喷布到蚕室、蚕具上。消毒时室内温度要保持在 25℃以上至少 5 h。消毒后密闭过夜，然后将门窗打开换气，待药味散净后才可使用。消毒时应注意当天配好的消毒液，必须当天用完。

c. 石灰消毒：石灰在养蚕生产上应用很广，常用的有石灰浆和新鲜石灰粉两种。对蚕的血液型脓病、中肠型脓病、病毒性软化病等病原有极强的杀灭力，对煤烟、氟化物污染也有解毒作用。可用于蚕室、蚕具消毒，亦可用于蚕体蚕座消毒。

消毒用的石灰是生石灰（块灰），为灰白色硬块，主要成分是氧化钙。加适量水（50%～60%）后化成粉状，即新鲜石灰粉，主要成分是 $Ca(OH)_2$。略能溶解于水而成石灰浆（石灰乳），呈强碱性。蚕室消毒均用石灰浆，蚕座消毒用石灰粉。石灰浆配制是先将生石灰加水化成石灰粉（10 kg 生石灰加水 5～6 kg），过筛后在每 100 kg 水中加新鲜石灰粉 1 kg，即成 1%石灰浆液。用药量 225 mL/m²。粉刷墙壁可用 20%石灰浆；蚕室地面及周围环境消毒用 1%～2%石灰浆。喷洒消毒后保持 30 min 湿润。

d. 优氯净消毒：优氯净是二氯异氰尿酸钠，为白色粉末，含氯量 63%～64%。优氯净可配制成烟剂、水剂或粉剂。适用于养蚕前蚕室、蚕具消毒，还可用作蚕期中消毒，对蚕体防僵效果尤为显著。

熏烟消毒时，在优氯净中混入一定比例的助燃剂，充分混合即成熏烟剂，装入小纸袋中。消毒时点燃药袋下方，点着后将纸袋的火焰熄灭，被点燃的药剂随即冒出带有氯气的浓烟，密闭 6 h 以上。优氯净烟剂消毒，每立方米用药 5 g。此外，将优氯净和助燃剂混合，加工成块状物后，点燃消毒，这比上述方法更为简便，且易贮存保管。水剂消毒时，将优氯净按其含氯量（63%）加水配成一定浓度的稀释液，另外再加饱和石灰水或石灰浆等配成混合液使用。即每 100 kg 水加 0.5～1 kg 优氯净，再加 0.2～0.5 kg 石灰粉，充分搅拌。喷药后保持 30 min 温润。用药量为 225 mL/m²，药液必须现配现用。

（三）蚕种催青

1. 目的

通过实习掌握蚕种催青的基本技术和操作技能，熟悉原种催青和一代杂交种催青的特点，了解催青室的布置和整个催青过程的组织管理。

2. 材料和用具的准备

蚕种催青需要准备的材料和用具主要有：蚕种（原种或一代杂交种）、苛性钾温度、催青室电热加温补湿装置、梯形架、蚕架竹（或塑料催青架）、散卵催青框或平附种线架、干湿温度计、黑色窗帘门帘、麻绳、鸡毛帚、水桶、脸盆、拖鞋、鞋箱、红绿有光纸、蚕箔、给桑架、解剖胚胎用具。

3. 主要内容

（1）催青室的消毒：催青室和催青用具必须在催青开始前 10 d 清洗消毒完毕。消毒程序是先打扫清洗，室内用石灰浆粉刷，然后用药剂消毒。先用含有效氯 1%的漂白粉澄清液或含 2%甲醛和 0.5%石灰粉的甲醛石灰浆消毒，再用毒消散消毒。消毒后密闭一昼夜开放门窗，排除消毒残药气味。

（2）催青室的布置：催青室以小房间为宜，一个催青点至少需配备房屋 3～5 间，房屋规格一般为进深 7 m，开间 4.5 m，高为 3.3 m 左右，可容纳蚕种约 5000 张（盒）。催青室搭架布置的式样有两种，一种是催青架设在催青室中央，四角放置加温补湿设备，另一种是每间催青室搭左右两排催青架，架的两端不能离门窗太近。如果是平附种催青应搭 3～4 层，如果是散卵催青可搭 5～8 层。感光可采用 40 W 日光灯，距离卵面须在 0.3 m 以上，亮度以能看清 5 号铅字为宜。

（3）蚕种领到催青室后的处理：蚕种领到催青室后，要立即按品种、制种场别、批次和采种期别，清点蚕种张数。核对无误后，把散卵装入催青框后轻轻摇平插入催青架，如果是平附种则插进线架后放入催青架。每一框（架）两端右上角用红绿纸标明场别、批次、品种、数量、架数、架号、加温日期等，以防差错。同时解剖胚胎，了解其发育程度，并采取相应的措施。

（4）催青标准：蚕种简易催青标准见表 8-1。

表 8-1 春期二化性原种简易催青标准

<table>
<tr><td rowspan="2">胚胎发育</td><td>记号</td><td>丙$_1$</td><td>丙$_2$</td><td>丙$_3$</td><td>丁$_1$</td><td>丁$_2$</td><td>戊$_1$</td><td>戊$_2$</td><td>戊$_3$</td><td>己$_1$</td><td>己$_2$</td><td>己$_3$</td><td>己$_4$</td><td>己$_5$</td><td>孵化</td></tr>
<tr><td>名称</td><td>最长前期</td><td>最长期</td><td>最长期</td><td>肥厚期</td><td>突起发生期</td><td>突起发达前期</td><td>突起发达后期</td><td>缩短期</td><td>反转期</td><td>反转终了期</td><td>器官形成期</td><td>点青期</td><td>转青期</td><td></td></tr>
<tr><td colspan="2">期别</td><td colspan="2"></td><td colspan="5">前期</td><td colspan="7">后期</td></tr>
<tr><td colspan="2">目的温度/℃</td><td colspan="2">17</td><td colspan="5">22</td><td colspan="7">25.5～26</td></tr>
<tr><td colspan="2">目的湿度/%</td><td colspan="2">80</td><td>80</td><td colspan="4">75</td><td colspan="7">80</td></tr>
<tr><td colspan="2">干湿球差/℃</td><td colspan="2">2</td><td>2</td><td colspan="4">2.5</td><td colspan="7">2</td></tr>
<tr><td colspan="2">感光</td><td colspan="7">自然光线</td><td colspan="5">每日感光 18 h
（其中人工感光 6 h）</td><td>暗</td><td>早上 4～5 时感光</td></tr>
</table>

（5）催青中的技术处理。

解剖胚胎 一般每天上午 7～9 时解剖胚胎，10 时升温。取材不宜太少，每个抽样材料至少要解出 10 条以上的完整胚胎。要正确鉴定胚胎发育程度，并记载清楚。到达戊$_2$ 胚胎时可在下午 3～4 时增加一次解剖，如果已达戊$_3$，则在下午 6 时升入高温，进行感光。

温湿度的调节与记载 各室温湿度应按目的要求保持和调节，要密切注意气候变化，力求温度平稳均匀，防止激变。各室中央需挂一标准温湿度计，每 15 min 观察一次，1 h 记载一次，每天计算出实际感受的平均温、湿度和发育积温。

调种摇卵　催青期间，必须将蚕种放置的位置定时地进行前后、上下、左右调换，每日两次。散卵在调种时还应进行摇卵。摇卵的方法是先将催青框拿平，然后轻轻向内转动，再将催青框外端上举，使卵在一个平面上，再向外轻轻一推，使卵在盒内分布均匀。戊$_2$ 前两转一推，戊$_3$～己$_2$ 摇一转，己$_3$ 后只需摇半转，防止振动过剧。平附种调种时，不仅要调换线架位置，而且应将插种线架内外调头。同品种、同批次的蚕种应放在同一层催青架上，力求感温相同。

换气和感光　换气可结合调种进行。戊$_3$ 胚胎前每天上、下午各换气 1 次，戊$_3$ 胚胎后每天上、下午各 2 次，每次 10 min。应在室内外温差较小时进行，防止室温激变，控制室温升降变化不超过 1℃。若室内外温差过大，或风力过大时，可采用间接换气。

胚胎到达戊$_3$ 阶段，应升高温度并进行感光，每天从下午 18 时开始用灯光连续感光 6 h。光线要明亮均匀，防止有阴影。非感光时间内要保持黑暗。到见有 20%～30%的点青卵时，要全天遮光进行黑暗保护，以促使孵化齐一。

防病卫生　催青室内应保持清洁卫生，可结合换气每天进行打扫。要换鞋入室，禁止吸烟，并避免油类、酸、碱、水银、烟草、甲醛、农药、樟木、松木、蚊香、油漆气等有害物接触蚕种。

孵化日期的确定和发种　催青后期要预测孵化日期。一般在标准温湿度中催青，胚胎从戊$_3$ 到见点，需 5 d 时间，见点后第 3 天大批孵化；从卵色看，转青后 1 d 见苗蚁，再过 1 d 大批孵化，还可根据各品种催青积温预测孵化日期。

发种适期应掌握蚕种转青转齐，转青卵达 90%以上，并见有少量苗蚁为原则。通常春蚕发种在催青开始的第 10 天。发种前应做好准备工作，应在黑暗保护前，点好各养蚕单位的蚕种张(盒)数，并做好标记。发种前 2～3 d，发出领种通知书。如果交通不便，路途较远，应适当提早发种。发种时为防止温度激变，催青室在发种前 2～3 h 要逐渐降低温度，至接近自然温度。

4. *原种催青注意事项*

原种催青就是将解除滞育或人工孵化处理后的原种，依据蚕卵胚胎各发育阶段的生理要求和化性变化规律，给予合理的环境保护，使蚕卵胚胎按人们的愿望顺利发育以至孵化的保护技术。在原种催青时应注意以下几点。

(1) 原种出库：①原种须在催青前 2～3 d 出库。冷库按照预定的出库日期，在下午 17～18 时将蚕种从内库中取出，在外库 10～13℃的温度中保护 1～2 d，然后出外库在自然温度中保护 1 d 左右，使胚胎发育发育将达丙$_2$ 阶段。②蚕种场派专人到冷库领种，领种时应核对品种、批次、数量和出库时间。③运输途中加强保护，并记载温度，避免接触 20℃以上和 10℃以下的温度及油、烟、农药的有害物质，以免影响蚕卵的生理。

(2) 调节好起点胚胎：催青中加温时的胚胎习惯上称为起点胚胎，起点胚胎发育情况关系到以后胚胎发育的快慢和孵化整齐与否，必须掌握得宜。一般大多数达到丙$_2$ 程度，个别在丙$_2^+$ 或丙$_2^-$ 时，用 20℃、75%保护。出库不齐，切记在 17℃中调节基本整齐后升温。

(3) 掌握戊$_3$ 胚胎及时高温感光：胚胎发育到戊$_3$ 阶段，温度、光线等对化性的影响明显增加，必须掌握时机，适时进入高温室。过早使胚胎发育开差加大；过迟容易影响化性，产生不越年卵。一般掌握大多数戊$_3$ 少数戊$_3{}^+$，不见戊$_2$ 为标准。进入高温室，并增加人工感光 6 h，使每日感光达到 18 h。

(4) 见点调查与发育排队：胚胎发育到已$_3$ 时，注意观察见点时间，以便控制后期温度，促使孵化齐一。见点调查是抽样 10%的蚕种，从己$_3$ 开始，每隔一定时间逐圈观察蚕卵 1 次。见点卵圈是卵圈内有 1%～2%的点青卵。见点时间是全批见点卵圈达 20%。一般在到见点时间后 6～10 h，进行发育排队，分为 1 类、2 类、3 类。注意防止品种、品系、批次间混淆。

为杀灭卵面病原物，在点青到孵化期间进行卵面消毒，即先清洁卵面，扫除灰尘后，用含有效氯 0.30%～0.35%漂白粉液，用干净排笔蘸黏液刷于卵面，以全部湿透为度，或将蚕种浸入药液 1～5 min 后阴干。

(5) 包种：原种转青后，包取苗蚁后，以每张单独包好。苗蚁以每张原种为单位装袋送质检室检验。

(四) 收蚁

1. 收蚁前的准备

收蚁工作时间紧，工作繁杂，技术要求较高，必须做到不失蚕、不伤蚕、不饿蚕，不感染蚕病，在收蚁前必须做好以下工作。

(1) 用具的准备：收蚁用具主要有棉纸、蚕座纸、小蚕网、蚕筷、羽毛、蚕箔或饲育盒、天平、切桑板、石灰、焦糠及消毒药品。所有收蚁用具都必须清洁、无毒。

(2) 人员配备：收蚁工作应由技术熟练、责任心强的人承担。参加收蚁的人员要按引蚁、称量、定座、消毒和给桑等不同的工序事先做好分工，并由专人负责切桑和调节温湿度，做到忙而不乱。

(3) 桑叶的准备：收蚁用桑要求适熟、新鲜，应在收蚁当天早上采摘。收蚁当日用桑最好用湖桑枝条顶部第 3～4 位叶，收蚁用桑应按收蚁量的 30 倍计划，第一次用桑为收蚁量的 5 倍左右，采回的桑叶要放在贮桑缸里保存，防止失水凋萎。

(4) 包种：平附蚕种应在收蚁的前一天晚上，用羽毛将已孵化的苗蚁扫掉，用棉纸把蚕种包起来，以免蚁蚕孵出后逸散。散卵蚕种应在卵面上盖一张小蚕网。

2. 收蚁方法

在标准温度下催青，蚁蚕一般在早上 5 时左右孵化。孵化后的蚁蚕经 2 h 左右便可食桑，收蚁时间应掌握在上午 8～9 时为好。春季偏迟，秋季偏早。收蚁方法主要有以下几种。

(1) 网收法：散卵蚕种一般采用网收法，即在卵面上盖两张小蚕网，收蚁前在上面一张网上撒上一些切碎的桑叶，待蚁蚕爬到网上吃桑后，将上面一张网抬入蚕箔饲养。如果需要称蚁量，要在盖卵网上再盖一张经过称量的棉纸，在纸上撒一些切碎的桑叶，待蚁蚕被引诱到棉纸下面后，将棉纸上面的桑叶去掉，然后将蚁蚕和棉纸一起称重，减去棉纸原来的质量便是蚁蚕的质量。

(2) 纸收法：如果是平附种，可以采用纸收法，在收蚁的前一天晚上，收蚁用棉纸称量，将质量记在纸角上，然后用棉纸包种。收蚁前先在包种纸外面撒上一些桑叶，15 min 以后去掉桑叶，打开棉纸，将蚁蚕和棉纸一起称重，减去棉纸质量便是蚁蚕质量。然后将蚁蚕移入蚕箔饲养。如果不需要计算蚁量，收蚁方法更为简单。只需要在蚕箱里按蚕种纸面积的大小撒上一层切碎的桑叶，然后将已孵化的蚕种倒伏在上面，待蚁蚕爬到蚕箔里食桑后，揭去蚕种纸即可。

收蚁后在第二次给桑前进行蚁体消毒，消毒药一般是防僵粉，在蚁体上撒一层，10 min 后再撒焦糠，然后给桑、定座。

(五) 小蚕饲养技术

目前生产上通常把 1～3 龄蚕称为小蚕(稚蚕)，4～5 龄蚕称为大蚕(壮蚕)，小蚕的生理特性表现为对高温多湿的适应性强，对 CO_2 的抵抗力强，生长发育比大蚕快，对病原物的抵抗力弱，小蚕眠起快，活动范围小。

1. 桑叶选择、贮藏

稚蚕用叶以含水率在80%左右，叶质柔软、水分、蛋白质较多，糖类的含量适当者为宜。1龄应采枝条上部3～4位叶，叶色嫩绿。2龄采4～5位叶，叶色深绿，3龄可采5～8位叶或三眼叶。采叶一般在早晚进行。采回的桑叶要立即放入贮桑缸里贮藏，防止桑叶失水凋萎。

2. 调桑、给桑

将桑叶切成一定大小后，给桑易于均匀，便于蚕就食，有利于蚕发育齐一。切叶大小要根据给桑次数、气候情况及蚕的发育程度而定。小蚕普通育每日给桑次数多，切桑宜小。薄膜覆盖育和炕床育一日给桑次数少，切桑宜稍大。盛食期切桑可稍大，将眠时宜偏小，以保持眠中蚕座干燥。切桑形式有正方形、长条形、粗切叶。一般1～2龄采用正方形，大小为蚕体长度的1.5～2倍见方。长条形切叶宽度约等于蚕体长度，切叶长度为蚕体长的5～6倍。粗切叶用于3龄饲育，4龄饷食。

给桑是养蚕的一个重要环节。确定每天的给桑次数和每次给桑量，应以蚕的发育和桑叶凋萎程度为主要依据。稚蚕炕床育和薄膜覆盖育的饲育环境多湿，桑叶保鲜好，可隔8～12 h给桑1次，每昼夜给桑3次。普通育桑叶萎凋的速度快，稚蚕期每昼夜给桑5～6次。每次的给桑量根据蚕的发育、给桑次数和蚕座稀密等情况而定。在各龄初期和将眠时给桑要偏少些，盛食期增多，使蚕充分饱食。小蚕期给桑要求均匀、迅速。给桑前要先做好扩座、匀座和整座工作，使蚕在蚕座上分布均匀。给桑一般采用一撒、二匀、三补、四整的方法。同时，结合给桑调换蚕箔的位置。各龄用桑量比例见表8-2。

表8-2 各龄用桑比例

项目	1龄	2龄	3龄	4龄	5龄	合计
克蚁用桑量/kg	0.19	0.46	1.85	8.35	75.00	85.85
占全龄用桑/%	0.22	0.54	2.15	9.73	87.36	100

注：蚕品种为苏$_5$×苏$_6$（俞懋襄，1986）

3. 扩座、除沙

(1) 扩座：扩座就是扩大蚕座的面积。小蚕生长发育速度快，必须及时扩座。扩座一般在每次给桑前进行。可用蚕筷将蚕箔中分布过密的蚕连同桑叶一起往蚕座四周扩，也可在蚕箔中撒些条叶，待蚕爬上去后，连同蚕一起移往蚕箔周围。如果蚕头分布过密，则需要加网分箔。一般10 g蚁量（1盒蚕种）各龄的蚕座面积为：1龄为0.8～1.0 m^2，2龄1.6～2.0 m^2，3龄5～5.2 m^2，4龄13～14 m^2，5龄为26～28 m^2。

(2) 除沙：将堆积在蚕座中的残桑、蚕粪、蜕皮壳、吸湿材料及残留消毒药物等废弃物除去称为除沙。除沙可分起除、中除和眠除几种。一般1龄可以不除沙，2龄起除和眠除各一次，3龄起除、中除、眠除各一次，4龄以后每天除一次。除沙一般采用网除比较好，即在每次除沙之前，先在蚕座内撒上一些石灰或焦糠之类的吸湿材料，然后加上蚕网，待两次给桑之后再将蚕抬到另外的蚕箔中饲养，把原来蚕箔中的残沙倒掉。

除沙注意事项：

(1) 除沙尽可能在白天进行，夏秋期要避免日中高温时除沙。

(2) 除沙动作要轻，勿伤蚕体，尤其起除和眠除要轻捉轻放。

(3) 除沙完毕后，蚕室地面要及时打扫干净，有条件的可用广谱消毒剂进行地面消毒。换出的蚕网要经日光曝晒。

(4) 养蚕人员除沙结束要洗手后再做调桑、给桑的工作。鞋底上黏附的蚕沙要清理干净。

(5) 蚕沙不能在室外堆积或摊晒,防止病原扩散。

(6) 除沙时蚕沙不能倒在蚕室地面,要用专用蚕沙筐或在地面垫一层塑料薄膜收集蚕沙。

4. 眠起处理

眠起处理是指各龄蚕从就眠开始到眠起后给第一次桑之间的技术处理。眠起处理是养蚕过程中重要的技术环节,一般可分为眠前处理、眠中保护和饷食处理 3 个阶段。

(1) 眠前处理:在蚕就眠前要加网除沙,全部或绝大多数蚕入眠后要停止给桑,并在蚕座上撒干燥材料。适时加眠网主要根据蚕的发育程度即体形、体色、食桑行为的变化来决定。加网时间应掌握在就眠前 12~18 h。适时加眠网标准见表 8-3。

表 8-3 适时加眠网标准

龄期	体色与体态
1 龄	大部分个体呈炒米色,其中之一有 0.1%的个体将眠,部分蚕体上黏附蚕粪
2 龄	大部分个体呈乳白色,体皮紧张发亮,其中有 0.5%的个体将眠,有蚕驮蚕的现象
3 龄	大部分体躯肥短,体皮紧张发亮,有 0.1%的个体尾部被丝固定或已就眠
4 龄	部分体躯肥短,体皮紧张发亮,有 0.5%的个体已就眠

加网后给桑 1~2 次蚕即可就眠。当 50%~60%的蚕已经入眠时便可停止给桑,在 80%~90%的蚕入眠后即可在蚕座内加入一些石灰和焦糠,以保持眠中蚕座干燥。止桑后,蚕座内如有少量迟眠蚕,可用几片桑叶或加网并撒少量条叶将它们提出来另行饲养,这称为提青。

(2) 眠中保护:从停食到饷食这段时间的技术处理称为眠中保护。小蚕眠中经过时间较短,1~2 龄经过 20~22 h,3 龄 24 h 便可蜕皮。眠中温度应比食桑期降低 0.5~1℃,相对湿度应降低到 70%~75%,到眠起蜕皮时再将温湿度升上去,要避免高温袭击。见起蚕后宜适当偏湿,以利蜕皮。眠中要保持安静,避免风吹和振动,空气要新鲜,光线不宜过强。防止偏光和风吹,使起蚕聚集一边,增强体质消耗,给饷食处理带来困难。

(3) 适时饷食:蚕蜕皮后第一次给桑称为饷食。一般在大部分蚕头部呈淡褐色、头胸部左右摆动,表现出求食状态时为饷食适期。生产上大批养蚕时,入眠或蜕皮总是有先后之分,为了提高工效、减轻劳动强度,应尽量做到同时饷食。

饷食用叶要求新鲜,适熟偏嫩。给桑量应适当控制,约为前龄盛食期一次用桑量的 80%。饷食以后,温湿度可适当偏高,有利于提高蚕的食欲和桑叶保鲜。各龄起蚕饷食前要撒防僵粉或蚕体蚕座消毒剂进行蚕体蚕座消毒。然后加网给桑,给桑两次后即可除沙。

5. 调节气象环境

在各种气象因素中,以温湿度对蚕生长发育的影响最大。小蚕喜高温多湿环境,生产上必须调节好气象环境,以满足小蚕的要求,各龄蚕适宜温湿度见表 8-4。

表 8-4 小蚕饲育温湿度标准

龄期	温度/℃	相对湿度/%	干湿差/℃
1 龄	27~28	90~95	1~1.5
2 龄	26~27	85~90	1~1.5
3 龄	25~26	80~85	1~2.0

6. 防病卫生

稚蚕对病原物的抵抗力弱，蚕体小，不仅容易感病，还会遭蚂蚁、蜘蛛、老鼠等天敌危害，饲养中应积极采取预防措施，减少蚕头损失。

(1) 蚕体、蚕座消毒：在收蚁当天及各龄起蚕，用防僵粉或防病一号进行蚕体、蚕座消毒，以防止真菌病的感染。各龄龄中可用新鲜石灰粉消毒。1～2 龄蚕时，石灰与焦糠混合使用，3 份石灰、7 份焦糠，撒到蚕座上，用以吸湿和消毒。3 龄后石灰可单独使用。如果已发现有病蚕时，可每天消毒一次。

(2) 蚕期防病卫生：养蚕过程中，病原物可通过桑叶、蚕具、饲养人员、空气等多种渠道进入蚕室，随着蚕龄的增进不断增殖、传播，造成感染。因此，必须采取有效的防病措施。首先，小蚕和大蚕要分段饲养，小蚕期实行“三专一远”的养蚕制度(即专室、专具、专人饲养和稚蚕室远离大蚕室及上蔟室)。饲养人员应做到洗手给桑，换鞋入室。每次除沙后应用含有效氯 0.5%的漂白粉液对蚕室地面和空中进行喷雾消毒。蚕沙要远离蚕室，发现病蚕要及时隔离、淘汰，严禁到处乱扔。采桑篓和除沙篓要严格分开，不能混用，并随时保持蚕室内外的清洁。

7. 小蚕共育

小蚕共育就是把不同养蚕农户的小蚕，集中在一起饲养到 3 龄或 4 龄饷食后，再分发到各养蚕农户饲养，这种小蚕饲养形式，称为小蚕共育。小蚕共育有利于消毒防病和小蚕护理，有效防止蚕病发生，蚕体强健好养，达到稳产高产的目的。同时，小蚕共育可节省劳力、房屋、燃料及消毒药品等，从而降低养蚕成本，增加蚕农收入。目前我国各蚕区都在大力提倡小蚕共育。小蚕共育的基本要求有以下几点。

(1) 要有小蚕专用蚕室：选择周围环境干净、空气新鲜无污染的独立的地方建立。小蚕共育室需保温、保湿性能好，应设专用的蚕室、蚕具、贮桑室。共育室、蚕具不得同时供饲养大蚕用。周围环境一定要能做到经常消毒，进入共育区大门设立消毒池；蚕沙坑不能设在共育室窗外上风处，以免病原被风吹带回蚕室内。

(2) 要有小蚕专用桑园：小蚕桑园要根据小蚕用叶的特点加强桑园的肥培及病虫害防治等管理，保证小蚕用叶的质量。

(3) 要有一套严格的管理制度：包括工作职责、防病卫生、质量检验等管理制度。

(4) 要有技术熟练、工作认真负责的专职共育人员：共育室工作人员一定要有很强的责任心，饲养技术要熟练，细心，掌握一般常见蚕病的特征及防治措施。

(5) 适时发蚕：小蚕发放一般都是在 3 龄或 4 龄起蚕喂 2 次叶后分发。根据小蚕的发育情况，应在发蚕前两天通知蚕农，准备消毒好大蚕房，准备好运输工具。发放蚕一般安排在傍晚或早上进行。在运输途中，尽量使用遮盖物保护小蚕，防止小蚕被太阳直晒、雨淋和强风吹。每批共育结束，小蚕全部发完后，要对蚕室进行打扫清理，然后进行消毒，为共育下一批蚕做好准备。

(六) 大蚕饲养技术

大蚕的生理特性是大蚕对高温多湿的环境抵抗力弱，丝腺成长快，大蚕呼吸、排泄量大，对二氧化碳抵抗力弱，对自然环境有一定的适应性。

1. 大蚕饲育型式

我国养蚕历史悠久，传统的饲育方式较多。

(1) 蚕箔育:蚕箔育是我国传统的饲育方式。蚕箔有圆形或方形两种,圆箔直径1.5 m,一般为竹制,蚕期时养蚕,平时可用作晒、盛放农产品。方箔竹制或木制,大小为1.2 m×0.8 m,放在竹木搭制的梯形架上,养蚕9～10层。

(2) 蚕台育:蚕台育就是利用竹竿、芦帘、竹帘、竹席、编织布等材料制作成宽1.5 m、长5～6 m(根据蚕架而定)的帘子搁放在竹、木搭成的梯形架上作蚕台,将蚕放在台上饲养。一般可搭建3～4层,每层间的高度:片叶育33 cm,条桑育66 cm。可现做现用,用后可拆卸收藏。

(3) 地面育:地面育是选择地面干燥、通风良好的房屋,打扫清洁,堵塞鼠洞、蚁穴,用1%有效氯的漂白粉液消毒。蚕下地前再撒一层石灰,根据蚕座面积铺一层短稻草节,厚3～6 cm,然后将蚕移上饲养。为了操作方便,蚕座可采用畦条式,畦宽1.5 m左右,长根据房屋大小而定。畦之间留操作道,宽约0.5 m。

(4) 棚架育:大蚕棚架育一般在房前屋后的空地上,用竹、木、芦帘、稻草等材料,搭成临时帐篷,其高度和大小根据需要而定。棚内搭架3～4层。

(5) 条桑育:大蚕条桑育是以条桑喂蚕,省工、省叶的饲养形式,是夏伐桑的蚕区春蚕普遍采用的饲育形式。室内地面条桑育的蚕座应做成畦条状,畦宽1.5 m左右,长度根据养蚕数量而定,两畦间留50～60 cm的走道便于给桑等技术操作。饲养一张蚕种的5龄蚕一般需蚕座13～14 m。

2. 大蚕饲养技术要点

(1) 桑叶的采摘、运输和贮藏:大蚕用叶以采摘含蛋白质与碳水化合物都丰富、含水分较少的成熟叶为宜,过老、过嫩叶对蚕均不利。大蚕期采叶与小蚕期不同,重在采叶和保养桑树长势相结合。采叶切忌一扫光而枝梢不留叶(桑树实行夏伐的春蚕期例外),枝条上部第7位叶以上不采,留着养树。采叶时间尽量安排在上午9时以前和下午17时以后为主,桑叶要随采随运,运到贮桑室后要及时倒出,抖松散热。贮藏桑叶应有专用贮桑室。贮桑方法一般采用畦贮法,畦的宽度和高度约为60 cm,畦与畦之间要留空隙,以便于通气,每平方米贮放桑叶30 kg左右。贮放桑叶时一般不在桑叶上直接洒水,以防细菌繁殖,引发细菌病。可用湿布或塑料编织布覆盖,每隔4～5 h翻动一次。

(2) 给桑:适时给桑才能保证大蚕鲜桑饱食。掌握适时,则须依据蚕室的气象环境、蚕的食欲状态及蚕座上残余桑叶的多少与凋萎程度来确定。各龄起蚕第一次给桑掌握眠蚕基本上全部蜕皮,并且体躯伸长爬行,已开始发生食欲为给桑适期。以后的各次给桑,掌握上次给桑基本食尽1～2 h再行给桑。温度高偏早,温度低偏迟,盛食期偏早,少、中食期偏迟。

大蚕期的给桑次数,主要依据饲育期的气候和桑叶凋萎速度来决定。春季和晚秋蚕期一般每天给桑3～4次,夏、秋蚕期温度高、湿度低的情况下4～5或5～6次。

给桑应掌握适量,既要使蚕充分饱食,又不至于浪费桑叶。合理的给桑量必须根据给桑次数、蚕的发育进度、蚕品种食桑习性灵活掌握。但各龄总用桑量基本上是有一定范围的,以10 g蚁蚕(约2万头蚕计),各大蚕期用桑参考表见表8-5。

表8-5 10 g蚁蚕(约20 000头蚕)各大蚕期用桑参考表(吴大洋等,1999)

龄别	春蚕/kg	夏蚕/kg	正秋蚕/kg	晚秋蚕/kg
4龄	80	55	55	60
5龄	550～600	455～470	410～450	430～470

注:引自《家蚕饲养与良种繁育学》

片叶育在每次给桑前先挑选出虫口叶、黄叶、泥叶、各种污染叶和过老、过嫩叶，再给桑。给桑要求均匀而迅速。首先把桑叶抖散，力求1次拿足1箔蚕的给桑量，在蚕座上均匀撒开，也可先把叶放在蚕座中央，然后向四周匀开。给桑完毕后，检查有无遗漏，漏给的要立即补上。

(3) 饲育环境调控：大蚕期蚕室适温控制在23～25℃，相对湿度70%左右，气流速度30～50 cm/s为宜，尽量避免20℃以下低温（尤其4龄期）和28℃以上高温及80%以上高湿（尤其5龄期）。大蚕有避强光性，容易向光线暗的地方集中，除保持室内光线均匀外，大蚕室要经常保持有0.1～0.3 m/s的气流，以便及时排出蚕室内的不良气体，保持室内空气新鲜，尤其在高温多湿的情况下更应注意。

(4) 扩座除沙：蚕发育到4龄以后，体面积增加极为明显，4龄蚕是3龄蚕的3.3倍，5龄蚕是4龄蚕的2.5倍。随着蚕体面积的增大和给桑量的增加，必须相应扩大蚕座面积，以保持适当蚕头密度和防止蚕相互抓伤而引起蚕病。合理的蚕座面积4龄期为蚕体面积的2倍，5龄期为体面积的1.5倍左右。即1张蚕4龄最大蚕座面积要达到11～12 m^2，5龄盛食期达到25～26 m^2。如饲养中发现蚕头太密，在给桑前应及时扩座或分箔，达到稀密适当，使蚕的分布均匀、蚕不碰蚕、两条蚕之间要有一条蚕的空隙。勤除沙可以保持蚕座卫生，防止蚕病传染。大蚕期以每天除1次沙为宜，在高温多湿的条件下，5龄盛食期可增加1次除沙。

(5) 眠起处理：四眠是大蚕期唯一的一次就眠，也是蚕幼虫期最后一次眠。从开始见眠到全部眠齐的时间长，从就眠到蜕皮起身的眠中经过时间也长，而且蜕皮也不如小蚕整齐。因此加眠网以部分蚕体躯肥短，体皮紧张发亮，有0.5%的个体已就眠为适期。眠除后经8～10 h蚕基本上都全部就眠时止桑。止桑用三七糠（三份石灰、七份焦糠）或短稻草节（约4 cm）薄薄撒一层在蚕座上，起吸湿作用。止桑后随即拾清迟眠蚕，另行饲养。对发育差的弱小蚕、病蚕予以淘汰，集中石灰缸中再深埋土中。若迟眠蚕多，应加提青网，将迟眠蚕（又称青蚕）提出，给予良桑促进就眠。眠中温度较食桑中低1℃左右，蚕室保持安静，防止阳光直射和强风直吹。大蚕饷食适期以蚕箔中蚕全部蜕皮起身，起蚕头胸昂举或爬行表现有食欲状态，头部色泽呈淡褐色时为饷食适期。饷食用桑应比较软嫩、新鲜，给桑量为上龄最大一次给桑量的80%左右。

(6) 大蚕期蚕病的预防：大蚕对病原尤其病毒病的抵抗力比小蚕期强，但感染病原的机会却远较小蚕期多。如小蚕期有极少数蚕发生传染病，病尸或排泄物中存在大量新鲜病原体扩散产生二次感染，就会在大蚕期尤其5龄期严重发病。因此大蚕期防病工作仍应结合饲养管理采取以下措施加以预防。

防止蚕体受伤 随时注意匀座、扩座、分箔，使蚕头分布稀密适当，防止蚕腹足钩爪抓伤蚕体；饲养人员进行接触蚕的各项技术处理手要轻快、敏捷，防止碰伤蚕体，就能有效避免病原的创伤传染途径。

隔离病原 大蚕发病特别5龄暴发蚕病多为蚕座混育感染形成。因此在饲养过程中发现病弱蚕应立即拾出丢进石灰缸中，在各龄眠时止桑前和起蚕饷食前，应用蚕筷拾清死蚕、半蜕皮蚕、不正常蚕后才进行止桑和饷食前的消毒处理。

加强蚕体、蚕座和贮桑场所的消毒 大蚕期除了各龄起蚕用石灰或防僵粉消毒外，食桑期中每天早上给桑前应该用新鲜石灰粉进行一次蚕体、蚕座消毒；每天或隔1 d贮桑用具和贮桑场所用含有效氯0.5%的漂白粉液喷洒一次，达到杀灭病原或抑制病原的目的。

防止饲养人员手脚带病 蚕室门前经常施放新鲜石灰，进出蚕室先踏石灰；除沙和拾取病、死蚕后要立即洗手才能接触蚕和桑叶；蚕沙要倒入专用的蚕沙坑内，经沤制发酵后才能作肥料用或把蚕沙运到远离蚕室、桑园、贮桑室的固定场所摊晒，防止家禽、家畜接触，更不能把蚕沙和淘汰的病弱蚕喂饲敞放的畜禽，以防止病原扩散污染蚕室周围环境，也避免了病原随饲养员重新带入蚕室、蚕座。

（七）上蔟及采茧

上蔟、采茧是养蚕生产的最后阶段。在短时间内要处理大批熟蚕上蔟，一定要作好充分准备，采用科学的上蔟方法和结构性能好的蔟具。

1. 熟蚕的特性

蚕进入5龄末期，排出含水分较多的绿色而松软的粪粒，同时食桑量减少，这是蚕即将进入熟蚕的前兆。最后完全停止食桑，胸部呈半透明，昂起头胸部左右摇摆，口吐丝缕，这是熟蚕的标志。熟蚕都具有向上性、背光性、避强风性。

2. 上蔟设备

(1) 蔟室：蔟室是蚕儿营茧的场所，其环境条件直接影响蚕茧的质量。蔟室要求地势高燥、空气流通，保温排湿好，光线明暗均匀，能防止日光直射，并能防止虫鼠为害。地面为水泥地或三合土，便于清洁消毒工作。

蔟室的类型有两种，一种是专用上蔟室，另一种是大蚕室兼作上蔟室或利用具有上述条件的空闲房屋，上蔟一般是采用大蚕室。蔟室面积比大蚕蚕座面积增加1倍（一般每10 g蚁蚕需上蔟面积50 m^2 左右）。熟蚕在营茧的几天内，排出的水分相当于蚕体重的一半，使蔟中往往处于多湿状态。因此蔟室一定要通风排湿条件良好。

(2) 蔟具：蔟具不但是养蚕上蔟必不可少的设备，而且蔟具的结构与蚕茧的质量好坏有直接的影响。目前蔟具种类主要有蜈蚣蔟、竹篾折蔟、塑料折蔟、方格回转蔟、搁挂式方格蔟、双连座式方格蔟、编结式方格蔟等。不同蔟具对茧质的影响见表8-6。

表8-6　不同蔟具对茧质的影响（黄君霆等，1996）

蔟具	上茧率/%	下茧率/%				
		双宫	黄斑	柴印	薄皮	合计
方格蔟	98.15	1.13	0.29	0	0.43	1.85
折蔟	86.01	11.37	0.98	1.13	0.51	13.99
蜈蚣蔟	84.91	10.20	1.04	3.78	0.07	15.09
伞形蔟	80.59	9.99	2.35	6.45	0.62	19.41

3. 上蔟处理

(1) 上蔟适期：要适熟上蔟，在开始出现熟蚕时，要随熟随捉，先熟先上蔟，到大批蚕进入适熟时，可以先把少数未熟蚕拾出，另行给桑，余下的适熟蚕就可以一齐拾取上蔟。

(2) 上蔟方法：主要有以下几种。

人工拾取法　这是传统的上蔟法，由人工从蚕座中拾取适熟蚕，将收集到一定数量的适熟蚕，及时放入事先准备好的蔟具上。要防止熟蚕在盛蚕容器内堆积过多和堆放时间过长，以免压伤熟蚕和损失丝量。人工拾取熟蚕很费劳力，事先一定要做好充分准备，否则容易造成上蔟忙乱。

振落上蔟法　在开始见熟阶段，手工拾取适熟蚕。待进入盛熟期时，利用熟蚕向上爬的习性，将枝条或大蚕网放在蚕座上，待爬上枝条或蚕网的熟蚕达到相当数量时，即取出枝条或蚕网，将熟蚕振落在预先准备好的空蚕箔或薄膜上，再将熟蚕收集起来，放入蔟具。如此吸引振落几次，可以收集到大部分的熟蚕，这比人工逐头拾取的工效高。

自然上蔟法 将蔟具直接放在蚕座上，利用熟蚕向上爬的习性，让熟蚕自己爬上蔟具营茧。自然上蔟的蔟具结构能容纳熟蚕的数量，一定要大于蚕座上熟蚕总头数。目前几种蔟具中，方格蔟的结构能适用于自然上蔟。因为方格蔟垂直竖立在蚕座上，在片距保持 12 cm 时，其孔格总数还大大超过熟蚕总头数。熟蚕有选择上部孔格营茧的习性，紧靠蚕座的蔟片下部孔格(2～3行孔格)，就很少有熟蚕在其中结茧。同时方格蔟自然上蔟后，还可以将蔟片提高搁挂，便于清除蔟下蚕沙、蚕粪、蚕尿等污物，减少蔟室湿度，有利于提高茧质。

自然上蔟法的放蔟时间要掌握适当，一般以见适熟蚕达 40%～50%时，先给上薄薄的最后一次桑叶，让未熟蚕继续食桑，随后就可开始在蚕座上方依次等距离放置蔟片。先熟的蚕先爬上蔟片，后熟的蚕后爬上蔟片，前后一般相差半天左右。故自然上蔟的采茧时间，应适当推迟半天以上，总之要待后上的熟蚕全部化蛹为宜。

自动上蔟适合养地蚕和台蚕，要求蚕座平整、蚕老熟齐一。为使熟蚕很快登蔟，可在放蔟前撒布登蔟促进剂。目前有月桂醇、鱼腥草、樟脑油和庚醛等多种熟蚕登蔟剂，这些药物都具有一种特殊气味，对熟蚕有忌避作用而促进登蔟。

(3) 上蔟密度：上蔟密度是否适当与茧质有直接关系。蜈蚣蔟每平方米蔟面积上熟蚕 450～500 头，折蔟每个上熟蚕不超过 300 头，方格蔟以孔格总数的 80%～85%计算上蔟熟蚕数为宜。上蔟密度对茧质的影响见表 8-7。

表 8-7 上蔟密度对茧质的影响(黄君霆等，1996)

项目	折蔟/(头/m²)			蜈蚣蔟①/(头/m²)		蜈蚣蔟②(头/m²)	
	360	450	540	450	540	450	540
上茧率/%	91.40	89.19	86.77	84.26	71.30	82.73	80.46
解舒率/%	91.76	90.98	82.12	87.97	81.78	81.39	75.42

注：蜈蚣蔟①为蔟枝长 20 cm 、蜈蚣蔟②为蔟枝长 33 cm；蚕品种为坛汗×华九；蔟室平均温度为 22℃，相对湿度为 89%，蔟室开门窗

上蔟过密是造成次下茧激增和解舒下降的原因之一。在同一蔟室，以同批熟蚕作不同蔟具的上蔟密度实验，证明各种蔟具随着上蔟密度的增加，其上茧率和解舒率均一致下降。

4. *原蚕上蔟注意事项*

原蚕熟蚕上蔟必须掌握适熟稀上的原则。操作时需注意的问题如下。

(1) 原蚕熟蚕前要进行一次除沙，保持蚕座干燥，有利于蚕的老熟。

(2) 养蚕时发生过僵病的饲育批，上蔟时宜对蚕体进行一次防僵粉消毒，但半脱皮蛹多的品种，蚕体消毒宜在见熟前进行。

(3) 上蔟时宜随捉随送随上，切勿堆积、振动，上蔟动作要轻，稀密均匀。

(4) 为便于早采茧，原蚕上蔟时要标明品种、批次、时间。熟蚕吐丝形成茧形后，应及时拾去蔟面上的浮蚕，另行上蔟，以便依先后顺序在适当时间内早采茧。

(5) 对多结双宫茧的品种，最好使用覆蔟网，增多营茧位置。

(6) 为了安全生产，要有专人值班。

5. *蔟中保护*

(1) 刚上蔟当时，温度控制在 25～25.5℃，以加快营茧速度，蔟室光线宜暗淡薄明(约 20 lx)，防止强光和强风直对蔟具，以免熟蚕避光避风造成局部过密。

(2) 上蔟 24 h 后，熟蚕已定位营茧，温度控制在 24～25℃，应清除蔟下蚕尿及蚕沙等污

物,以免产生有害气体。

(3) 自熟蚕吐丝结茧形成一薄层时至吐丝终了为蔟中保护的关键时刻,要敞开蔟室门窗,有通风小气窗的也要全开,气流控制在 0.5～1 m/s。

6. 采茧与售茧

(1) 适时采茧:采茧适期一般应在蛹皮呈黄褐色时为适当。春蚕期在上蔟后的第 6～7 天,夏、早秋蚕期在第 5～6 天,晚秋蚕期在第 7～8 天。

(2) 采茧方法:生产上采用的各种蔟具都用手工采茧。采茧时先拾去蔟上死蚕和印头茧、烂茧、薄皮茧(死蚕应放入消毒缸内),以免污染好茧。并按上蔟先后,先上先采,后上后采。采放鲜茧动作要轻,以免损伤蛹体造成出血内印茧。采下的茧薄摊于蚕台或蚕箔中,以 2～3 粒厚度为宜。方格蔟采茧可用自制简易采茧器采茧。

(3) 选茧与出售:采茧时就应将上、次、下茧分类堆放,尤其是印烂茧要选除干净,以免污染好茧。如采下的茧当天来不及出售的,应把鲜茧薄摊在蚕箔内或芦帘上,以免发生蒸热。出售鲜茧时,装茧的容器宜用箩筐,为防止鲜茧在运输途中发生蒸热,需在箩筐中插入透气竹笼或放入一把干稻草,以利通气散热。鲜茧切忌用塑料袋盛装。装茧和运输途中,动作要轻,尽量减少振动,同时防止日晒和雨淋。

(4) 上蔟设备的消毒清理:采茧和出售工作一经结束,就立即对蔟室和蔟具进行清理和消毒,俗称"回山消毒"。

(八) 种茧保护

熟蚕上蔟到发蛾,称为种茧期或蛹期,是蚕的变态时期。一般上蔟后经过 3 d 左右吐丝终了,再经过 1～2 d 蜕皮化蛹,经两周左右羽化成蛾,交配产卵。这个时期是体内旧组织盛行解离与新组织新生的重大生理转折期,环境因素和技术处理对蚕种的产量、质量都有很大影响。为此,对种茧保护必须十分重视,认真做好。

1. 早采茧

蚕的营茧方位对吐丝、化蛹、茧丝品质,蛹的生理及蚕蛾的交配产卵都有关系,一般横营茧最好,斜营茧次之,直营茧最差。特别是直营茧由于蛹体直立,尾部受压向内缩成缩尾蛹,对羽化、交配和产卵有很大影响。因此,在蚕种生产上实行早采茧技术。

(1) 早采茧适期:早采茧适期因蚕品种和蔟中保护温度的不同而稍有迟早。在 24～25℃保护下,一般蚕品种的早采茧适期为上蔟后 48～72 h,以 60 h 为中心。含有多化性血缘经过短的蚕品种可在上蔟后 48～55 h 采茧。采茧前必须抽样调查,掌握吐丝刚尽,茧壳已硬,尚未化蛹时采茧,如发现已开始化蛹,应改为迟采茧。迟采茧可在上蔟后第 6～7 天,蛹体呈黄褐色,体皮坚韧时采茧。

(2) 早采茧方法:采茧时必须按上蔟先后依次进行,必须轻采轻放,减少振动,否则容易造成受伤、出血。上茧、双宫茧、薄皮茧、污烂茧等应分别放置。采下的种茧粒粒平铺于蚕箔内,防止堆积。不同摊放处理与缩尾蛹、驼背蛹发生的关系见表 8-8。

表 8-8　不同摊放处理与缩尾蛹、驼背蛹发生的关系

处理方式	调查茧数/颗	死笼茧率/%	正常蛹率/%	缩尾蛹率/%	驼背蛹率/%
颗颗横摊区	1000	9.5	71.3	10.4	8.8
自然摊放区	1000	9.3	43.2	24.7	22.8
全直立摊放区	1000	10.0	9.0	41.5	39.5

注:引自《家蚕饲养及良种繁育学》

2. 种茧保护方法

(1) 温度:温度是环境因素中对蛹体发育影响最大的因素。综合蛹期保护温度与产卵关系的各种实验资料,一般认为种茧期的保护温度以24℃为标准,23～25℃为适温,21～27℃为发蛾调节的安全温度范围。

(2) 湿度:湿度也是种茧保护中的重要环境因素。在保温的同时,要加强湿度的调节工作。一般以60%～90%为安全湿度范围,70%～85%为适湿范围,75%～85%为中心湿度。

(3) 空气:蛹体的呼吸比较微弱,但随着发育进展呼吸也逐渐旺盛,以化蛹当时为最大,以后呼吸量又不断下降,至羽化前呼吸量又逐渐增加。要重视种茧室的换气工作。

(4) 光线:光线对蛹的生理影响较小,但强光刺激促使蛹的尾部旋动,易擦伤蛹体,容易增加后期死蛹,长时间光照也会影响发蛾规律。应保持昼明夜暗的自然节律。

3. 种茧期发蛾调节

种茧期的发蛾调节的目的,是对交品种的雌雄蛾达到同日大体等量发蛾,使杂交彻底,从而提高蚕种的质量。

(1) 蛹的发育观察:蛹期的发蛾调节工作,必须加强对蛹体的发育观察,合理调节温度。从对交品种每日上蔟的茧中抽取50～100粒蛹,分别雌、雄放于种茧室内,每日定时观察蛹体的发育情况,调整保护温度。

(2) 蛹的体色与发育进度大体上有如下关系:①复眼开始着色时,从上蔟至发蛾,约经过1/2的时间;②复眼呈浓黑色时,从上蔟至发蛾,约经过2/3的时间;③触角浓黑色时,再过2～3 d后发蛾;④蛹体松软,皮肤失去光泽呈土色和出现皱纹时,再过1～2 d后发蛾。

蛹的发育观察,除仔细调查样本蛹体的发育情况外,也要注意对群体的观察,做到样本与群体相结合。在进行品种间的发育比较时,要考虑到品种的特点,一般中国系统品种体色稍淡,容易看嫩,日本系统品种体色稍深,容易看老。

(3) 调节方法:一般蚕品种以上蔟到发蛾的日数,在保护温度21～27℃内,每升降1℃,可提前或延迟发蛾1 d,每升降2℃,可提前或延迟发蛾2 d。发蛾调节是把发育快的品种保护温度适当降低,发育慢的品种保护温度适当提高。

发蛾调节,还应注意以下几点:①发蛾调节不仅要使两个品种同日发蛾,而且要使每日的雌雄蛾数量大体平衡,因此发蛾调节要考虑品种的发蛾习性,应做好雄蛾提头留尾工作;②发蛾调节以雄蛾为主,对交品种早晚批调节,应以时间为主,中批大批发蛾调节,应以数量为主;③对交品种发育开差较大的情况下,宜适当提早鉴蛹,以便分别调节雌雄蛹;④对交品种在上蔟、采茧、称茧及雌雄鉴别日期均应列表认真对照,不单是时间平衡,还要做到数量平衡,每日上蔟时间、数量不可混乱,尤其开始上蔟必须分清,方能掌握调节。

4. 种茧选择

严格进行种茧选择,是提高蚕种质量的有效措施。经检验合格的饲育批内作个体水平的选茧,去劣留良,淘汰不符合品种固有性状和不良茧个体。选择的方法,就是将合格的饲育批中的种茧,逐箔进行个体选择,凭肉眼、手触认真评选,选出不符合品种固有性状和不良茧个体,以选净为原则。选茧结束后,应进行抽样复查,以良茧率在99%以上为合格,如低于上述标准,须进行重选。选出的不良茧应称量,算出实际选茧率。不良茧主要有以下5类。

(1) 薄皮茧:茧层显著薄,极易变形。

(2) 畸形茧:茧形不规则,不符合品种固有性状。

(3) 绵茧:茧层松浮,没有缩皱,手触松软如棉絮。

(4) 有色茧：与品种固有的颜色不同，如茧色呈米色、淡竹色或其他颜色者。

(5) 其他不良茧：包括深束腰茧、球形茧、尖头茧、穿头茧、特小茧等。

5. 种茧(蛹)的雌雄鉴别

为保证杂交彻底，制种前必须进行雌雄鉴别。

(1) 蛹的雌雄特征：蛹的雌雄具有不同的特征。从外形来比较，雌蛹体较肥大，腹部末端较圆；雄蛹体较瘦小，腹部末端较尖。从性征上来区别，雌蛹在第8环节(翅下第5环节)腹面的中央，从前缘到后缘有"X"状纵线；雄蛹在第9环节(翅下第6环节)腹面的中央有一凹陷小点。进行蛹体雌雄鉴别时，根据雌雄的体型及生殖腺特征来判断。

(2) 鉴别时期：雌雄鉴别工作，应在选择后，羽化前完成。在允许范围内尽可能推迟些，以雌雄鉴别后的次日见苗蛾为适期。

(3) 鉴别操作：鉴别操作先是削茧，然后鉴蛹(初鉴和复鉴)、摊蛹等过程。工作中要加强岗位责任制和检查验收制度，务必使雌雄鉴别正确。严防削伤、漏削、漏倒、蚕蛹堆积、雌雄蛹倒错等。

削茧　采用"一削二看三倒四轻放"的操作方法。从茧的上端1/4处向前上方斜削去盖，削口以能顺利倒出蛹体为适当，削开茧片后随手将蛹倒入右手掌中，再轻放箔内。盛蛹的箔应铺以柔软的衬垫物如小蚕网、覆蔟网等，蚕蛹应避免堆积。削茧时如发现病死蛹或削伤蛹体，应装入袋中，送质检室。

鉴蛹　分初鉴与复鉴。初鉴可一人一箔。鉴别前先将死蛹、不良蛹选出。鉴别时要专心一致，认真负责，按先雌后雄进行。复检员要挑选有丰富经验的人员担任，根据蛹的外形特征，将可疑的重鉴一次。鉴蛹应掌握早晚多鉴，温度超过28℃时应停止鉴别。

摊蛹　鉴别后的蛹一般都摊在箔内进行裸体保护。摊蛹的箔内应铺垫清洁柔软的材料，如短稻草、木糠、瓦楞纸等，再把蛹均匀排在上面，密度一般每箔(1 m^2)雌蛹600～700头，雄蛹800～900头。摊蛹要及时，动作要轻巧，稀密要适当。雌雄分室放置，防止混乱。

(九) 制种技术

制种是蚕种生产的关键技术环节，直接关系到蚕种的产量和质量，特别是对产出卵量和受精卵率的影响尤为明显。在制种过程中，应根据不同的制种型式和不同生产季节灵活把握好每一个技术环节。

1. 制种型式

蚕种的制种型式有框制种、平附种、散卵种、精制平附种4种，除个别省区的原种采用散卵型式外，全国大部分省区的各级原种都采用框制型式，普通种则以散卵型式为主，少数省区仍采用平附种。

(1) 散卵种：散卵种的产卵材料用上浆的棉布、麻布或蚕连纸，产卵时将产卵材料平铺在蚕箔中或制种板上，投蛾产卵，投蛾数与面积的比例每百头蛾的产卵面积约为1000 m^2。所产蚕卵经一定时间的保护，在冬季浴种或夏秋季浸酸时将蚕卵洗落下来，经盐水比选，调查合格后，按规定数量装盒，即为散卵种。

(2) 平附种：平附种是按一定面积产卵在蚕连纸上的蚕种。产卵面积一般为400 m^2(长25 cm、宽16 cm)，在省区间略有差别，张种良卵数23 000粒左右。产卵蛾数因蚕品种、生产季节、饲养环境等不同条件而有差异。

(3) 框制种：框制种是用蚕连纸产卵的蚕种。原原母种一般采用单蛾框制蚕连纸，收蛾时袋入附在连纸上的蛾袋内。原原种采用14蛾框制蚕连纸，收蛾时用14孔蛾盒对号袋蛾。原种规定用 28 蛾框制蚕连纸，母蛾产卵后对号装入蛾盒。

(4) 精制平附种：精制平附种是将浴消后调查合格的散卵蚕种均匀地附着在涂有胶黏剂的蚕种纸上，用连续一步法(包括蚕种纸放料、上胶、蚕卵称量撒匀、覆盖透气纸和压痕、冲孔、打印、剪切等)制成优质平附蚕种。

2. 制种的准备工作

(1) 产附材料的准备：制种工作时间紧、任务重、技术性强、操作要求严格，必须事先做好准备工作。生产框制种或平附种的产卵材料是蚕连纸。蚕连纸的用量根据蚕品种、批次的种茧量及历年公斤(千克)茧毛种量估计得出的制种量来推算。原原种、原种所需蚕连纸一般以净种折扣率按 50%估算，并增加 10%的备用量。蚕连纸必须标上品种名、批次、生产期别、序号。

制散卵种时，除产卵在蚕连纸上的人工孵化种不上浆外(浸酸自动脱粒)。其他的蚕连纸或散卵布均要上浆。不同产附材料浆液配方见表 8-9。

表 8-9 产附材料浆液配方

产附材料	成分			说 明
	小粉/kg	滑石粉/kg	水/kg	
散卵布	1.5	1	35	可上浆散卵布 80 块
蚕连纸	2.5	1	40	可上浆双张蚕连纸 4000 张

注：春期制种用蚕连纸在配方中加硼酸 100 g，以防生霉

上浆方法，根据配方先用少许冷水把小粉和滑石粉调成糊状，余水盛锅中煮沸，把调制的冷浆徐徐倒入锅中，边倒边搅拌，等浆液均匀呈透明而锅中央尚未煮沸时，趁热放入散卵布浸透后，取出抹去余浆，铺在木板上拉平晒干，必要时用熨斗烫平，务求平滑，以利产卵。蚕连纸上浆用排笔蘸取浆液均匀涂抹，晒干并压平后备用。单面上浆的应在上浆一面注明标记，以防差错。

(2) 蛾盒的准备：为了防止家蚕微粒子病胚种传染，必须对全部母蛾或按一定比例随机抽取母蛾样本进行检验。制种开始前，应按《桑蚕一代杂交种检验规程》(NY/T 327—1997)袋蛾规定抽样数量，准备好足量蛾盒。蚕连纸及蛾盒规格参数见表 8-10。

表 8-10 蚕连纸及蛾盒规格参数表

	单盒装母蛾数/个	蚕连纸规格/cm	母蛾盒规格/cm	准备蛾盒数量占毛重量的比例/%
母种 原原种	14	35×13 (每格 4.3×4.3)	11×4×2	100
原种	25	32×23 (每格 4.5×4.5)	11×8×2	110
杂交种	30	353×23	11×8×2	20～30

注：制杂交种时准备蛾盒数量因每批次蚕种数量的多少变化较大

(3) 房屋用具的准备：根据生产计划和便于工作的原则，制种前要配备好发蛾室、交配室、产卵室、低温室、蚕种保护室等。制种用具，有专用或兼用的，依制种型式和各蚕种场制种方法而稍有不同，所需用具按盛发蛾 1 日最大量准备，约为全批制种量的 50%左右。

(4) 组织分工：制种工作工序多，时间紧凑，应按工作需要明确分工，每道工序都要有专人负责，配备固定劳动力，各工种间要及时进行平衡调度，使工作环环扣紧，顺序进行，忙而不乱，

一般每人每日工作量按散卵布 10～12 块，散卵连纸 40～50 张计算。

3. 制种技术

制种技术环节多，以交配与产卵两个环节为中心。

(1) 发蛾、捉蛾与选蛾。

发蛾 家蚕发蛾习性因系统和品种不同而不同，还受环境因素的影响。春期、早秋期制种，在早晨 3 时左右感光；中晚秋期制种，在 4～5 时感光。生产即时浸酸种的蚕蛹保护室通常不感光。

捉蛾 雌蛹保护室开始发蛾时，要有专人巡视，及时捉取雌蛹箔中因鉴别错误而剩留的个别雄蛾，发现纯对应立即淘汰。雌蛾成熟后，便可开始捉蛾。捉蛾一般先雌后雄，雌蛾捉到半数时分出人力捉雄蛾，也有雌雄蛾同时捉取，捉出的雌蛾集中放蚕箔中，每箔放 150～200 头，第一次捉蛾后，还会有部分蚕蛾陆续羽化，在 8～9 时还要捉蛾一次。下午如仍有雌蛾羽化，则捉出后放在 12～15℃低温中抑制，待次日清晨交配。

选蛾 选蛾是提高蚕种品质的重要措施，在制种过程中，必须严格淘汰苗末蛾。捉蛾、理对、拆对、投蛾时注意淘汰不良蛾。不良蛾形态特征有：①鳞毛脱落，呈病态的；②翅畸形或萎缩不展开的；③体型不正，腹部环节及翅等有黑斑或呈黑色的；④体型过于肥大，体节过长，体躯僵硬，行动困难的；⑤行动不活泼，交配能力差的。

(2) 交配与理对。

交配 先在雌蛾箔中投入比雌蛾数多 5%～10%的雄蛾任其交配。

理对 经 10～20 min 依次理对，把单只蛾捡出另行交配，已成对的蛾适当排匀，要求配对蛾之间保持一定距离，避免相互干扰而致散对。理对后要有专人巡查，发现散对随即捡出重交。理对后的多余雄蛾送低温室冷藏，如当日新鲜雄蛾不够，可利用雄蛾再交，交配次数以两次为限。

交配时间掌握在 4～6 h，交配温度以 24℃为最好，相对湿度保持 75%为宜。同时要求无风、安静、弱光。

(3) 拆对与投蛾。

拆对 雌雄蛾交配达到规定时间后即可拆对。拆对要按交配先后顺序进行，拆对动作要轻快，注意手势，将雄蛾稍向上提起，雌雄蛾转向分离，不可强拉，以免损伤蚕蛾生殖器，否则会影响雌蛾产卵和雄蛾再交利用。盛放雌蛾的蚕箔，先轻轻振动，促使雌蛾充分排尿，避免产卵时排尿过多污染连纸或产卵布。排尿后再次选除不良蛾并检查有无雄蛾混入，然后将雌蛾送产卵室。

投蛾 投蛾前，应估计当日制种量，预先排放好产卵材料。每块散卵布或每张蚕连纸的投蛾量，应参考苗蛾试产情况决定，再根据小批、大批卵量的差别，酌量增减投蛾量。制夏秋用人工孵化种时，同一产卵材料上不可分次投蛾。投蛾动作必须轻快敏捷，同时要注意送蛾、数蛾或称量、投蛾工序之间的配合，以免母蛾积压造成早产卵多的损失。平附种投蛾时，必须注意在蚕连纸的周边和四角放蛾，防止周边和四角缺卵，以减少蚕种整理时的困难。

(4) 产卵与巡蛾。

产卵 投蛾后开始产卵，环境因素对产出卵量和产卵速度均有很大影响。产卵室温度以 24℃，湿度 75%为宜，保持黑暗并注意换气以使空气新鲜为好。

巡蛾 投蛾后要加强巡蛾工作。一般要求每隔 2 h 巡蛾一次，扶正腹部朝上蛾，拾回逸出蛾，拣出雄蛾，并用吸水纸吸去蛾尿。散卵种要注意蚕蛾分布均匀，不使产生叠卵或大面积缺卵现象。框制种则首先要对齐框线，均布蚕蛾，同时注意有无缺蛾及爬框产卵现象，特别要加强午后15～17时盛产卵期间的巡蛾和内外调板工作。

(5) 雌雄蛾的冷藏与雄蛾再交。

雄蛾冷藏 在生产上普遍应用，当日多余的新鲜雄蛾，可冷藏于5～10℃的低温中备用，冷藏时间以4～5 d为度；一交雄蛾用18℃保护，以备次日新鲜雄蛾不足时进行再交。冷藏雄蛾的容器，通常用有气孔的蛾箱或内垫草绳网或折蔟的蚕箔。盛放雄蛾的密度要适当，以一层为宜。冷藏雄蛾必须有专人管理，雄蛾箱(箔)上须注明品种、批次、发蛾日期、交配次数等，在取用时再次认真核对，防止发生差错造成损失。如一室内同时冷藏几个品种的雄蛾，宜划区放置，分隔清楚，杜绝混杂机会。

雄蛾再交 在雄蛾少于雌蛾而又缺少隔日冷藏雄蛾可供调节时，则用当日雄蛾拆对后进行再交，雄蛾当日再交，第一次交配时间可缩短到3～4 h，拆对后的雄蛾宜给予半小时的休息，再交时间可延长至5～6 h。如用冷藏的一交雄蛾再交，交配时间与当日再交雄蛾相同。

雌蛾冷藏 在生产上，如遇特殊情况时，可将雌蛾放在7.5～10℃中冷藏，冷藏时间控制在2 d以内；在5℃中冷藏，冷藏时间控制在4～6 d。

(6) 袋蛾与收种。

袋蛾 袋蛾早晚应根据用种期别不同掌握合理时间。即时浸酸种要求卵龄开差在8 h内，冷藏浸酸种则要求在10 h内，春用蚕种为尽量发挥生产潜力，卵龄开差可延至12 h内。袋蛾数量严格按照《蚕种检验规程》要求执行，并注意蛾盒的管理。

收种 收种时按品种、批次，点清张数，收种过程中应避免堆积、振动、摩擦等，勿使蚕卵生理受障害。春用种送蚕种保持室串挂或插架，即使浸酸种12～15 h内，冷藏浸酸种36 h内按规定送指定地点。

(7) 蚕种估产：估产是指生产出来的毛卵量经浸酸或冬期浴消比选后的估计净卵量，也称毛种估净折扣率。估产方法因品种、制种期别、用种期别而异。

春制春用越年种 蚕卵固有色后称量，算出毛卵量，固有色到浴消后，自然消耗率为5.6%左右；多点调查不良卵，作为估产的基本数据，浴消比选淘汰的卵量为不良卵量的2～3倍。

估净卵量(换算成估净种数)＝毛卵量－比选淘汰卵量－自然消耗量

秋制春用越年种 方法同上，自然消耗量2%左右，比选淘汰为不良卵量的3～4倍。

冷藏浸酸种 未转色前进行称量，算出毛卵量，自然消耗率为1.2%左右，比选淘汰率为不良卵率的3～4倍。

即时浸酸种 直接称取毛卵量，按一定的比例折算。

(十) 蚕种检验检疫

蚕种是蚕桑生产的重要基础，其质量的优劣直接影响蚕茧的质量和产量。因此对各级蚕种的质量必须进行检验，凡不符合质量标准的蚕种，不能在生产中使用。目前我国的蚕种质量检验包括蚕前、蚕期、蛹茧期检验，母蛾检验和成品检验。按照检验的组织实施分为蚕种生产单位进行的检验和各级蚕种质量监督机构进行的检验。

1. 蚕种生产单位组织的检验

蚕种生产过程中的生产单位组织的检验项目见表8-11。

表 8-11　蚕种生产单位组织的检验

检验时期	检验项目
养蚕前	补正检查
幼虫期	纯度调查，病蚕率，迟眠蚕，弱小蚕，病态蚕检查
茧蛹期	克蚁收茧量，公斤茧粒数，4 龄结茧率，虫蛹统一生命率，健蛹率，死笼茧率，全茧量，茧层量茧层率，发蛾促进检查
蛾期、卵期	良卵率，单蛾良卵数，克蚁制种量，公斤茧制种量

2. 蚕种质量监督机构组织的检验

目前在我国由各级蚕种质量监督机构组织的检验主要有母蛾微粒子检验、成品检验和普通种的杂交率检验，按照地域实施划片检验。

(十一) 即时浸酸孵化法

即时浸酸孵化法，是指在产卵后的一定时间(一般在 20～30 h)内，给越年卵作浸酸处理，阻止其滞育进程，使卵胚胎向孵化的方向发育。各蚕期生产的越年蚕种，凡需要继续饲养时，都采用这种方法处理让其孵化。用即时浸酸孵化法处理蚕种，可以满足全年连续性的养蚕用种需要。

1. 盐酸刺激量与浸酸标准

蚕种采取即时浸酸处理，浸酸的刺激量与盐酸密度、液温和浸渍时间密切相关。生产上即时浸酸的常规参考标准见表 8-12。

表 8-12　即时浸酸种的常规浸酸标准

化性	盐酸密度/(mg/cm³)	液温/℃	浸酸时间/min	
			中国系统品种	日本系统品种
二化	1.075	46	4～5	4.5～5.5
多化	1.070	46	3～4	

注：杂交种以杂交的母本为标准

2. 浸酸适期

生产上施行即时浸酸是根据产卵后保护温度和经过时间，结合卵色变化来决定的。一般以产卵后保护在 24～25℃，经过 20 h 为即时浸酸的中心时间。产卵后不同温度保护下的浸酸适期见表 8-13。

表 8-13　即时浸酸种的浸酸适期

产卵后保护温度/℃	浸酸适期(产卵后)/h	适期范围/h	积温/℃
21	25～40	15	275～440
24	20～30	10	220～420
27	15～25	10	245～425
29	15～25	10	245～425

注：积温以 10℃为起点，10℃以下为无效温度；27℃以上温度仍作 27℃计算

浸酸适期的决定，还应同时参考卵色，一般应掌握大部分卵呈浅黄色，少数呈黄色时为浸酸适期。但要注意，品种间卵色也有差异。

3. 浸酸操作程序

即时浸酸孵化法的浸酸程序因制种型式略有不同。

(1) 散卵种。

装笼 按品种、批次、数量,将蚕种插入塑料浸酸笼。

浸酸 浸酸工作要求严格掌握标准,做到刺激均匀,安全生产。浸酸前先调好盐酸密度与液温,浸酸槽的液温应比目的温度高 0.3～0.5℃,这样蚕种浸入后恰好降至目的温度。蚕种进入浸酸槽,用机械或人工将浸酸笼上下左右慢慢转动,排出气泡,使酸液迅速、均匀地与卵面接触。浸酸过程中,按要求规定测温。如果液温每分钟比标准液温高低 0.5℃,则将浸渍时间缩短或延长 5 s。浸渍时间将到的前 30 s,做好出槽准备,一到浸渍的规定时间,迅速提起浸酸笼,斜置槽口滴去余酸,然后进行脱酸。

脱酸 脱酸要求迅速脱净酸味,先在初脱槽内脱酸 0.5 min,除去浓酸,然后移至脱水槽内,由下游至上游逐渐移动,脱净酸味。一般散卵经 20 min 即可脱尽酸味,酸液是否脱净,可用蓝色石蕊试纸检测,若变成红色,表明脱酸未净。

脱粒、过筛 脱酸后大部分蚕卵自动脱粒,少数尚未脱落,可用手轻轻抹落,取出蚕连纸,将蚕卵收集起来,进行过筛,除鳞毛等杂质。

干燥 将蚕卵置于在干燥室干燥。

装盒 将蚕卵称量装盒。

(2) 平附种、框制种:平附种、框制种即时浸酸孵化法浸酸程序与散卵种的差别,一是酸液中要加入 2%的甲醛,以把蚕卵固定在蚕连纸上,二是脱酸需要更多的时间,三是不经过脱粒和过筛。

三、观摩部分内容

(一) 春制越年蚕种保护

蚕种保护包括从卵产下后到次年蚕卵孵化前的整个时期,人们对外界环境条件的管理。外界环境条件中,温度对蚕卵的影响最大。胚胎形成→初步发育→滞育→解除滞育→再发育,都要在一定的温度保护中完成。蚕种保护的实质就是对蚕卵越年性的管理。管理必须符合蚕卵生理和化性变化规律,以达到安全越年,整齐孵化的目的。蚕种保护的要领是在于通过蚕卵各期的合理保护,使蚕卵的滞育期和滞育期后耐冷藏的累计日数大于产卵后至次年收蚁期间的日数,向生产提供孵化整齐,蚁体健康的优质蚕种。

1. 蚕种保护室的设备要求

蚕种保护室应具备保温、防湿、通风、换气和防止鼠害等条件。保种室前后最好有走廊,装有空调、除湿机、电风扇等。室外四周搭凉棚,并植树遮阴。

2. 蚕种的放置

挂种的蚕架要四周凌空,东西离墙 0.5 m,南北离墙 1 m,蚕架之间保持适当的作业通道。平附散卵种(散卵布)采取悬挂方式,散卵保护是将蚕卵平摊于蚕箔,1 cm 厚或每箔 1 kg。各批蚕种应按数量多少,计划安排位置,做到标志明显,同一批蚕种应放在同一蚕架上,避免品种混乱。

3. 保护方法

春制越年种的保护分为:产卵初期的保护,夏、早秋期的保护,中秋到初冬期的保护,冬期保护。

(1) 产卵初期的保护:产卵初期的保护是指蚕卵产下后 1 周左右,从胚胎形态和生理角度看,此时正值滞育前期。外表上卵色不断变化,淡黄色、淡赤豆色、赤豆色、品种固有色。生理上逐步进入滞育过程，产卵后 2 h 左右受精，紧接着受精核不断分裂、增殖，形成胚盘、胚带、胚胎。卵内发育迅速，呼吸作用旺盛，对不良环境的抵抗力弱。

此阶段应注意：①防止蚕种堆积、挤压，避免激烈的振动摩擦，以及各种不良气体的刺激，注意室内换气；②保护温度 24℃，湿度 75%～80%，防止 26.5℃以上高温，这一阶段任何不良条件都会直接造成不受精卵、死卵的增加和孵化率降低；③对较容易产生不越年卵或亲代管理不善的越年性不稳定的蚕品种，为防止生种和再出卵的发生，宜在产卵后 12 h 用 17～20℃低温保护 5～7 d，增加蚕卵的越年性。

(2) 夏、早秋期的保护：夏、早秋期是指 6 月中旬至 9 月上旬。越年性蚕种在呈现品种固有色后，除了越年性不稳定的发生生种外，即进入滞育期。以后必须接触一定时期的高温，使其进一步完成滞育。根据实验和生产实践：25℃是完成滞育的最适温度，接触时间限于 90 d，以 60 d 为安全。保护注意事项：①保护温度 25℃，湿度 75%～80%；②高温保护有效时间不能超过 90 d，纯种 40～50 d，普通种 50～60 d；③防止 27℃以上高温，应配备设备；④在梅雨季节和早秋期，容易多湿，防止蚕种发霉，低温多湿时，可升温排湿；高温多湿或适温多湿时，要特别注意空气流通，使用电风扇、吸湿机、木炭、石灰等排湿；⑤在秋旱时，应注意补湿，防止干燥；⑥生产散卵蚕种也可在呈固有色后，将蚕卵脱粒以散卵保护，防止发霉。产后 15～20 d(必须是母蛾检验报告出来后)，清水洗浴后，平摊蚕箔内，每周翻动 2～3 次。

(3) 中秋到初冬期的保护：中秋到初冬期指 9 月中旬至 11 月中旬。越年种接触高温有一定的安全期限。此阶段注意事项：①9 月中旬至 10 月，保护温度为 18.3～24℃，20～21.2℃为中心；湿度以 75%～80%为标准。11 月上旬开始保护温度由 20℃→18.3℃→16.7℃逐渐降低，降温宜慢不宜快。②11 月为冷暖交替的月份，气温时高时低，而蚕种接触低温后又不能再接触高温，注意不要过早接触 15℃以下的低温。③这段时间气候干燥，保护室内容易过干。注意补湿(热水拖地板、电热、糊门窗等)。

(4) 冬期的保护：冬期是指 11 月下旬至入库。这阶段是蚕卵逐渐解除滞育的时期，也是蚕种保护的重要阶段。既不能过早接触低温，也不能解除滞育后又接触高温。稍有忽视就会造成死卵发生和孵化率下降。此阶段注意事项：①保护温度，11 月中旬开始从 16.5℃→15℃→12.8℃→10℃逐步降温，湿度为 75%～80%；②11 月下旬到 12 月上旬，当气温与水温大体接近时，即可开始蚕种的浴消工作。蚕种浴消整理后送冷库用 5℃冷藏保护，避免接触 10℃以上的温度。

(二) 秋制越年种的保护

秋制越年种，因为卵期没有接触 25℃或接触的时间短，滞育程度低，解除滞育早，蚕卵虚弱，容易发生死卵或者在越冬中发生再出卵。必须人为给予高温处理即人工越夏，以稳定其滞育性，增加蚕卵耐冷藏的能力。

1. 产卵初期保护

与春制越年种相同。

2. 人工越夏

(1) 时期：呈品种固有色后。

(2) 温度：一般蚕品种 25℃，含多化性血缘的 25.5℃。

(3) 湿度：75%～80%。

(4) 时间：早秋制种 30 d，中、晚秋制种 15～20 d，含多化性血缘的品种不少于 30 d。

(5) 升温、降温方法：先从自然温度每天升 0.5℃或每隔天升 1℃，达到目的温度后保护到要求日数后降温。降温每天降 0.5℃或每隔天降 1℃，直到与自然温度相同，然后与春制越年种同样保护；晚秋制种时间偏迟，气温下降又偏快，则在人工越夏降温阶段也可以快些，可每隔 2 d降低 2.2～2.7℃，使其较快达到自然温度，便于安排浴消工作。含多化性血缘的品种降到 22℃时，暂停降温，在 22℃中保护 10～15 d，以后再逐渐降到 18.3℃中保护，直至浴消。

（三）蚕种浴消

蚕种浴消是对蚕卵进行清洗和消毒工作，在生产上称为蚕种浴消。蚕种浴消的目的对于平附种、框制种是清洁、消毒、产品规格化，对于散卵种是消毒、淘汰不良卵、产品规格化。

1. 蚕种浴消适期

(1) 蚕卵胚胎不完全解除滞育阶段。

(2) 气温与水温大体接近。

(3) 11 月下旬至 12 月上旬。

2. 散卵种的浴消

散卵种的浴消程序如下。

(1) 取种：按照浴消计划，散卵布 5～10 张、蚕连纸 50 张捆好。按品种、批次、数量填写好传票，送浴消场所交浸种负责人。

(2) 浸种、脱粒和漂洗。

浸种 把蚕种浸入 10～15℃的清水中，经过 40～60 min。必须加标志牌，浴消全过程必须防止品种、批次间混杂。

脱粒 用刮卵板轻轻刮散卵布，用纱布轻轻抹蚕连纸，使蚕卵从产附材料上脱下。

漂洗 过筛时，轻轻搓胶着卵，去纸屑，漂洗除去浆糊。

(3) 脱水：把蚕卵装入袋中并扎紧袋口，防止蚕卵飞出，用 200～300 r/min 离心脱去水分。

(4) 消毒和脱药。

消毒 浓度为含有效氯 0.30%～0.35%，0.33%为中心；液温为 10～15℃，13℃为中心；时间为 10 min，其中浸渍 9 min，滤液 1 min，立即脱药；液量 1 kg 蚕卵加 4 kg 稀释液，药液使用 1 次为限。

脱药 消毒后放入脱药池清水中，搅动脱净药味。

(5) 盐水比选和脱盐：具体步骤如下。

盐水比选 是对群体的处理，提高蚕卵的匀整度。轻、重比的开差不得超过 0.010，最大时不得超过 0.015；云层复比时，如最初已达到最大范围，不能再放宽。蚕卵在盐水中不能超过 1 h。首先必须抽样试比，根据良卵和不良卵的分层情况，确定出密度标准(密度比为依据)。

脱盐 消毒后放入脱盐池清水中，搅动脱净盐味。

(6) 脱水和干燥。

脱水 转速 200～300 r/min，3～5 min，无水滴飞出即可。

干燥 风干，用手轻轻翻动，不能用力搓，干燥后的蚕卵，经过风选，注明品种、批次等待装盒。

3. 平附种、框制种的浴消

(1) 浴消程序:取种→消毒→脱药→浴洗→脱水→晾干→收种。消毒标准:使用甲醛液。浓度为含甲醛2%～4%,液温为20℃,时间为20 min。

(2) 取种:与散卵种浴消一样。

(3) 消毒:先用清水透湿,脱水后再放入药液中,中途测温度4次,翻种2次,力求感受温度均匀,消毒彻底。补充液量用含甲醛2.3%～4%的药液补足。

(4) 脱药:水温为10～15℃,脱净药味。

(5) 浴洗:是用排笔刷净不洁物。

(6) 脱水:脱水是用转速200～300 r/min离心脱水,2～3 min。

(7) 晾干:晾种室摊于蚕箔中,防止接触15℃及以上温度。

(8) 收种:晾干后,分清品种、批次收集,点清数量,插入线框,放置与5℃中保护,等待挖补。

(四) 平附种的盐酸脱粒

越年平附种(蚕连纸未上浆),如需改制散卵种,可以用盐酸脱粒。盐酸脱粒法的标准是:盐酸密度1.075,液温43℃,浸渍6 min;液温40.5℃,则浸渍8 min。注意酸液中千万不要加甲醛,脱酸要经过中间温度。脱粒后不再经消毒(盐酸具有消毒作用),以后的程序与散卵种的浴消完全相同。

(五) 蚕种的装盒与整理

1. 散卵种装盒

(1) 卵质调查:随机抽样3个,每个样1 g蚕卵,调查克卵粒数、不良卵数,算出不良卵率。春用种<2%,夏秋用种<3%,如达不到标准,重新比选;若第二次调查还不合格,该批应淘汰。云层单独调查,合格后才能混入同一批。

(2) 装盒:每盒装蚕卵25 000粒±2%,封口应注意不让蚕卵接触糨糊。

(3) 验收:检验是否窜、漏盒,并随时抽样检查盒中蚕卵量。

(4) 捆扎:捆扎好,装箱。

(5) 统计数量:清点好数量,填写入库清单。

2. 平附种、框制种的挖补整理

(1) 平附种的挖补整理:卵量标准为良卵面积800 cm^2/双张。若不足应补足,注意美观。

(2) 框制种的挖补整理:分品种、批次,按要求(每圈产卵数、不良卵数),逐圈选择,确定出底板和补贴材料。原原种用线缝上;原种用糨糊粘贴,注意糨糊量。特别注意:蚕种贴补材料,必须是同一时期制种、同一品种、同一批次的蚕种。

(六) 蚕种的越冬冷藏

越年蚕种的冷藏是蚕种保护的另一项重要措施。

1. 蚕种冷藏的目的

(1) 避免早春气温不定对胚胎发育的影响,使蚕种孵化不齐,防止蚕卵过早孵化。

(2) 可以人为地控制和决定饲育日期。

(3) 可以正确预测催青后的收蚁日期,有利于生产的计划性。

2. 蚕种冷藏的作用

(1) 越年蚕种冷藏前期有使胚胎继续解除滞育的作用,同时对已解除滞育的胚胎有抑制发育的作用。

(2) 到全部解除滞育后，又对蚕卵胚胎的发育起抑制作用。

3. 单式冷藏(春用种)

越年种经浴消整理后置于自然温度(最好5℃)下保护，待胚胎发育到多数丙$_1$，少数丙$_2$时入库冷藏。冷藏温度为2.5℃，一直冷藏到蚕种出库，冷藏有效期约在90 d内，这种方法因只冷藏一次，故称单式冷藏。由于气候等条件不同，各省蚕种入库时间略有先后，四川在1月下旬至2月中旬入库，4月上中旬出库；浙江在2月上旬入库，4月中下旬出库；江苏2月中下旬入库，4月中下旬出库。

4. 复式冷藏(春用、夏秋用种)

这种冷藏方法适合于冬暖地区或冷藏延长的越年夏秋用种的冷藏。它是利用胚胎发育各阶段耐冷藏的能力将蚕种经历两次冷藏，以延长其冷藏期限，并促使孵化整齐。复式冷藏的温度组合较多，现以四川省北碚蚕种场1978年示范推广，以后在四川省各冷库推广的温度组合介绍。复式冷藏分为4个时期：人工越冬、Ⅰ期冷藏、中间感温、Ⅱ期冷藏。

(1) 人工越冬：①保护温度11月下旬至12月上旬蚕种浴消后用5℃保护，促进解除滞育和抑制胚胎发育，当大部分达到甲胚胎。②5℃保护时间的长短，根据蚕卵的解除滞育程度来判定，但胚胎幼小识别困难，难以准确判断，可采用丁$_1$发育度调查蚕卵的解除滞育程度。日本有人把越冬后的蚕卵(每批100粒)放在15℃中保护3 d，然后解剖胚胎，调查能够发育到丁$_1$胚胎的百分率，这个百分率称为丁$_1$发育度。一般认为：解除滞育程度高，丁$_1$发育度也高，在5℃中保护的时间宜短；解除滞育程度低，丁$_1$发育度也低，在5℃中保护的时间宜长；丁$_1$发育度有20%～30%时，是Ⅰ期冷藏的适期；在5℃中保护的时间，春制春用种50 d左右；秋制春用种40 d左右；春制夏用种35 d左右；秋制夏用种30 d左右。

(2) Ⅰ期冷藏：当大多数是甲胚胎时，时间约在1月内，开始第一次冷藏，冷藏温度2.5℃，以50～60 d为安全。若第一次冷藏需要在60 d以上时，则冷藏40 d后，改用0℃冷藏，以便抑制胚胎的发育。

(3) 中间感温：①根据各品种特性、制种时期和用种时间的不同，在预定催青前1～2个月，进行中途出库感温。②中间感温的目的是使胚胎从一个阶段发育到另一个阶段，蚕卵耐冷藏的能力得到恢复，在Ⅱ期冷藏时胚胎对低温又有新的抵抗力。③中间感温的方法是将蚕种暂时出库，用10～15.5℃的温度保护，经过7～10 d，当胚胎大多数发育到丙$_1$、少数丙$_2^-$，而接近丙$_2$胚胎时，进行第二次冷藏。④中间感温采用10～15.5℃的温度保护的理由，第一是小胚胎在低温中发育比大胚胎快，可使胚胎发育趋向整齐；第二是10～15.5℃与冷藏温度开差小，蚕卵胚胎生理上安全；第三是用10～15.5℃保护，胚胎发育较慢，超过丙$_2$胚胎的风险小。

(4) Ⅱ期冷藏：当胚胎大多数发育到丙$_1$、少数丙$_2^-$，而接近丙$_2$胚胎时，进行第二次冷藏。用2.5℃的温度保护，直至蚕种出库。期限可达100 d，但生产上以30～50 d为安全。

四、说明

(1) 这次实习是结合蚕种场生产和研究单位的研究进行的，因此实习项目和内容必须密切结合生产和研究实际。有些内容如原蚕饲养管理，种茧个体选择、蛹的雌雄鉴别和制种的技术管理等，要在生产实践中重复练习，以保证基本技能的训练，不断提高熟练程度。

(2) 有些内容教师应结合现场教学指导学生实验实习或观摩见习，如种茧品质检验、蛹的发育观察和调节、散卵布的上浆和观察卵色的变化等，并应布置实习作业。

(3) 良种繁育部分时间长，特别是后期母蛾检验、越年蚕种保护、蚕种浴消、蚕种整理、蚕种冷藏部分受实习时间限制，无法亲自参与，学校最好根据生产实际，分阶段安排学生到生产单位观摩学习。

参考文献

朱勇. 2015. 家蚕饲养与良种繁育学. 北京：高等教育出版社